南开哲学百年文萃（1919—2022）

南开大学中外文明交叉科学中心资助出版

总主编　翟锦程

通变古今　融汇中外

（伦理学卷）

钟汉川　主编

南开大学出版社

天　津

图书在版编目(CIP)数据

通变古今 融汇中外. 伦理学卷 / 钟汉川主编. —
天津：南开大学出版社，2023.3
(南开哲学百年文萃：1919—2022 / 翟锦程总主编)
ISBN 978-7-310-06392-5

Ⅰ.①通… Ⅱ.①钟… Ⅲ.①伦理学－文集 Ⅳ.
①B－53

中国国家版本馆 CIP 数据核字(2023)第 002222 号

通变古今 融汇中外(伦理学卷)
TONGBIAN GUJIN RONGHUI ZHONGWAI(LUNLIXUE JUAN)

南开大学出版社出版发行
出版人：陈　敬
地址：天津市南开区卫津路 94 号　　邮政编码：300071
营销部电话：(022)23508339　营销部传真：(022)23508542
https://nkup.nankai.edu.cn

天津创先河普业印刷有限公司印刷　全国各地新华书店经销
2023 年 3 月第 1 版　　2023 年 3 月第 1 次印刷
230×170 毫米　16 开本　15.75 印张　2 插页　258 千字
定价：88.00 元

如遇图书印装质量问题,请与本社营销部联系调换,电话:(022)23508339

出版说明

一、2022 年是南开哲学学科建立 103 年，建系 100 周年，哲学院（系）重建 60 周年。为全面展现南开哲学百年来的发展进程和历史底蕴，特编选出版"南开哲学百年文萃（1919—2022）"。

二、本文萃的编选范围是自 1919 年南开大学设立哲学门以来，在南开哲学学科任教教师所发表的代表性论文，并按现行一级学科的分类标准，分马克思主义哲学、中国哲学、外国哲学、逻辑学、伦理学、美学、宗教学、科学技术哲学八个专集编辑出版。

三、本文萃编务组通过各种方式比较全面地汇集了在南开哲学学科任教的教师名单，但由于 1952 年以来的历史档案和线索不甚完整，难免有所遗漏。如有此情况，专此致歉。

四、本文萃列入南开大学中外文明交叉科学中心 2022 年度支持计划。

五、本文萃在编辑过程中，得到校内外各界人士的全力支持，在此一并致谢。

六、本文萃所收录文章由于时间跨度大、发表于不同刊物以及原出版物辨识困难等原因，难免有文字错误及体例格式不统一等问题，敬请读者谅解。

南开大学哲学院
2022 年 10 月

目　录

善　恶

汤用彤

一、自主的活动

道德之行为基于自主的活动。详细分析之解释之于下：

（1）行为者须知其所行。至少须当其行时有若干知识。不得如失心疯者，或婴儿，全不知其所行。

（2）行者于其所行，即不全为其所愿所欲，亦当有一部或一方面为其所愿所欲。例如，一人全体为强力所制服，毫无自由，则其所行，不可谓自主的活动。

（3）但若一个人为强力所制，而非全不能自由者，则其行为似为自主的活动。例如，一人被强制卖国，否则危及其生命。此人之卖国行为，仍为自主的。盖彼本心或不愿卖国，然固仍愿行之，以苟全性命。则其行为出于自愿，发于其自己之意志甚明也。

（4）因此完全之道德行为，可分析得下列诸分子：意志、动机、所用之手段方法或经过之历程、结果。

二、善恶之分别

道德行为虽基于自主的活动，但非每一自主的活动必有道德的价值，必可有道德上善恶之分别。

（1）须知通常善恶之分别颇为含混（通常好坏二字意义亦不清晰）。如一人弹琴受群众之欢迎，称之曰善（或叫好）。此善不过赞美其手法之便捷。

又如一人能为精巧之木器，而吾人谓之能善其事（或称之为好木匠）。此亦不过赞其技术。

（2）因上所言有手法上之善恶，有工艺上之善恶，然此皆与道德上之善恶有别。

（3）且吾人有许多自主的活动，如寻常交谈，如开窗，如闭户，如穿衣，如吃饭等，均不必有道德之价值。

（4）因此吾人自主之行为，不必均有道德上善恶之分别。

（5）自主的行为，必须有目的之冲突和调和时，而须决择乃生道德价值上之关系。如吃虽通常不可指为道德上善或恶，但如强夺阿哥的饭碗来吃，则满足饥饿的目的与敬爱兄长的目的冲突，因此乃分道德上之善恶。又如弹琴本无善恶，但如弹琴者同时可涵养性情，则艺术目的与自修目的相符合，乃发生道德上的价值。

三、道德问题

善恶之分即如上述。然欲知何项行为为善，何项行为为恶，必须了解何谓善，何谓恶。易言之，即善之性质为何？依何标准而判断此事为善或彼事为恶？

（一）良知主义（直觉主义）。此谓善恶标准在于人心。盖人之良知能直觉分别事之善恶。而此本心之善，绝非有所为而为善。如孟子解释"人皆有不忍人之心"曰："今人乍见孺子将入于井，皆有怵惕恻隐之心。非所以内交于孺子之父母也，非所以要誉于乡党朋友也，非恶其声而然也。"又如康德曰：Nothing is good except a good will. A man's will is good, not because the consequences which flow from it are good, nor because it is capable of attaining the end which it seeks, but it is good in itself.① 由此良知主义所注重者，乃行为之动机，而非其结果。善恶标准是不变的、绝对的。

但天下虽有不变、绝对之道德法律，然人类对于道德习惯系经训练养成的。而所谓意志（良知）云者，亦不能离行为之结果（或目的）。盖意志

---

① 除了善良意志，其他东西都不能称为善。人的意志是善的，不是因为其结果是善的，也不是因为它能达到它所追求的目的，而是因为它自身便是善的。

（良知）乃对于目的之预期及达此目的之决心也。

（二）功利主义（快乐主义）。此说以功利为道德之标准。而其所谓功利者常以快乐解释之。而善的行为，乃有所为而为，非无所为而为。因此其所注重者，乃结果，而非动机。道德标准亦不必为不变的。

快乐主义有两个分别：

一可分为（甲）心理的快乐主义，（乙）伦理的快乐主义。

（甲）欲望之对象为快乐——心理的快乐主义。

（乙）快乐乃判断行为之标准——伦理的快乐主义。

二可分为（子）个人快乐主义及（丑）普遍快乐主义。

（子）如希腊居勒尼派（Cyrenaics）颇注重于个人之快乐。凡行为可生个人之快乐者，为善；反之，为恶。但历史上无极端持此说者。

（丑）快乐主义家多注重公众之快乐（或功利）。英国有著名功利主义家边沁（Bentham）立最大多数人之最大幸福原理。墨子亦极言国家人民之大利。

但反对功利主义或快乐主义者常有下列诸批评：

（1）吾人欲望之目的，常常并非快乐。如吾人所欲食者为食物，而非快乐；欲饮者为水，而非快乐。（此批评伦理快乐主义）

（2）如快乐与快乐冲突时，质（价值）为抉择之最后标准。量（快乐之多少）则非最后之标准。如弥勒·约翰有言：与其为猪而满足，不如为人类而不满足；与其为愚人而满足，不如为苏格拉底而不满足。

（3）如个人快乐与公众快乐冲突时，道德之价值，亦为最后之标准。

（4）快乐主义未能清晰认识快乐与幸福之分别。盖与可发生欲望之物偕行之感情，谓之快乐。而行为者的能力或目的之满足，则为幸福。幸福者，乃人生最后之目的，又可名为至善。主张一己能力之实现者，是曰"自我实现主义"。

（三）自我实现主义。此主义谓人类能力之尽量发达，为善之准则。享受快乐，虽亦为人类能力之一，但因仅为能力之一，故不宜过分注重。故持此主义者，谓应令一己之能力，由各方面尽量发展。其终的在自完、自足，所谓"万物皆备于我"也。

此主义须注意之点如下：

（1）所谓发展能力者，非纵欲之谓。发展能力，须经训练，须行为上善于抉择。由勉强由自制以进于自然。若仅放纵人欲之横流，其结果不惟不能使能力发达，且必使其败坏。

（2）训练乃使人之欲望能事事合理化。故中西大伦理学家恒提出"中"字。中者乃合理之谓。及至欲望与理性打成一片，则已可谓为至善。是时不为物扰，而能自己满足，是曰自我之实现。

（3）发展能力期于平衡，而尤应注意人类最高之能力之发达。凡一能力既发展，则有一德性之完成。如能完成全部能力之发展，则有全德。如孔子之所谓仁，柏拉图之所谓公平（justice）是也。

（4）此实现之自我，非一己之私我，乃须以全体为前提。凡社会国家以至于世界，吾人须对之负责任。使全体之使命、人类之正义，得以实现。

（本文节选于汤用彤：《汤用彤全集》第五卷，石家庄：河北人民出版社，2000年第1版，第15章，第349-353页）

心理学之道德论

温公颐

一、本能与冲动

道德判断之活动，实为一种繁复之心理表现，吾人如欲得一正确之道德观念，自须先研究其心理学上之基础。本文所论，即以此为主题。

惟是吾人现在之所欲论，与一般普通心理学之研究有别。第一，吾人所欲讨论之心理事实，仅以与道德有关者而止，外此则不顾也。第二，即此与道德有关之心理事实，亦只阐发其道德之意义，至其本身之心理历程，则不问也。道德心理之主要中枢为意志，意志一方由本能、冲动、欲望等发展而来，推源其始，则与动物之兽欲及植物之需要，同其衍派。意志之发展于外为行为，而其进展发舒之际，则又有动机与意向之关系；其组成也，又有感、欲、虑、断之四因素。意志行为积累而成性格，其关系有如下表。

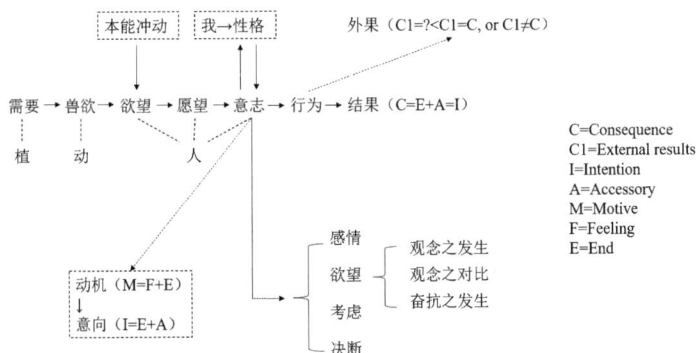

本上所述，于是分七部分论之：一，为本能与冲动；二，为欲望与意志；三，为动机与意向；四，为性格与行为；五，行为之演进；六，道德

判断之生长；七，道德判断之意义。兹先述本能与冲动之义如下。

（一）本能之意义

人类性格之基础，已植根于本能的行为中。孩童未具目的及意识之前，已有本能之动作。夫本能之行为固为婴孩之特色，然成人之动作，亦未能尽脱本能也。人类之本能活动至为重要；而因其有发展改变之可能，故能继续成为行为之整体，大多人类之高级理想，均种根于本能中，而其可贵之组织，亦以本能之活动为其基础焉。

然人类之高尚理想，决不因其与本能相关而降低其价值；父母慈爱之理想，决不因其与性欲之本能相关而低其地位；而宗教之制度亦决不因其与畏缩之本能相关，而减其神圣也。反之，吾人正可由是而体认本能之价值也。吾人追求性格之发展，则首当问何为本能？其贡献于人类理想及制度之成立又如何？其与冲动之关系又如何？兹先阐其义于下。

在普通言谈间，常言本能一辞，如言动物有自存之本能（instincts of self-preservation），人有宗教之本能及社交之本能。故本能似为吾人之所不能致诘者，吾人必须借是以为研究之出发也。所谓本能之行动，即指自然而然，无须设计者。凡此所言，大体无差，惟颇嫌笼统，故须为更确切之规定耳。

吾人欲为本能之确切规定，当先一究其所具之特性。第一，本能无须学习，乃与生俱来者。儿童在未有经验之前，已能有本能之活动，故本能活动非得之于经验也。第二，本能为普遍的，即凡本能行动均为同类属员之所共有；其中有几种本能，如自存本能，且为一切生类之所同共。第三，本能行动，与心理学上所谓反射运动（reflex action）有别。一则因反射运动须有相当之刺激，而本能则可不需。如眼皮之驱除尘埃的反射运动，必须有尘埃之入眼而始现，否则无由见也。二则因反射运动固定而不变，而本能则能之也。第四，本能虽非经验产生，但可因经验而发展。凡此四者，均为本能所具之特色。莫耿（Lloyd Morgan）曰："本能者即先于经验，为种族之保存，且为同族之所共，而又能依经验而改变者也。"（见 G. A. Johnston'，*An Introduction to Ethics*, p. 42 所引）斯言也，诚可为本能之定义焉。

（二）本能之种类

如将本能仅限于婴孩初生之几种动作，则婴孩之本能，固属有限。婴孩之生，口能吸乳，手能握物，稍进，则能爬行，作声表情，或以面部之动作表其情绪，如是而已，惟若将经验之要素亦包其中，一如前面所定之本能意义者，则本能之数，立即增加，有谓本能之数，多至三十余种者，今兹所述，仅最重要之数种而已。

（1）恐惧之本能：最早之本能动作即恐惧之本能是。婴孩之闻巨响而畏缩，即其表现之一，此种畏惧之本能，逐渐演为退避逃奔之本能，终为抗拒之本能（instinct of repulsion）。

（2）发怒之本能：凡为婴孩之所不喜者，均有使其发怒之可能，如不舒适之坐卧及久不给乳，均能使彼发生愤怒，儿童之发怒也，初以叫啼为其满足之表示，稍进，则为好争口角之表演。

（3）好奇之本能：好奇之本能发生较前二者为晚，凡新奇古怪之物均能使儿童发生诧异。

（4）自夸及自贬之本能：此类本能乃由儿童对于同辈之关系而生。由父母之奖励，如初学言语行步之类，于是儿童发为自夸之本能。同时附随自夸之本能而至者，则有怕羞之自贬的本能发生焉。

（5）合群的本能：合群之本能发生亦甚早，儿童之见人嘻笑也，似为欢迎之表示，稍长之儿童，则无不合群以游戏焉。

（6）喜得之本能：儿童均有喜得之本能，如玩具、烟盒、纸张、石子等无不尽力搜集，视为至宝；惟其收集也，亦不过乐于收集，其中并无一定之目的也。

（7）性爱的本能：性爱之本能虽于幼年之儿童可见其端，然其发达则须待成人时也。

（8）父母的本能：父母的本能虽发达较晚，但其萌芽则可于幼童时见之也。

以上所举各种，均与道德之讨论有关；惟在未述其道德意义之前，有二点须加以指明者，即第一，人类具有此多数之可变的本能，实为其与禽兽之大不同处。盖人之本能可加训练故人类得以日进，而动物之本能，则大多固定，不易改易也。第二，既得经验之在人类本能中占有重要之地位，故其表现也，常有程度浅深之各殊，及性质强弱之互异。斯多德（Stout）教授谓人之性爱本能虽同，然各人不必具同一之强度，与同一之性感，斯言诚不诬也。

（三）本能之道德价值

上述之人类本能为人类道德生活之基础，其间均以直接间接之关系，影响于实际生活。兹为论述之方便，分四组讨论于后。

第一组，性爱及父母之本能，为家庭组织之基础。人类苟无性爱及父母之本能则人类灭而社会亡矣。社会之健全，端赖家庭之稳定，而家庭之稳定，又视父母之本能如何为转移。人类由于性爱及父母本能之发达于是克己牺牲之美德油然而生，男女双方之为恋人而牺牲一切，父母爱子之无微不至，皆此精神之表现也。

第二组，喜争与合群之本能，为国家成立之基础。人类生性合群，莫不以离群索居为痛苦。詹姆士言：“独居乃人之最大不幸。幽居禁锢乃文明国家所不能忍取之苛刑。置身荒岛之人虽见人迹亦必引为狂喜。”（James, *Principles of Psychology*）因有合群之本能，故原人均聚族而居，由是逐渐演成组织严密之社会，且使社会为坚固之结合。喜争之本能貌似与人群组织冲突，然对人争竞，可以驯伏为群奋斗，古代部落之坚强组织，实由于原人之肯为群牺牲有以致之，盖在原人之心目中，单独之个人实不能设想其存在。故喜争合群之本能实社会国家成立之始基也。

第三组，自卑与畏缩之本能，乃宗教及教会之基础。原人对于不能了解之事物，恒有畏惧之心。彼悟自力之渺小，深感大力之难测，于是对此诸力（mighty powers）为祈求援助之举，尊敬礼拜，唯恐不周，此即宗教之所由生也。宗教维持社会之稳定，为社会组织之重要原素。

第四组，欲得与好奇之本能，乃学校之基础。人类之所以进步，与欲得之本能相关，人因具此本能，故能日求前进，不以既得为满足。人由货物之得，推而为知识之得，古今学者孜孜不息以求者无非欲增加人类知识之全量。而此欲得之本能，实与好奇之本能密切相关，研究者一方为好奇之心所驱使，故能不厌烦难而苦心研究。故欲得与好奇之本能者乃文化与学校之基础也。

以上所述，不过略举大纲，惟人类之本能往往多方错杂，时有一种行为，不仅为某某几种本能之聚集表现者，故前举之四组本能与社会组织之关系，亦不过就其较密切者而言之耳。

（四）冲动之意义

本能与冲动实乃一事之两端。人类具某种本能，即同时具某种冲动：如好争本能，即发为喜斗之冲动，故有细故之微，而殴打成伤者，是即爱斗冲动之表现也。又如儿童有好奇之本能，故有毁物之冲动，凡玩物之足以引起奇异者，彼不惜撕毁之而后快。故由是观之，冲动实与本能相联，庄士敦（Johnston）言："冲动行为乃正在动作中之本能，故冲动者实本能之实施方面也。"（*An Introduction to Ethics*, p. 57.）

冲动行为仅受当前之刺激而发，故为孤立的、暂时的。人受冲动而行者，多不假思索，刺激一起，行动随之，如儿童与野蛮人之行动，即其例也。冲动因为孤立的、暂时的，故各种冲动时生冲突，强有力之冲动常战胜弱小者而发于行为。如儿童恒喜食物，但当群儿敲锣打鼓嬉戏之时，乃弃食而往游戏之地，是嬉戏之冲动战胜好食冲动之结果也。惟冲动之胜利视当时刺激之强弱而定，故苟嬉戏之儿童，腹中饿甚，则彼将不顾嬉游，而为寻食之举矣。冲动加以约束，成为系统之组织，即为欲望（desire），当于下部分论之。

二、欲望与意志

（一）欲望之意义

在未述欲望与意志关系之前，欲望一辞之意义，必须先为明白之规定。庄士敦言："欲望为已经发展之冲动。"（《道德学导言》页六十一）欲望与兽类之单纯兽欲（appetites）不同，故吾人决不能误混之。就普通言，欲望之目的必为其所认为好（good）者，否则不能为欲望之物。换言之，一切真正之欲望必有其所认为目的（即为彼之所求）之物：在欲望中明白认为目的者，即吾人之所谓"好"也。

为了解此点，吾人必须将欲望与其他活动方式之详细区别，加以说明。

且为方便计，先从低级活动之方式起，渐次以及于人类欲望与意志之最高形式。兹先述需要（want）与兽欲之区别于下。

（二）需要与兽欲

吾人先为动物之兽欲与动物之需要之区别，动物之需要，其本身与植物之需要同。在动物生命之发展进程中，其盲目地趋于特种目的者，是即动物之需要，此与植物生命发展时需要日光与水分之情形同。动植自身并无此目的之意识，其欲实现之者，乃"自然"之意志耳。动物之兽欲，情形则异是。盖此已非盲目之倾向，而有相当之意识，其意识之呈现也，即以所欲满足之物之表象出。例如饿狮之求食，其所欲得之食品性质，必多少了然于心中。而植物之向日光也，虽为需要之表现，然不能称之为兽欲，以其对于所求之物之性质，无任何之意识也。即在动物之兽欲中，对象（即所求物之对象）之意识，亦至含糊。在动物之意识中，其最著之要素非为所求之物之表象。而为苦乐之感情，盖不满足之兽欲本身即为痛苦，而当任何兽欲满足时，则常带有快乐之感情也。此种苦乐之感情已成动物兽欲中之特殊要素，故兽欲之满足不过快乐之别名，而不满足之兽欲，亦即同于痛苦也。寻求快乐者，人皆知其为求满足兽欲之人，或为类似兽欲之人类冲动的满足。如是，兽欲之满足与由是而生之适意感情（agreeable feeling）间，已起相当之混淆，以均名为快乐也。惟由是所生之混乱，以后当详及之（参阅后文第三部分"动机与意向"的第六点"对于心理快乐论之批评"），今当注意者即苦乐之感情为动物兽欲之显著特性耳。

（三）兽欲与欲望

欲望不但有对象之意识，与随之而生之苦乐感情，且有以其对象为好之认识。夫动物之饥饿与植物之营养需要不同，然人类求食之欲望又与一般动物之饥饿有别。人虽饥饿，然不即为求食之举，在求食之欲望中，除饥饿之外，复有以食物为目的之表象（representation），盖以其为值得求之者也。

今为兽欲与欲望定一区别曰，欲望者包含一定之观点（point of view），而兽欲则无之也。饥饿之现于文野也无不同，然圣人之欲望则与愚骏野蛮

迥异。各人之欲望均由其所抱之整个观点以决定之。故欲望之如何，乃依
其所爱之如何而定，而其所爱之如何，则正如罗斯金（Ruskin）所言，确
如其人之表现。仁者见仁，智者见智，耽于声色者见丝竹美色而喜，迷于
财富者睹金银珠宝而欢。故观其人之所欲，则于其人之如何，亦可判决之矣。

由是观之，则人之欲望，并非孤立之现象，而为其性格界（the universe
of character）之一要素，吾人只有由是方能得其真正完满之义也。

（四）欲望之世界

人类之欲望为性格世界中之一要素者，可以逻辑中相同之概念以比较
之。在逻辑中常有"论说界"（Universe of discourse，阅 Keynes 之 *Formal
Logic*, pp. 137-138 及 Venn's Empirical Logic, p.180. Welton's Manual of
Logic, vol. i., pp. 59-60）之用语，即为任何特别叙述所及之世界；在此论
说界之外，其论述或为误，然在其中则为真。如神之叙陈，虽在普通事实
之世界为误，然于荷马（Homer）之诗及希腊之神话中则为真也。

人类之欲望正类乎是。每一欲望均有其所属之特别世界，出其所属之
世界，即失其意义，此与论说界中之事实，只在界内为真之情形等。欲望
所属之世界即为人之性格全体所组成，换言之，亦即其人当时道德观点表
现之全境。

在吾人不同之心情，不同之境遇，及不同之健康状态下，均有不同之
欲望支配吾心。由此种种之不同欲望即成不同之欲望世界，在此不同之欲
望世界中，有其所属之不同欲望组体，或至少有其不同之安排。不同之欲
望世界时时转变，迁流无已，即同在一人，亦可因某种情形之发生而起急
剧之变化，前此之所欲者，至是已趋冷淡，甚至变为可厌。欲望之世界，
其性质之大较如此。

（五）欲望之冲突

前面为单简计，谓个人在任何瞬间必持某一特定之观点，换言之，在
一定之时间必居一定单纯之世界，然个人之意识实非如此简单，盖在某一
定之期间中，常有多数之观点呈现于意识中；或其更番出现，异常迅速，
吾人几难辨其时间之间隔，而可谓之同时出现也。

试以政治家之生活为例，政治家之行为可由不同世界之动机（motives）以影响之。彼虽为彼之国家幸福观念所支配，然同时亦为其他世界之动机所左右，如个人之野心，家庭之利益，人类之义务等，均能左右其行为者也。各世界之欲望既同时并现，于是诸欲之间，势必发生冲突！如彼政治家者，就一观点言，彼固欲和平之实现；然就另一之观点言，又不能不要求战争，于是二欲相衡，而冲突以起。

欲望冲突之际，其得最后之胜利者，必为强有力之欲望，此常人之见解也。然欲望之战胜，并非如是简单，盖欲望非孤立，而有其所属之世界，吾人前已言之。故欲望之战胜，不因其本身之坚强，乃因其所属世界之有力。今有人焉，因痛恨外力之凭凌，而坚求战争；然其人之性格，义务之念，强于个人痛恨之感情，则虽和平之念，当时并不为强有力之刺激，然因其所属之世界占有力之优势，故终能克服好战之欲望，而实现和平之欲。故知欲望之冲突者，实则欲望之世界之冲突也。杜威（Dewey）教授言："应以深切之注意者，即此为其个人本身之冲突，即彼自己与自己之冲突也。（依吾人之用语言，即一世界之彼与另一世界之彼发生冲突。）"又云："此并非彼与彼身外之物冲突，亦非一冲动与另一冲动之斗争，同时彼守旁观之态度，而待斗争之结果。欲望冲突之整个意义，即在表现彼自己与自己之斗争。彼自己为两相反之斗争者，同时又为战场之本身。"（*psychology*, pp. 364-365）杜威此言，盖受黑格尔之暗示者。黑氏于其宗教哲学（*philosophy of Religion*, p. 64）中，曾有深刻之表示，谓"我不仅为战士之一，乃兼为相抗之两战士，而又为战斗自身"。黑氏此言，盖可为欲望冲突之写真也。

（六）欲望与愿望

欲望与愿望（wish）普通均视为同义，然实有微细之差异，在道德学之讨论中实以分别用之为佳。简单言之，愿望可称为有效之欲望，此义观上述之欲望冲突之情形自明。前言欲望有时甚多，互相冲突，其占优势之欲望即为愿望。此与亚里士多德之 $\beta o\upsilon\lambda\eta\delta\upsilon\zeta$ 相当，华烈司（E. Wallace）译为"决定的愿望"（settled wish）。如饥者欲得食，然此得食之欲望，只在动物之欲望界占有优势，苟其人之宗教义务之感，或从事业务之心甚强时，则求食之欲望反而潜退。此时求食之欲望虽仍继续存在于意识之中，然已不能称为愿望矣。

近年以来，一般心理学家，特别为佛洛德（Freud）①派之心理学者，咸注意于被压制的愿望（suppressed wishes）之研究。被压制之愿望者即指潜意识中之愿望，虽不为意识所明白觉察，然常左右吾人之行为，其潜势力甚大。惟详细之研究乃属心理学之所有事。在道德学中，不过以其为在道德行为之发展中必须克制之障碍，而于教育青年时，尤当注意及之。因其为潜伏中之祸患，常易为人所忽，故必使其呈现于意识之前，而图匡救之方也。

吾人之行为因受被压制之愿望之影响，而可不为吾人之所觉识之故，于是一般心理学家竟谓吾人大多之行为均可不明其理由而行之者。此说之极端者即为行动主义（behaviorism）。然吾人之行为固有一部如行动主义者之所言，若谓行为之全部均属如是，则非允当（参阅拙编《哲学概论》第二卷第四章）。由道德学之观点言，则行为之理由实有觉识之必要，惟是非之实际理论则不大受此知识之影响也。

（七）愿望与意志

有效之愿望与潜伏之欲望之分别固甚重要，然愿望与一定之意志动作之区别更属重要。愿望既为占优势之欲望，骤视之，似必发为意志之动作者，而其实则不然。盖愿望只及于某一具体事件之单独要素，而不及于附随之情境，愿望常陷于抽象。为使愿望发为意志之动作计，必须将所愿事件之具体全境顾到。如莎翁（Shakespeare）剧（国王理查德Ⅲ, *King Richard III*）中 Laddy Anne 对 Duke of Gloucester 言："我虽愿汝之死，但吾不欲为刽子手也。"于此，愿望与意志显然有别："愿汝死"不过为抽象愿望，其中并不包含致死之实际手段也。

不但此也，当整个之具体结果为吾人意欲之时，且可包括不欲愿望之成分，甚至与愿望相反之成分。如莎翁剧（《罗密欧与朱丽叶》, *Romeo and Juliet*）中医药师赞成卖毒药予罗密欧（Romeo）时，慨然谓彼曰："吾之允此，因吾之穷，非吾之愿也。"其意盖谓彼确意欲毒品之售卖，即彼承认其具体动作，不过非出彼之初愿也。占优势之单独欲望（即其愿望）乃反对毒品之售卖，而占优势之欲望世界（由彼困穷所组成）却赞成之。可知

---

① 佛洛伊德。

愿望不过占优势之单一欲望；而意志者则占优势之欲望世界也。

　　关于意志与愿望之区别，亚里士多德言之甚详。亚氏之言曰："意志虽与愿望相似，然并非同一。人无意欲不可能之事物者，苟其有之，必视为至愚也。然吾人固可愿望不可能之事与可能之事焉。复次，吾力所不能之事，可为吾人愿望之对象；然决无人意欲于彼者，人之所意欲者只其力所能及之事耳。再者愿望大多泛指目的，而意志则兼及手段；吾愿吾康健，而如何吾得康健，则为意欲之对象也。"（见庄士敦《道德学导言》页一百零二至一百零三所引）由是观之，则意志与愿望至少必具下述三点之区别：

　　（1）不可能之事物只能为愿望之对象，而不能为意志之对象。

　　（2）愿望之对象，或为超于己力所能达之外，而意志之所欲，则只限于己力之所能达者。

　　（3）愿望仅泛举目的，而意志则兼及手段；故一为抽象，一较具体也。

（八）意志及动作

　　在前述[①]中已提及意志与愿望之关系，但何为意志，则尚未解释。意志为行为活动之中枢，其重要之处，已于上部分及之，吾人于此自须加以详确之规定。穆儿海得（Muirhead）言："意志者即自我也，即对于所愿欲为有意识之实现之自我也。"（*Elements of Ethics*, p. 51）穆氏又言："意志为行为之里，而行为则为意志之表。"（同书，同页）张横渠言："意者心之所发，志者心之所之。"（见朱子《语类》所引）今依心理学之分析，得意志之构成要素四点如下。

　　1、感情（feeling）：意志行为之发动也，必先有感情之作用为因。如起身就火取暖之意志行动，必先有冷感之痛苦感情，即我身觉冷，甚感不适，于是乃有就火取暖之意发生，否则就火之意无由发也。既觉冷感，于是乃生取暖之欲望，而第二之原素现焉。

　　2、欲望（desire）：至此已有新份子之加入，即（1）观念之发生，如既欲得暖，则有火与热在某方向及某距离之观念，与得一暖之我之观念等。（2）观念相比照，既有恶冷之观念，则目前之受冷痛苦将与未来得暖之快乐，互相比照而益明。（3）发起兴奋状态。如意欲之物即时可得，若说部

---

　　① 即前面"（七）愿望与意志"部分。——编者

中之百宝箱，能有求必应者，则意志亦无从发生，无奈在当未获目的物之前恒有相当障碍横梗其间，必须排除之，而后目的达，故奋抗情态之发生，自属必经之程序。如吾人觉冷，志于取暖，但因要函待发，不能不加速完成，以期早达目的。

3、考虑（deliberation）：奋抗发生，既由于诸欲之争衡，已须有考虑之必要。如取暖固为吾之所欲，第要函之发出亦为吾之所欲，究竟先取暖而后写信，抑完成写信之工作而后就暖耶？此为意志必须经过之考虑的阶段也。

4、决断（decision or resolution）：考虑之后，必须有所去取而为最后之决意。如吾觉写信重要则暂将取暖之欲搁置，待信完成，再行向火焉。

吾人决意一事之后，则已将我与所欲之对象，及为欲达此对象而必须发生之动作联成一气，则意志已成立。过此以往，则心理指挥生理，发为外表之动作（act）矣。

意志与动作似为一事，然实为二物。盖决意而为一事，与本此决意而发诸行动，实际为之，乃判然而不可混也。是故单纯之意志（即单纯之意向或决意）与实施此意志为动作不同，此种区别实为重要。夫心有所志，即能见诸实行，则意志已无成立之可能；顾意志之所决，多少属于未来，其间总有时间之间隔。若所决之事，即在最近之将来，或可见诸实行。如前举之例，吾人决先写信，而后取暖，其间相差甚渐，则取暖之事，自可立见诸动作。然所决之事，如在辽远之将来，则因时间之离隔，有时其所志之目的在一世界中，而实施其所志之时，又居于另一世界，于是所志与实行，分居二世界，则有时情异境迁，所志之事竟终于湮灭而不能见诸实行者。故决意为一事之承认，乃为一事，而实际为此决意之施行，又另为一事也。前者之附随情境，不过呈现于想象之中，且大半均为象征的，而后者之附随情境，则直呈于官觉之前，故意志与动作实为不同之二事也。

现实世界之事实不一定与预想相应，盖在实际中有许多副境未经预见者，如决意早起者，彼或未预见早间天气之严冷，与夫暖卧被中之舒适，而当晨起之际，此种未经预见之情境，竟成有力之因素，吾人前此之决意，甚至为所阻挠而不能见诸实行。故欲为决意之施行，自须有坚强之"意志力"（force of will）。意志力大部依于注意所志事物之明显特点而成：吾人苟于所志之事物，能致全力而集中注意其上，不为附属之其他情形所扰，则吾人之意志即有力量；否则意志之力薄弱。心志狭隘或操心甚坚者，其意志之力较之见解宽大者为强。然见解宽大者亦可得其意志力，彼由重要情境之清切认识，故能摒其枝叶而不为所制，如是，意志集中，则其力自可增大也。

方意志与其所志之目的发生关系也，则称有计划之目的（purpose）。目的有时专指所求之对象言，非指志于对象之事实。且目的与附于兽欲，欲望及愿望所生之动作倾向有异。基于兽欲之动作，普通称为冲动（impulsive），惟由欲望发生之动作有时亦名为冲动。不过前者为盲目之冲动（blind impulse），后者为意识之冲动（conscious impulse）耳。由愿望所生之动作，普通称为偏向（inclination）；当吾人志向于任何事物时，不但觉有为此之冲动，而且确实赞成此冲动，不过经反复思考之后，可以决意（resolve）不为之耳。故有计划之目的，一方与冲动不同他方复与偏向不同也。

（九）意志与性格

诺瓦利斯（Novalis）言："性格者乃一完全成立之意志也。"若以吾人之言诠之，则性格者乃指一定世界之优势继续存在之谓。如性格良好者，其人之义务感觉世界必永占优势；而守财奴之优势性格又必永为爱财之世界所占也。故其人之性格如何，可依其占优势之世界之性格如何而定。樸普（Pope）谓"大多数之女子决无性格之可言"，良以若辈水性杨花，无一定之世界永占其心坎也。

惟性格之变换，亦非止女子已也。大多数之男子亦常有数种世界徘徊于方寸之间：此数种世界之一定关系即成其人之性格，故性格不同者，即其人心中之各种世界配合之关系不同耳。至于在何种境况之下，某种世界当占优势，此为心理学之所研究，因其大部为研究注意与兴趣之集中之情境也。

由性格所发之动作方式，名曰行为（conduct），其意义之如何，当于本文第四部分及之。

（十）群意

为论述之方便计，在此简单之概论中常以个人之欲望与目的为主，惟人非孤立之动物，个人不能离社会而生活，故必统属于团体，小之如家庭宗族，大之如社会国家，皆为每一个人必须附属之团体。团体行为之有是非，正亦犹团体中之属员也。

近年以来，因受布拉得列（F. H. Bradley）之影响，所谓"民族道德"（the ethos of a people）之用语，甚为普遍；且由是而得团体行为，较个人行为少于错误之暗示。实则亦非尽然。近来对于群体之动作研究者颇多；而人类偶然集合之群与有确定组织之群之区别，更为人所重视。偶然集合之群，其行动多半为冲动的，不若孤独个人之有考虑；此群众集合之际，其行动易越常轨也。至于有确定组织之群，如家庭或国家等，其行动多出于预定计划，故较个人之行为为合理。此外之职业联合或其他团体之组织，其行动之性质，则兼前二者而有之也。

群体意志（The group will）之研究，近得鲍森开（Bosanquet 著 *Philosophical Theory of the State*）、麦独孤（Mc Dougall 著 *Group Mind*）及富烈特（M. P. Follett 著 *New State*）诸子而大昌。诸氏之所诠示者，即人类之思想与动作，实有互相合作之必要，盖大多精密之计划，出之于人类互相考虑之结果者多，实远非一人智虑之所能及也。惟群体意志注重之结果，对于个人自由之重要性反趋暧昧，则未免流于偏激；实则个人与社会乃相待而成，各有其意义，决非可以歧视之，此理后须阐发，兹不及。

三、动机与意向

（一）意向之意义

上部分所论，为欲望与意志之关系，然意志所向目的之性质如何？意向（intention）与动机之区别安在？此为吾人今后必须讨论之问题。惟此问题之讨论，甚为繁难，学者于此，有须加以深刻之注意。兹先规定意向之含义如下。

"意向"一辞与前述之"目的"之意义甚近，且有时竟视为同义。惟目的似偏指心理之活动（mental activity）言，而意向则指心理活动所向之鹄的，故意向乃指吾人所欲达之对象言。惟此所向之对象常为极其复杂之结果，故意向之所含，究为如何，殊不易决也。

意向或目的之复杂性，可以原因之繁复观念比较之。盖意向实为一种特别之原因，即所谓"目的因"（final cause）者是也。某事之原因即指前于某事发生之一组前事（antecedent）：前事之组织甚为复杂，吾人不过指其中之主要者命之为因（cause），而以其他之附随者为置境（conditions）而已。（参阅拙编《科学概论》讲义第六章，及《哲学概论》第一卷第四章）意向之含义亦然：吾人所欲达之鹄的至为复杂，而特指其中显著之变动为意向。如吾欲往天津，则天津之行乃吾之意向也。然往天津之意向，其内容至为复杂：吾人或因公赴津，或为访久别之友人而至津，或为采办物品而至津……凡此均为至津之所事，均包于吾人意向之内。只以至津之目的有时不能明白决定，或所含至多，如以上之原因，均可各为至津意向之内容，然亦可合而为至津之目的。故吾人不称之为意向，而命之为动机。故动机者，乃诱发吾人之意向，如吾之意向往津，乃因公事或访友之动机所致也。

意向之复杂性，略如前述。兹更举数例，以示其繁复之结构如下。

（1）近意向与远意向（the immediate and the remote intentions）：意向有时有远近之不同。如甲乙二人，见丙之投河而往救之，然甲之救彼也，不过为保其生命；而乙之救彼也，则为欲向彼索债也。故甲乙二人之近意向相同，同为救丙之沉溺；然其远意向则不同，此远意向者即有时称为动机也。

（2）外意向与内意向（the outer and the inner intentions）：相传林肯（abraham Lincoln）救猪于泥沟之中，彼谓赞彼者曰："吾之为此，非为猪故，不过因见其困厄，于心不安，吾欲免此不安之心耳。"救猪为林肯之外意向，而免其心之不安，则其内意向也。内意向似为远意向之特例，但有非尽然者。如某人欲邀天宠，于是极力改变其心态——如忏悔与信仰之类。于此例中，其近意向即内意向，而其外意向反为远意向也。内意向亦如远意向然，常与动机相混。

（3）直接意向与间接意向（the direct and the indirect intentions）：意向复可为间接与直接之分，如革命党人攻击国王所乘之列车，同时车中之其他乘客亦为所波及。刺杀国王乃革命党人之直接目的，而乘客之伤害，则其间接之目的，彼以乘客之伤害，乃攻击列车必致之结果也。

（4）自觉意向与不自觉意向（the conscious and the unconscious intentions）：吾人之意向究在某种程度之下即为不自觉的，此为心理学之所有事，非道德学所论之问题。惟吾人之意向确有自觉与不自觉之分；且吾人之行为，其受不自觉之意向之影响者，比受自觉意向之影响为尤大。如人或以增进人类之福利为职志，然其实际之行为，则多为其个人之名誉所操纵也。

（5）形式意向与实质意向（the formal and the material intentions）：实质意向乃指所欲实现之特别结果，形式意向乃指具体事实所含之原则。如甲乙二人均欲推翻政府，二人之实质意向均同。然甲之欲推翻，为政府之太过激；而乙之欲推翻也，乃因政府之太守旧。故彼二人之形式意向未尝同也。

以上区别，不过略举以示意向之复杂。动机与意向之关系，只有如是分析，方能判明，否则无从着手。总之，意向者，就广义言，即指意志所采之一定目的而言；而此意向之性质，则为类至夥也。

（二）动机之意义

动机一语，其含混不亚于意向。普通所谓动机乃指"动我"（moves me）或"使我"（causes me）作特殊动作而言。然所谓使我之原因者，其义亦至模棱。原因有效力因（efficient cause）与目的因（final cause）之不同，如使人运动之效力因，乃神经及筋肉等之动作；而其目的因则为其所欲达之目的，或结果之产生也。动机一词之含混，正复类是。所谓动机者可作后面推动（impel）解，亦可作前边引诱（induce）解。依前之义，则吾人可言为情所动：如某人之动为怒，为妒，为恐惧，为怜悯，为苦乐等是。边沁（bentham）之徒，且谓苦乐为吾人之唯一动机。此容待后评。吾人现在之所注意者，即人之行为有时亦受情感之驱使耳。

虽然，吾人之动作，有时固亦为情所牵；然道德之行为，则决不单为情感所驱使。假某人之行为，尽受情感所制者，则此人之动作已不能称为行为，如吾人以石碎物，不能言石之碎物为行为也。故情感用事，悬为厉禁，盖全为情役之行动，是与疯狂及醉汉无殊，吾人对彼，已不能施以道德之判断，夫道德行为者乃具有计划之目的，其行为所趋，一视其所抱之目的为转移，决不能仅因情感而即发之也。

由上观之，则道德行为之动机，不能为单独之感情，而为其所抱之目的也甚明。如见邻人之困厄，因而发生怜悯之心，起而为救助之行。若仅有怜悯之念者，则决不能生救助之行，盖于怜悯之念外，复须有其所欲达之目的概念在。如见怜人受苦，知以某种方法，即可置彼于较善之环境中；于是，彼之救助行为，即循是而发。故知怜悯之情固可使易为救助之行，然未能为救助之行之充分诱发。观剧者见悲角之厄运，未尝不恻然伤之；然由此悲悯之情，充其量不过洒落几点清泪耳。亚里士多德曰："使意志发生动作者乃常为欲望之目的。"（*de Anima*, III, X, 4,）其言盖可深长思也。

（三）动机与意向之关系

由前所述，知动机与意向，关系至为密切。引诱吾人发生行为者为动机，故动机必包于意向之中，然不必与此广义之意向一致。吾人之行为虽为吾人所抱之目的而发；然当行为之际，其所得之结果，尚不止此希望得到之目的，复有其他附随之结果。此附随而至之结果，不但不能诱发吾人之行，且有时阻碍之也。

例如革命者之动机半为国家福利之改进，半为个人名誉之获得，凡此均为其广义意向之一部也。惟革命者固知由是动机诱发之行为，不但立即不能得所望之目的，反而引起社会之紊乱，甚至牺牲其自己。凡此恶劣之结果，乃其行为所生之必然产品，而为其所清切见到者，则谓彼于未行之前，未曾意向及此，实不可通；不过彼之动机，却不在此耳。

更以简单之例言之，如布鲁鞑斯（Brutus）为救其国而杀凯萨（Caesar）时，则凯萨杀害固为彼之意向，然非其动机之所在也。

由上观之，则行为之动机者固为广义意向之一部，然不必与之合一也，甚明。若以前述之区别言，则动机者包括远意向之大部，而近意向则非其所包；且常含直接之意向，不含间接之意向，常含形式之意向，不含实质之意向；至于为外，为内，为自觉，抑不自觉之意向，则情形至不一也。

（四）动机果常为快乐乎

吾人论述至此，已须研究吾人之动机是否常为快乐之问题，即吾人之行为是否均以快乐为鹄的也。此问题之研究必须与另一问题分别，庶可免于误会：此问题为何，即快乐是否常包于任何动机之呈现中是也。今以简单之语表之，则前者以快乐之观念为目的（aiming at the idea of pleasure），而后者不过寓快乐于观念之中（taking pleasure in an idea）。夫吾人之所志，当其达之之际，心中常觉快乐，此为一般心理学家之所承认；然此固不以快乐为目的，不过思及目的之达到时，有此乐趣耳。故快乐于此不过为目的达到之附属品，其不能为吾人行为之诱发者，情至显然。至于后者之说，谓吾人之行为动机为快乐，故快乐乃吾人行为之唯一鹄的，此则道德中心理的快乐论（psychological hedonism）之所持也，容于下文述之。

（五）心理之快乐论

心理之快乐论，为快乐论中之一种（关于快乐论之派别容于第三部分的"（四）"处述之）。盖以吾人欲望之最后目的为快乐之理论是也。此宗之主持者，常推边沁与弥儿（J. S. Mill）。边沁之言曰："自然置人类于苦乐之王国中。吾人由是而得吾人一切之观念；吾人一切判断，与夫人生之一切规定，亦均以是为标准。其有假充不服此规者，实不知其所言。人之唯一目的，在于寻乐避苦；此即在彼拒绝最大快乐，忍受尖锐痛苦时，亦不能外此。此永久而不可抗拒之情感应为道德学者与立法学者之注意研究。其使一切众生均受此二动机之支配者即功利之原则是也。"（*Principles of Legislation*, chap. i.）弥儿在其《功利论》（*Utilitarianism*）一书之第四章亦曾言："吾人今须决定是否真实如此，即人类除于快乐之事外，并不欲望其他，或缺此快乐时即为痛苦。吾人于此，已得一事实之问题，此与其他事实之问题同，咸以证据为根抵者。此问题之解决，只有依于自觉或自己考察之实习，复济以他人考察之帮助。吾信考察之结果，必须公平宣告曰，希求一事，与以此事为快乐，憎恶一事，与以此事为痛苦，乃属完全不可分析之现象，或即为同一现象之二部。以严格之语表之，即为同一心理事实之二不同表现的方式耳。以一物为可欲，与以之为快乐，实为一事。而希求任何事物，除非以彼之观念为快乐外，实为物理上及形而上学上之所不可能者。"心理之快乐论，观边弥二氏所言，已可知其梗概。然则此种主张，果为合理乎？兹评之如下。

（六）对于心理快乐论之批评

心理之快乐论谓吾人唯一目的在于快乐，然所谓快乐者究为吾人所求之的，抑为吾人所求之的之附随状态乎？究指吾人所求之客观可乐之物，抑指吾人得到目的后，所生之一种适意感情（agreeable feeling）乎？彼宗固未明定之。故雪几维克（Sidgwick）在其《道德学之诸程式》（*Methods of Ethics*, Book I, chap, iv）中，曾评弥儿之言曰："弥儿谓'希求一事，与以此事为快乐，严格言之，乃同一心理事实之二种不同表现的方式'。假此言果确，则吾人所论之问题，又如何能以'自觉或自己考察之实习'而决定之乎？盖如否认之者，则彼辞将成矛盾也。上述主张之错误，即在'快乐'一辞之含混。当吾人言某人'高兴'或'喜欢'为此，盖即指意志之某种方向的决定，今假所谓'快乐'者，即指影响吾人之选择，或刺激于意志之一种情感，则当然无可争辩；盖言吾人欲求快感，或依其所予之快感如何而定可欲之度，乃属重复语也。"推雪氏之意，以"吾人之欲此"，不过依"吾人之欲此"（快感）为比例：因"一事为快感之表现者"意即指"为吾人之所欲"，是"快感"与"可欲"乃同义语也。

雪氏以快乐为快感（pleasant feeling），乃属主观之情感，已比弥儿胜一筹。唯以快感即等于可欲，乃吾人所欲之鹄的者，是又陷于已往心理快乐论之弊。盖若以快乐为欲望达到后之一种适意的情感者，则不见其为吾人之所欲也。

间尝论之，快乐论之可评点有三：

（1）快乐论之矛盾（the paradox of hedonism），即欲得快乐，须忘快乐是也。关于此点，雪几维克亦曾见到。彼谓吾人之所欲者，事实上常为客观之目的，而非附此而至之快乐。彼复指出，即使吾人欲求快乐，其得之之最好的方法，莫过于忘其快乐：盖常以快乐为念者，快乐反失之也。反之，吾人苟注意于客观目的者，快乐反而自至。一切之快乐如是，而于求时之快乐（pleasures of pursuit）更为然。

雪几维克曰："举例言之，如任何游戏均有胜利之争竞，然普通未有于争竞之前，即有争胜之欲望者。盖于未参加竞赛之先，罕有由胜利而引得满足者。其所考虑者，并非争竞之胜利，但为争竞之快乐的激励耳；为充分发展此争竞之快乐计，故胜利之欲为不可免。类此始未存在之欲望，因争竞之故而加浓焉。"

"为得充分之享受计，须有相当不计较之心。故取伊皮鸠鲁之态度者，注其的于彼之快乐，反未得快乐之真精神；彼之热望，并未获得快乐之核心。如是，吾人可称为快乐论之矛盾，即求乐之冲动，过占优势，反而失之。此在被动之感觉快乐中，较为罕见；但在吾人之主动的欣赏时，……则可断言，吾人如集中注意于快乐，则反不得，或至少不能达其最高之程度也。"

"同理，思想与研究之快乐，亦只有具好奇之热心，暂时忘其自我者，方能得其高度。在一切之美术中，因创造官能之练习，恒有强烈细致之快乐，附随其间；然欲得此者，则必须先忘此也。"

此种快乐主义之矛盾，弥儿亦有相当之承认，第彼不以此为可以颠覆快乐论者之理论。欲望固可暂时不及于快乐，而以客观之对象为的，然终久仍回复于快乐之上也。

（2）需要先于满足（wants prior to satisfactions）：第二点须注意者，即假非先有希求事物之目的存在，快乐决不能存在。此点为巴特勒（Butler）与候企孙（Hutcheson）之所提示（*Sidgwick's History of Ethics*, p. 192.），虽后来之作家亦有忽之者。例如慈爱之乐，决非不慈爱者之所能得，必其人为慈爱，欲求他人之得福，然后方能有慈爱之乐。由是观之，则快乐之得，系依欲望之预有目的，迨所欲之目的达，然后快乐随之，故需要必先于满足之乐。吾人在未得食物之快乐之前，必须先有食物之需要（或称不计较之食欲）；否则无食之需要，食之快乐，更从何来？准斯以言，则世必有不欲快乐之欲望存在无疑矣。

（3）客观可乐之物（pleasures）与主观快乐之感情（pleasure）：前既言之，"快乐"有时指吾人适意之感情，或满足时之感情，有时又指能予吾以快乐或满足之物（object that gives satisfaction）。前者可简称为快感，而后者则可简称为快乐。如听音乐有时可称为快乐，然音乐欣赏之本身并非快感，不过能生快感耳。

普通言之，当吾人指具体之快乐，如英文用多数之 Pleasures 时，乃指能生快乐之实品，而仅称抽象之快乐，在英文用单数之 Pleasure 时，则恒指与快乐之物借来之一种满足感情或快感也。

类此之区别，在痛苦之情形比较快乐为明显，痛苦普通称为快乐之反面，即不快之感（disagreeable feeling），或不满足之感（feeling of dissatisfaction）。然吾人通常所指之痛苦（英语用多数之 Pains），乃一种能生痛苦之实物，即所谓机体之感觉（organic sensations）是也。如牙痛，并非仅为一种不适意，或不满足之感情，而为一定之机体感觉，感觉乃一生理之实物，附有不快之感者。类此能生痛感之实物为类不一，其数至繁。

如烫痛之感觉一物也，受击而痛之感觉，又另为一物；发现行为错误之痛苦，又另为一物。凡此诸物，均附有不适意之感；然此数事中，发生不适意之感之实物，与此不适意之感之自身，固判然二事也。

今当言吾人所欲常为快乐时，其意殆指吾人之所欲者，当其达到之时，常附随快感。故任何吾人所欲之物，均可称为快乐。如希望推翻政府者，果政府而倾覆，其人必称快。故吾人可称政府之推翻为快乐；然推翻之实现，其自身并非快感；彼不过附带有此快感耳。是故根据吾人欲求快乐之实物，不能即谓吾人亦欲求快感也。夫金钱、名誉、权力、健康等均为吾人之所寻求，然凡此所求之物，并非快感之部分，而仅为能生快感者。吾人追求上述诸物，不过表示吾人之所寻求者，乃客观快乐之实物，而非主观快感之自身。且吾人寻求客观快乐之实物者，实不啻为重复语：盖吾人之意无他，仅言吾人寻求吾之所寻求者而已。

（七）理性为行为之动机问题

哲学家中有不明言苦乐为唯一之可能的动机，然不信"理性"（reason），可为行为之动机。此说休谟（Hume）曾主之。休氏言："理性为，而且应为情感之奴役，除服役于情感之外，不能有其他职务。"（*Treatise of Human Nature*, Book II, part iii, section iii, of. *Dissertation on the Passions*, section v.）休氏之所谓情感实与冲动同义，其意殆谓吾人一切之行为，均依冲动而发，理性不过指示达到冲动满足之途径而已。此种理性之观察，不能为吾人之动机，彼只能示以满足动机之最好路径耳。

此种观点之错误，纯由对于欲望之错误观察而来。彼盖假吾人之心乃由各个独立之欲望组合而成，理性不过为外在功能作用其间。实则吾人之欲望并非一盘散沙，而成相维之体系，故吾人之问题，不在孤立之单个欲望，而在于欲望所寄之世界。如欲望所寄之世界为合理的统系，则由是所生之欲望，当与非理性世界之所生者不同。故理性之但为吾人欲望或冲动之指导，且实际为其本性之规定。理性能示吾人以行为之鹄的，故可为行为之动机，此则为不合理者之所无也。

顾理性虽可为吾人之动机，然不能谓为吾人行为之唯一动机。吾人之行为，固有不依理性之指示者。苏格拉底（Socrates）常言："道德即知识"（virtue is knowledge）。彼意盖谓吾人苟于道德目的之性质能有深切之认识，则必能依之而行。在完全合理之性格界中，至善之观念必能为行为之诱发无疑。然有时虽知至善之性质，而并未占据完全合理之性格界者，则在此情形之下，虽知之，尚不能行之。故知"行"之与"知"实为二事，知善之如何为一事，而秉至善而行又另一事也。由是观之，则行为之动机不必为完全合理也甚明。

（八）动机之组织

由前所述，知动机既非仅由苦乐组成，亦非仅由占势力之欲望、情感，或冲动等所组成，更非由理性独自组成者，盖动机之性质乃依其所从发之世界之性质如何而定也。

普通言之，动机者即为与其所从发之世界相合之一目的。在吾人之生活中，任何时间均有数种可能之目的呈现于心中。吾人性格世界之内容为求与意识之系统更臻谐合计，故时生变更，且变迁之法，亦至不一。就变动之为吾人行动所产生言，则适合之变动成为吾人行为之可能动机。而某一动机之是否可以诱发吾人之行为，须视其与同时呈现之其他动机之适合如何而定。其最后能引发吾人之行者，必因其与吾人之意识系统为最和洽者无疑。至此所采之动作究为合理与否，则须视吾人所处之世界为合理与否而决之也。

吾人论述动机之组织至此，已入行为与性格之关系问题，性格与行为之关系如何，为心理学之道德论中最重要之问题，吾人当另于下一部分分论之。

（附注）快乐与欲望之余辩

吾于此言，"满足之欲望，随以快乐；不满足之欲望，随以痛苦"。斯言也，颇为各家之所不许，尤其主张有所谓"追求之快乐"（pleasure of pursuit）者，以不满足之状态，仍为快乐，甚至比"获得之快乐"（pleasure of attainment）为尤贵，更能引发吾人之行为，此为雪几维克（Sidgwick）之所持，雪氏之言，前固引及之也。然则雪氏之说是否可以动摇吾人之所说乎？

考雪氏求时快乐与得时快乐之分，殊易引起误会。盖快乐本无所谓求时与得时之不同，等是快乐耳，以余观之，快乐只有两种得法之不同：一为前进的得（progressive attainment），一为结局的得（catastrophic attainment）。所谓求时之乐，实即前进的得之快乐耳。所谓前进的得者，即以目的之追求，由始渐渐以至于终之谓，如登高山者，其乐非至山顶而始发，乃由初步拾级，以至渐登渐高，其乐以次渐进。若为结局的得，则此人之缓步攀登，循序渐进者，已属无谓，不如升气球一蹴而及之为愈也。故所谓以不满足为乐，或求时之乐者，实即乐之不同看法，从前进以观之也。等是乐耳，无求时与得时之差也。

由是观之，以求时之快乐，或不满足之快乐驳吾人，实未见其说之确立，吾人前此之所言，仍可成立也。

四、性格与行为

（一）总论

关于意志、欲望、动机、意向等之意义，及其相互之关系，吾人已畅言之于前。兹即进而为性格及行为（character and conduct）之讨论；且由是而及于意志自由（freedom of will）之问题。惟是意志自由之问题，与环境（circumstances）及习惯（habit）有关，故于未论述该问题之先，对于环境与习惯之意义，须加以分别诠释。于是吾人本部分讨论之程序，乃先为性格、行为、环境、习惯之各别诠释，再及于意志自由之问题，而以有意动作（voluntary action）性质之研究为终结。

（二）性格

性格者何？申言之，即意志之习惯是也。意志重复某类之行为，久之即成性格。故马肯荣（Mackenzie）言："性格即由意志之特殊动作形成之完全境界。"（*manual of Ethics*, p. 67）弥儿（J. S. Mill）亦言："性格为完全成立之意志。"（*Muirhead's Elements of Ethics*, p. 53 note）穆儿海得（Muirhead）更为申说曰："依所持之目的，将人类之天然性向为有意之安排，由此而得之习惯，即所谓性格是也。换言之，性格非与意志分离，从外加入动作，实乃意志整理冲动与欲望时所成之一种习惯。"（*Elements of Ethics*, p. 68）性格既与意志之活动成为一体，故有二元之特性，盖彼既为原因，复为结果，既为主动，又属被动也。冯特（Wundt）言："性格是以前意志活动的结果，是以后意志活动的原因。"故性格之铸成，正有类乎树木之生长。树木之生也，由土壤以得养料，故能枝干槎丫，成为幼株；此犹意志之活动，逐渐形成性格也。惟此幼株之姿态可以决定将来大木之长成，是犹既成之性格可以决定将来之意志行动也。由是观之，性格之形成实有自决之要素在，为舜为桀，是在自择之也。

在吾人之生活中，偶为良好目的所左右，于道德无甚关系，吾人必须证明此良好目的乃发于永占优势之性格界。行为之发于外也，可为性格之代表，然后道德之意义，方能显现。故亚里士多德特注重于良好习惯之养成（The formation of good habit，见其 *Ethics*, Book Ⅱ, chap. v.）；以吾人之言表之，是即建设一永占优势之性格界（the universe of character）也。意志动作确为性格之表现，只以为时间空间所限，故性格之全部不能完全表之于特殊动作之中。吾人衡人论世，欲为道德之批评，仍当以性格为对象，不能以个别行为之如何，遽下品评也。（参阅本文第七部分）

（三）行为

行为（conduct）一辞，有时用法甚广，举凡一切有生之活动（vital activities），均包其中，至少亦必包括具有目的之生命活动。进化论者如达尔文及斯宾塞（Herbert Spencer, *Data of Ethics*, chap. i）等均以低级动物之活动为行为，斯氏曾称软体动物之活动为行为，达氏且以蚯蚓之动作具有目的适合之意识。实则低级动物之动作虽趋于一定目的，然彼并无目的之意识，其动作殆全出于本能。故动物之动作虽具目的（end），然非有计划之目的动作（purposeful activities）也。盖有计划之目的动作者，不仅趋于一定之目的，且如康德所言，由目的之观念，引导而行（directed by the idea of an end）。准斯以言，则不特低级动物之动作，不能称为行为，即人类之大部本能的活动，亦非道德学上之所谓行为也。夫无有计划之目的动作固斯宾塞所认为非行为者，今低级动物之动作虽有目标（end），然不具有计划之目的（purpose），换言之，彼并不意向其目的，或依其目的观念而行，则欲称动物之活动为行为，实属不妥。故道德学上之所谓行为，只适用于人类之有意动作（voluntary action）；故一人之行为，即无异为其整个人格之表示也。

（四）情境

吾人前言行为与性格相应，即行为出于性格。然吾人之行为，又非仅依性格而定，复依其周围之情境而定。故人之行为如何，须依性格与情境以决定之，即情境关系实大，兹先为其意义之规定于下。

吾人如欲了解情境之道德的意义，首须去情境在外之通俗观念。盖以情境在外，则任何同时存在之物，如星球之罗列、潮汐之发现等均亦为吾人之环境也。然吾人苟不信占星学（astrology）者，则凡此天文之诸情境，决不能谓其具有道德之意义。至于一国之地质组织如何，亦不能有道德情境之价值。普通言之，贫富、健康与疾病乃一较为重要之情境，而社会之情境如何，自亦与此有关。

由上观之，则具有道德意义之情境，至难决定：具有道德意义之情境，并非在行为者本身之外，不过为其行为之外部的条件耳。故人之道德情境如何，须视其人之性格如何而定。然则情境与性格并非人类生活中之二平行因子，因一事物之为情境与否，须依其性格而决之也。

复次，如人具有良好之记忆力，或好脾气、好悟性等，其为性格之要素乎？抑为情境之要素乎？此等事实大半根据于其意识生活之系统组织，故当然为其性格之要素；然就另一方面观之，亦可视为情境之要素，以其人之行为，可因之而得帮助或阻碍也。即以恪守时刻之良好性格的养成言，亦可称之为情境，以其人在此良好之环境中，将来之发展较易也。然则一事之为情境或性格与否，须依观点之如何而定。任何人大部之现在的情境，不过为其人过去性格之表现。用知情境与性格，只有相对之关系，无严格之分界也。

吾人由上所述，知人之行为即为性格与情境之结果。人之性格不同，情境斯异，物理之情境不易，而道德之情境已变。熏犹异器，圣愚殊感，个人之情境，决于个人之性格。善乎瓦德（Ward）之言曰："鸡见黄昏而入巢，狐见黄昏而寻掠；豺狼闻狮吼而相聚，牛羊闻狮吼而潜逃。"（*Psychological Principles*, p. 50.）用知个人之取境实系于其人之性格也。

（五）习惯

习惯之意义前已约略言之。亚里士多德谓道德生活之重要事项为良好习惯之养成，于此可见习惯之重要。亚氏之此种观点乃反对苏格拉底之道德即知识之主张而来。实则二氏之观点有其共通之处，不如初看时冲突之甚也。

道德为知识之一种，亦为习惯之一种，第依其所取之观点如何而定耳。有德之人继续生活于义务观念之世界，类此生活继续不变即为一种习惯之养成，亦即为真知灼见。其生活之世界不同者，其观察事物之习惯亦随以各异，犹之戴有色眼镜者，所见均着眼镜之颜色。故所谓有德者，即习惯地具有一种知识或卓见之谓；苏格拉底与亚里士多德之所言，固均属正确也。

具有道德意义之习惯，非仅普通之风习已也。道德之习惯非如举步穿衣等之习惯然，仅为一种机械的活动，而为意志之习惯，盖受意志支配之习惯也。具有道德意义之习惯乃一种考虑选择之习惯（habits of deliberate choice）：夫考虑选择之有待于思想或理性之指示，理至显然（参阅 *Green: Prolegomena to Ethics*, Book Ⅱ, chap. ii），则知道德之习惯，非仅为机械之活动者审矣。吾人假欲选择之得宜，使其具有道德之意义，则必须先知正鹄之观念，如吾人之得达正鹄，不过出于偶然，则吾人已非真正选择正鹄可知，而道德之意义亦失。故正确之意志选择乃依于正确之知识，换言之，唯真知者方能择善而行也。由是观之，则苏格拉底谓道德即知识，与亚里士多德之谓道德即习惯之义，已大明：盖依苏氏之言，则道德者纯依某种观点之占据，依于合理观点之领有；而依亚氏言，则道德不仅为意志之动作，且为一种性格之继续表现，换言之，即为一定之世界所继续占有。故苏亚二氏所指之道德意义同，不过观察点异耳。

于此有须补叙者，即变为习惯之动作，有变为快乐之趋势。贪夫殉财，义士成仁，此无他，以财货仁义各为其所爱好之鹄的，习惯已成天性，故甘之如饴也。亚里士多德言："人除非乐于为高尚之事，则不一定为善者；故苟彼非乐于公正，则不能称之为公正者；苟非乐于仁爱，则亦不能称之为仁爱者。"（*Nicomachean Ethics*, I, Ⅷ. 12）孔子曰："知之者不如好之者；好之者不如乐之者。"良以乐于行善，则其善行乃出于其内心之自决，一似本其天性者，初无一毫牵强逼迫之态，此诚可谓真正之道德也。

（六）意志之自由

意志自由为道德学上之重要问题，故其意义之如何，吾人须为明白之认识。惟在未申述正确意义之前，有二说须先加以批驳者。

（1）为社会主义者欧文（Robert Owen）之意志无自由说。欧氏谓意志毫无自由，纯受环境之支配；故氏以努力于人类环境之改进为其一生之大目标，惟依吾人之意，纯粹之外界情境，于道德上无甚意义。吾人于未从事改进环境之前，应研究如何之环境，始具道德之意义，始为吾人之真环境。换言之，吾人必先研究，吾人究应为如何性格之人，然后方能从事实际之改革。若谓人类完全为纯粹在外之环境所决定，实为大错；盖既假定如此，则人根本则无改进环境之力也。

（2）为意志绝对自由说。此说之不当，与前说同。彼谓意志之行为，毫无动机之决定，纯为绝对的自由。夫未有动机之决定云者，即不受任何合理动机之启发之意，是直为盲目之冲动；与下等动物之动作等耳，非人类之行为也。

上述二说，其错误之处有如前述。兹即进而确定道德上自由之意义于下。

（1）自由为道德所需。在道德之意识中，实包有吾人"应该"依某方向而行之信仰，此即言某种行为为"是"为"好"，而他种行为为"非"为"不好"。吾人应该从"是"与"好"者而行，不应从"非"与"不好"者而行。康德言，所谓"应该"（ought）者必须附以"能够"（can），而后方有意义。唯此之"能"，又非指目下或即刻之可能而言。如人应有智慧，然不能立即为智者：盖智之为德，第能逐渐发展之也。吾人立即之所能者，即置吾人于得此"能"之程途中耳。又如吾人应敬爱邻里，然爱为一种感情，不能自由任意产生：吾人第能置之于养成仁爱之路而已。惟于此亦有限制，如谓人应增高二尺，或为月球之旅行，则不可能：盖吾人不能置吾人于得此目的之行程中，故此应当之命令，不能成为义务之一部也。

今假人之意志纯受环境之支配者，则彼除顺其自然趋势之外，不能另有所改易；除实然（is）之外，已无应然（ought to be）之可能。如是则道德之训条（moral imperatives）失其意义矣。故纯粹之决定论者（pure determinists）否认有应然界之存在，否认道德学为规范科学，而仅为人类行为之实然的叙述，与普通自然史之研究无异；此就其本身之立场言，乃为势所必至之结果。此即叔本华（Schopenhauer）及西米尔（Simmel 著 *Einleitung in die Moralwissenschaft*）之所持也。（叔本华虽注重意志，然为纯粹之决定论者，参阅 *Janet's Theory of Morals*, p. 138）

如欲使道德训条为有意义，则吾人之意志，即不能绝对受环境之支配，而须有相当自由。即使吾人不取康德之所言，以道德目的为律令，而以之为一种可以得到之善或理想，前意亦必真——意志非具相当之自由不可也。亚里士多德谓道德理想为可以由人实行之而获得之者（practicable and attainable by man），实为不易之真理也。

（2）"必然"为道德之所需。道德固需自由，然亦有需乎必然。所谓必然者即指意志之动作有其目的的原因（final cause），意志依其一定之目的以决其行动，故非任情纵欲，为无规律无秩序之活动。吾人前既言道德生活之要务，在于良好性格之养成：所谓养成一定性格者，即依一定之世界而生活之谓耳，在任何之性格界中，各个欲望有其一定之部位，有其一定之关系。故一人之性格如愈趋确定，则其选择与动作亦愈趋齐一（uniform）。至性格未经确立之人，其行为出尔反尔，等于儿戏，既无责任之可言，当失道德之义矣。

如使道德有意义，则必须有必然。盖道德生活为人格之创造，是即一定习惯之养成。所谓行为之习惯确定者，即以其为齐一，能预定之谓也。今所谓必然者，要义亦无非为齐一。由是，则必然之为道德所需者明矣。

由上观之，则道德一方须有自由，他方复须有必然，则道德生活之要求，不几为矛盾乎？曰，非也。吾人苟能详审自由与必然之真性，则此类似之矛盾，必不致发生。盖所谓必然者，不过指一定性格之齐一动作之意；而所谓自由者，则指某人之行为，乃其性格所自决（self-determined），非受其性格以外之事所决定之意。故唯此必然之自由，方为真自由，亦即自由之真义（the true sense of freedom）。故恶人之为善行，可谓其不能，亦可谓其能。所谓不能也，即因由彼之恶性格，不能生此善行也。虫蚀之树，不能生好果，正此之喻。然就另一方面言，彼亦能为善行，何也？盖彼之为也，除彼自己之性格为之决定外，无有能助之者，其有阻之者，彼自己耳。故自由者即除自决之外，不为他物所决也。歌德曰，汝能禁止蚕之吐丝乎？夫蚕之吐丝，乃蚕之天性使然，实现其吐丝之天性，以达其尽性之功，正所以成蚕之自由也。昔朱熹常为孝宗讲正心诚意之说，屡次如是，帝颇不悦，知之者往告之，"以为正心诚意之论，上所厌闻"，戒勿以为言。熹曰："吾生平所学，唯此四字，岂可隐默以欺吾君乎？"若朱熹之所行，可谓毫无选择而为必然者，然其锲而不舍，强聒不休之精神，正所以实现其自决之的，乃其真自由之所在也。

　　自由之意义既如前述，兹转而述及宇宙一般普遍之自由及人类所具之自由。宇宙之内，皆生息而活动，即皆有其相当之自由。顽石之动也，似为外界所决定，纯如机械然。然其所遵之自然法，乃根于顽石及其他各物之天性而籀成者。黑格尔（Hegel）谓星球之绕日运行，正如不死灵魂之自由，其义盖可深玩。吾人常言太阳吸引星球，然使星球之不愿受吸，则太阳亦无能吸引之者。加来尔（Carlyle）曰，牛膝生于墙垣，以全世界中无有能阻彼之生长者。则知宇宙之内，虽至无机之物与植物，亦自有其普具之自由也。

　　惟是无生之属，其动作无自发性（spontaneity），以其非由于自决，无自我之中心也。牛膝之生，固可谓全世界中莫能阻之者，然亦可谓全世界使彼如是生，星球之动固可谓由其自动，然亦可谓受自然法之支配，而不得不作如是动，故自然法无间一物之内外，皆不失其为真；足知无生界之动作无有中心也。然动物之情形则大异。盖此则自我具，中心现，即动物有其自己之觉识。动物之行为均自此觉识而发，故动物之活动有自发性。动物之自由当较进一步也。

　　动物之动作，虽较无生之属为优，然仍未具自我之完满义也。动物之活动中心不过为其瞬间之感情冲动，彼固无一定之统系为其动作之所依者。人类之自我则与动物异，盖人类之自我，乃其生活习惯之所寄，故人类特具动物所无之自由。假动物而能言语者，则其行动亦必不能诉诸自我，而只能诉诸此时或彼时之冲动。杜威谓"动物不能有自设目的之力，仅依一时之欲望冲动而行，盖纯为受激而动者"。（*Outlines of Ethics*, pp. 138-139）诚然，动物之冲动，亦带连续性与可预测性，然在某时刻，则相当独立，无有中心之统系。此即言动物不具思想，故不能将各时刻之觉识，造成统一之系统。反之，人类则生活于性格界中，故苟彼之瞬间冲动，不能显其性格者，严格言之，即不能谓属之于彼。只有彼真觉其所行，即其行动纯发于其性格之中心时，方能谓为彼之行为。故人类具有更永久之行动中心，其行为不但具自发性，且为自由之决定，此则一般动物之所无也。

反对自由之决定论者当亦反对自我之统一性。故近代决定论之始创者休谟曾言："当吾直探吾之内心时，所见者不过为冷热，明暗，爱憎，苦乐等之知觉而已。"故人格或自我者，"无他，仅为知觉之一束，知觉迅速连续出现，且永在流动之中"（*Hume's Treatise of Human Nature*, Book I. part iv. section vi.）。弥儿亦承认此说（*Examination of Sir W. Hamilton*, Chap. xii.）

由前所述，则自由有高下之不同，有万类普具之自由，有动物之自由，而人类之自由，则远超万类之上。然则由此推之，吾人所具之自由，是否为最高之一境，抑另有其他更高之自由乎？

此问题之解答，甚易，即更高之自由，实有其存在：盖有更高之自我，即有更高一级之自由，异乎常人之自由也。吾人须注意者，即苟非自我为理性的，即不能谓为实在，真正实在之我，只有合理的自我（rational self）。由是，则最高之自由，当为此合理之自我所有无疑。此意在吾人通常之用语中亦可比较得知。如人之行为受情感支配，吾人即责之为不合理，此即指彼之行为失其自由。实际人类终有一日认彼不合理行为为非，彼所有者盖彼之真我（true self）实潜藏于更深之所也。

上述之意在 *Pauline Epistle* 之作者中已感及之。盖彼曾言彼之错误不属于彼，不过为存于"彼自己身中之罪恶"。如是，彼已以彼之真我与更高之理性之我合一。然在他处中，彼复认有低级之我。如彼言："生活者非'我'，乃存于我身中之'圣灵'也。"此处之"我"，乃指低级的我，即个人之习惯的性格。至于高级之真我则如"圣灵"然，乃生活于此低级之我中，只有由生活之逐渐发展，方得完满之实现也。

实在每人均有三种我：（一）为冲动的我（impulseself），即各种冲动，亦可谓"存于我中之罪恶"；（二）为习惯之我（habitual self），即指永久之性格界而言；（三）为理性之我（rational self），或真我，依 Pauline 之喻即为存于我中之"圣灵"，只有在此理性之我中，我方能满足。吾人希望逐渐生活于此理性之世界中，以期最高自由之实现。

或谓人生宇宙之中，既受自然欲望之支配，又受各种社会之约束，则最高自由恐将无法实现。曰，非也。吾人饥而不能不食，寒而不能不衣，男女居室，人之大伦，凡此诸欲，似出于自然之需要，而为有情者之所同。然人欲之与兽欲，以及动植之需要，毕竟有绝大之差异。天然之需要，盲瞀无知，任运而行，而人对于其所欲，则能有明确之意识，人欲之中，实已有知之成分（参阅本文第二部分），故有自发性（spontaneity）之存在。

西哲黑格尔以"欲为意志及道德感之代表"；先儒亦言"欲当即理"；戴东原言，"古人所谓天理，不外絜民之求，遂人之欲，必求之人情而无憾，然后即安。理也者，即情欲之不爽失者也，故理即寓于欲中"。由是观之，则人之有欲，不能谓之为不自由也。至谓社会之约束，有似桎梏人之自由者，亦属非是。盖人生莫不有其理想，行为不能不有其准则，社会之制度者即所以范围我之行而达于理想之工具也。吾自立理想，自引绳墨，自立法而自守之，夫岂桎梏之谓乎？

虽然，人皆有求得最高自由之可能，此为一种事实，然苟自暴自弃，甘与鹿豕为伍者，则亦无由而得此人世之至宝也。最高自由并非现成之物，须由人之努力，而后方能实现。伊维雷特（Everett）曰："吾人之自由并不完全，而在创造之中"（*Moral Values*, p. 358），故人所得之自由须视其用功多寡而定；而如何努力以实现之，亦成为重要之问题矣。

吾人苟欲得最高之自由，自不能不苦心一志，注意下列之三事。

（1）求放心：世人之所以不得自由者，皆放其心而不知求也。利欲熏心，沉沦酒色，物欲陷弱，夜气梏亡，虽具圆颅方趾，已成走肉行尸，无怪其不自由也。吾人苟欲实现真自由，必须去此自由之困厄，求吾之放心。求放心之法，不外从知行二方下手。在知方面须致良知，以求理通，西哲苏格拉底以至德为理智活动之纯者，斯宾诺莎（Spinoza）亦言真理能使人自由（truth will make men free），孟子亦言浩气为集义所生，皆此之谓也。至于行的方面，则事事须经内心之判决，不盲从，不妄动，目标既定，生死以之。孔曰成仁，孟曰取义，皆所以求志之通也。志通理得，妄念不生，我心天心，相合为一，是能参考天地之化育，乃自由之极致也。

（2）知几：《易》曰，知几其神乎！所谓知几者，即察微以知著，见显以知隐也。人能知几则能先物而主动，不后物而被动。大政治家能先见民众之要求而为改革之举，大思想家亦能先见新时代之需要而为思想之前驱，故其所行，均所以实现其自由，虽有时遭触权威，身陷缧绁，亦不能谓其失自由。何也，以其顺己意之命令，正所以实现其自由，苏格拉底之甘受诬而死，不愿逃走以偷生，执是故也。先哲之能见机而行，为民木铎，实其能得真自由之所以。柏格森（Bergson）且言于艺术经验中，可得自由之感，良以在艺术动作中，如歌舞之动作，有一定之节奏，心临其境，能预知其起伏，而得心境之舒发，获自由之安放。日月经天，四序递转，宇宙行历，亦有一定之节奏，吾人当体察默契，自可得宇宙之和谐，而臻与大化同流之乐，晦翁所谓"武彝连日听奇语，令我两腋风冷然，初如茫茫出太极，继似冉冉随群仙"者，是形而上之自由，人之所特有也。伊维雷特曰："陶醉于自然美或美术品中，可以顿忘尘世之污浊，而得忘我之乐。"（*Moral values*, p. 204.）歌德（Goethe）劝人每日应聆清曲，颂诗歌，流览名画（见伊氏《道德价值》页二〇四所引），此无他，亦如柏格森之意，冀借艺术之经验以得自由之感耳。

（3）尽性：前言真我乃理性之我，又言最高之自由乃理性之我之所有，则欲得此最高之自由，必须达尽性之功。西哲多言自我实现（self-realization）或精进主义（energism），此即吾儒尽性之意。盖所谓自我实现者，即将理性之我充分发展之，是即将天之所特赋于人者尽力以实现之完成之，是非尽性之义乎？歌德言"吾人须为在任何情境之下所不能为之事"，此即行乎其不得不行，止乎其不得不止，以尽天理之当然。吾儒之求仁而得仁，康德之不容假借之意志律令（categorical imperative）皆不外此意。夫宇宙意志之表现于外为自然律，其表之于内也，则为道德律，吾人苟能外应宇宙生生不息之机，内顺仁义道德之礼，是能知天之所命，达尽性之功，亦即真我自由之完成，象山所谓"仰首攀南斗，翻身依北辰，回头天外望，无我这般人"者，正可为完成真自由者之写照也。

（七）自由动作之性质

前述自由动作之各种要素，其性质如何，吾人可举具体之事例以说明之。兹举食事为例。

第一，为嗜好（appetite）。求食动作之初现也，不过为动物之兽欲。此种动物之兽欲，初如植物之向光之盲目冲动然；所异者，即在动物之兽欲中，有意识之表现，而植物之机体冲动（organic impulse）则无之耳。于此意识中有二重要之因素，即一为所求之物之模棱观念，一为苦乐之感情是也。而后者之感情，又可分而为二，即一为预想满足之快感；一为未得满足之不安感情。例如饥欲，即为一种奇特之要求，一方为快乐，一方为不安，同时复附以所欲得以满足之物之模糊意识或观念。

然第二之欲望（desire）则与兽欲不同。在欲望中，有一定作为目标之目的物之意识；在兽欲中之模糊者，至是已成清切。一切均以其所欲之目的为中心，此则为兽欲之所无也。

第三，为动机（motive），在欲望中明确呈现于前，为其所欲之目的者，通常称为动机。动机有冲突之情形，盖欲望中之所求，容与其他之所欲不合，于是乎有冲突。故为动机宰制之欲望，有时中止其出现。欲望中之所欲达者，容或不能被选为目的，即不能成为愿望。

第四，愿望（wish），故愿望者乃被选之欲望，亦即已经决定之欲望也。愿望为注意已集中之欲望，故在吾人之意识中已占优势。求食之愿望比求食之欲望为更进一步：盖此为已集中之欲望，然犹未为意志之动作也。

第五，意志之动作（the act of will），在意志之动作中，不仅有一定之目的，即不仅集中其注意已也，且以此目的为吾人之所欲实行求而得之者，在意志中包有实践目的之意志力，此为意志之要素，而与愿望迥别，意欲得食者，不仅意向其工作，而为实际之努力。

第六，性格（character），性格为既成之习惯，是即已成某种特定工艺之活动也。

（八）责任之问题

意志自由之问题与人类行为之责任攸关，为欲解决责任之问题，于是意志自由之讨论更形切迫。吾人远稽中世，亦可知此问题之萦回思想家之脑中者，由来已久。中世神学家以上常掌管人间善恶，为最高无上之裁判者，奖善惩恶，均操神意。于此即生问题焉。即人类之意志果为自由否也。假人类无有自由之意志，则人之品格良莠，一秉于天，个人不能肩其责，是则上帝之奖惩，实无理由也。人类之意志果不受任何之拘束，有其绝对之自由耶？则无论人为有限，本身尚有所待，不能有此自由；即此绝对自由之观念本身，亦难理解。类此矛盾之困难，远在圣保罗（St. Paul）时，已感及之。其唯一之解决，只好叹为神秘而已。

降及近世，则个人对于社会，其应负之责任如何，亦有相同之困难，个人生活于社会之中，其大部性质均得之遗传，其道德之观念亦为社会所左右，然则个人又如何能创造其特有之性格耶？就一方面言，个人对于自己之发展，似有自由选择之余地，然此选择之自我，又非为无决定之存在者，个人自有生以来，即有为善为恶之天禀，个人实有难以左右之者；虽竭力主张人格独立与拥护惩戒罪恶之加来尔（Thomas Carlyle）亦承认遗传之力与夫个人体格之影响。由是观之，则个人纯由社会所决定，则社会对于个人之惩责，不亦同样为非理耶？

吾人对此问题之解答，由前之所说，已可见其大概。盖人假与动物无殊，亦与万类齐观者，则社会对彼之鞭挞，将亦与人之鞭挞禽兽无异，其唯一之理由，将不过由是而冀个人之警惕自新耳。然人究在万物之上，彼亦不甘自侪于禽兽；社会之于彼，亦不以冥顽不灵之物类视之。盖人类具自觉之灵，怀五常之性，而生活于理想之中；其终日朝乾夕惕者，无非图理想之实现，此为其他动物之所无，而所以能灵长万物者，亦职是故也。

夫人固不能以其为禽兽而自恕其恶行，社会亦不能以其等于动物，冥顽无知，而宽其责罚也。其苟有作如是观者，是甘于自暴自弃，自丧其灵禀之机，直人群之败类，当为社会所共弃。故吾人必须以理想中之战士自视，且以理想之战士视他人：其有临阵脱逃，或战争不力，甚至蔑视理想战之权威者，吾人必须视为叛逆而去之。夫如是，则人类社会方得蒸蒸日上，人类理想之实现，其庶几乎！孟子曰，人之所以异于禽兽者几希；然则吾人其将应如何努力迈进，临渊履薄，一息不容少懈，以自拔于禽兽之域，而共赴理想之将来耶？吾人对于人群应负之责任，实至艰且巨也。

五、行为之演进

（一）低级动物中行为之萌芽

人类之道德行为，有其演进之途径，吾人远溯其原始，则虽在低级之动物中，亦可见行为之朕。低级动物之动作固皆出于本能冲动者多，然其暗合于目的，则与人类之意识动作无殊。不过动物对于所适之目的，无自觉之心，而人类则自觉之耳。动物之行动均由暗示及模仿，幼小之动物均模仿老成者之动作；此在群居动物中，更为明显。在群居之动物中，领袖者之行动，常为其侪类之所注意，于是即生习惯之动作：有时对于破坏习惯动作者，复加以惩罚，此与人类之习俗道德（customary morality）相似。吾人于此，已得见道德行为及道德判断之胚胎焉。

（二）野蛮民族之行为

在野蛮人中，道德之意识仍在萌芽时期，其行动多由于冲动，未来之结果如何，初未尝计及之也。惟野蛮人之行动亦非可以尽情放纵者。若辈聚族而居，其生活行动，一以其族之习惯仪式为圭臬，莫敢或违。野人习惯仪式之形成，暗示与有意模仿，实占大部作用；吾人虽能追寻其中目的之所向，然彼遵守而行之者，其心中固未有此目的之意识也。

（三）习俗道德

野人之行动，一切固以风习为标准，即文化发达之后，习俗之势力亦常支配于道德判断之中。希腊文之 ήθος，拉丁文之 Mores，德文之 Sitten 及英语之 Manners，均为风习之意，足征风习在国民道德之形成中，实占重要之地位，类此以风习为道德者，名曰习俗道德（customary morality），乃人类道德之最初形式也。

（四）公民道德

人类生活逐渐发展之结果，于是行为之规律趋于确定。在此规律之确立中，有仅为习惯仪式之更趋固定者，然当铸成实际法律（positive law）时，以前之习惯已起相当变化。例如刑法之规定，用以代替从前之复仇习惯时，私人报复之风，已大加限制，而公正（justice）之意义更趋正确矣。此时之道德标准既以国家之法律为规，个人均以法律之所示，指导其行为，故可名之曰公民道德（citizen-morality），乃人类道德行为演进之第二阶段也。

（五）反复思考之道德

当一定之法律形成时，思考亦自然发生。法律常与习俗冲突，且各种规律亦不免有互相冲突之处，然则吾人所认为道德之最后规范，已不能不发生问题，吾人已不能再以国家之法律为道德之规范，必须进一途而为法律根本意义之考核。由此思考之结果，人类已逐渐采取规律原理之精神，而弃置其文字上之规定：盖人类已了然以原理指导其行为，换言之，即以理性为其最后之基础；规律有悖于理者非之，习俗有符于理者仍是之。夫如是，吾人已离暗示与模仿之境，而达于理性之考察，此即反复思考之道德（reflective morality），乃人类道德发展之第三阶段也。

夫吾人之生活固不能谓纯由理性之考察，道德生活内容之复杂，其间几微迅速，有不容吾人之完全度此冷静之思考生活者，故信仰与经验，即在最富思想者之心中，亦不能完全弃置，其为行为指导之原则，半成于思考，半由个人之经验及种族之经验引申而得，足知模仿与暗示，即在道德行为最发达之阶段中，亦未完全抛弃也。

（六）道德观念与伦理观念

由前末段之所论，吾人之道德规范即至反复思考之时，亦不能将模仿与暗示完全抛弃。伟大思想家之道德观半虽出于彼自己理性之考察，然一般之道德观念仍有深刻之影响。由是，吾人须进而为二种观念之区别，即道德观念（moral ideas）与伦理观念（ethical ideas）是也。（参阅 Bosanquet 在 *The International Journal of Ethics.* Vol. i. no.1. 中之论文）

为吾人行为指导之道德观念有为吾人之所清切确定者，吾人或以幸福之获得，或人格之完全，为吾人所向之鹄的，类此思考而得之观念，即称为伦理观念。至于普通之道德观念则可不必具此明确思考之性质。普通之道德观念乃出于民族精神，如英人之 Gentleman，或吾国古时之"士大夫"，其观念并非得自道德目的之性质考察而来，乃由民族之经验积渐造成之结果。世固有于道德之性质未加思考，而由道德观念指导其行为者；亦有深刻之道德思想，而其心中之道德观念甚少者，此则须加以分别者也。

惟是伦理观念与道德观念虽有别，然二者实可互为影响。今日之道德观念乃过去道德思考积聚形成之结果，如基督徒之道德观实受过去柏拉图、亚里士多德、斯多葛等思想之影响而成，而吾人今日对于动物之义务观念，又出于功利论（utilitarianism）、进化论等之影响者。然个人之伦理观念，或对于道德之思考，又息息与过去之道德观念相关，故知二者乃互为因果，不能视为互相独立者。至此问题之深刻意义，须待论及道德理论对于实际行为之影响时详为阐发，今只及其分别足矣。

（七）道德意识之发展

吾人由前所述，则知人类之道德行为，由最初之以暗示与模仿为基之习俗道德，以及于以理性思考为主之反复思考之道德，有明显之变化。惟吾人苟欲对于道德意识之发展得一完全之认识者，则不仅须注意行为本身之演进，且须注意与其平行之道德判断之发展。人类自有道德生活以来，不但依一定之标准而行，且于人己之行为表示其是非之见。行为本身之发展，与道德判断之发展，实为密切之关联，然二者究清切易辨：盖人不尽依其所谓是者而行之，亦不尽以其所谓非者而不行，可知行为本身与对于行为所下之判断实判然二事也。至于道德判断之发展如何，当于下一部分述之。

六、道德判断之发展

（一）道德判断之最初形式

人类道德之判断亦如道德之行为然，其渊源甚早。前一部分追溯人类之道德行为于动物之动作中；人类之道德判断，亦远昉于低级动物之意识。家畜中如犬对于自己做错之事，有相当之意识；至少在其被责罚时有相当之觉识可知。不但家畜如是，即在野处之群居动物中，亦有类似道德判断之事实。类此合群之动物对于有违习惯之行动，自觉不安，有时对于破坏规律者且加以惩罚。惟此动物之惩罚多加于病弱伤痛者；故在类此群居之动物中假有类似道德之存在者，则其道德判断之标准，将惟群体之健全是据，苟其所行有衰弱群体之势者，则群起斥之，然则对于病弱伤痛者而下惩罚，其理或在是欤？

以群体之健全为道德判断之标准者，不特可远溯于低级之动物，即后此之原始野蛮民族，其道德之判断亦复如是。野人之奖善惩恶，亦视其行为之是否增强群力，抑贬损群力为断，盖与低级动物无殊也。

类此之道德判断标准，不特原人遵用之已也，即在文化进步之后，亦有其遗迹，布莱士（Bryce）在其美利坚共和政体（*American Commonwealth*, note 1, chapter 63）文中曾叙述美人之政治生活如下："即城市之政治家亦必有其道德之典刑与其道德之标准。此非普通一般国民之典刑。其中并不禁止虚伪，贿赂，投假票，或于一次选举中违法重复投票，然于无情、怯懦、抗命则绝对禁止，而于叛党更悬为厉禁。其标式之道德即为团结，即一心一德共忠于党之选举是也。其有只顾自己者，是为脱党，则不但须严加惩戒，且视同仇敌焉。"如此以团体为重之道德标准固不仅美国之政党为然也。

　　吾人于此须加注意者，即最初之道德判断标准在于群体，个人不过为其中之一员。类此之道德判断，固早萌芽于群居动物的意识中也。

（二）种族之我

　　上述注重群体之情形可于克利福德（Clifford）对于种族之我（tribal self）之叙述中，得一清切之提示。克氏言："我乃一种中心，吾人之各种动机即均由是发出。"氏又言："吾人如审察较简单之原始部族，即可知若辈之生活大部均受当下之欲望所支配，故我之概念较为少用，且亦不发达；同时我之概念极含糊不定，范围广泛。野蛮人不但以其身之受辱为彼之伤害，即其同族之受辱，亦认为己之伤害。由是，部族之概念即被包于我之概念中，亦由我之概念，然后未来之欲望，方有立即出现之可能也。""原始部族之所以存在，即以原人心中有此种族之我之观念。且其种族之我之观念强，不受当前欲望之支配者，则其族愈能固结其生存，此之谓天择。由此，吾人乃置疑于种族之我是否比个体之我发生较早。依时间之进程言，是乃遗传之结果，为合群之人类之一种天性。后来部落合并，确定国家之组织时，于是种族之我，亦演为更广大与更抽象之形式；而其最高之形式，即'人道'观念之表现是己。等而下之，则城乡与家族，亦其表现之场所。类此人类之德性，吾可以'忠义'之名称之。"（*Lectures and Essays-On the Scientific Basis of Morals*）

　　克氏于此叙述中，特别置重原始道德意识之"团结一致"观念，此为吾人之所当注意。原人初非以其为单独之存在，而为一定系统中之部分；至其所属之系统，即为"种族之我"之表现，而为彼等行为之枢纽，最初道德之判断亦即以是为基础也。

（三）良心之起源

克利福德继言："苟其人之性格为有害于我者，吾当不爱之。为彼之性格而发生憎恶之心，当比个别危害之憎恶，其情感更为复杂。猫之喜汝手，喜汝之衣缘，与汝所予之食物也，吾不能谓有汝之观念。然犬虽受汝之鞭打，彼却可以爱汝，虽彼不欲鞭打之加于其身。类此爱憎之感情，亦为种族之我之所具。如有人焉，为有益于族之行，则吾之种族之我必首先宣告曰，'吾爱汝之所行'。由此个别行为之共同奖誉，于是义务之念，即逐渐形成有力之动机；而彼赞誉善行之种族，势必受天择而存在；至所谓善行者，必于当时之生存竞争中，有益于种族之行为也。"

"其次，就普通言，人可常受义务之念所激动，为种族而作善行；在此情形之下，吾之种族之我必曰，'吾爱汝'。类此'以种族之名义而言吾爱汝'之感情，即吾之所谓奖誉也。由忠义者观之，则为种族而行善，其品格实于群有益，奖誉之生，职是故也。"

"今有人焉，为有害于族之行；或其个人之我超于彼种族之我，而为当下欲望之所支配。如是，则当其种族之我觉悟时，其人必曰，'以种族之名义言，吾不愿吾个人之所行'。此以种族之名之自我判断，即所谓良心（conscience）是也。如此人更进一步，由彼之行为推彼之性格，彼可言，'依种族之名义言，吾不爱吾之私我（individual self）'，此即悔恨之感也。"

学者如牢记吾人前述之说，谓吾人之生活乃在不同之世界中，则于克氏之说当不难领悟。原始道德判断所据之世界，即克氏所谓"种族之我"：原人即据是以为人己行为之判断标准；彼盖自视为种族中之一员，其行为之为善为恶，个人之应褒应贬，亦须视其所行，究为增益种族，抑阻碍种族之安宁而定也。

（四）习惯为道德判断之标准

然吾人又不能如克利福德之所言，设想原人之行动均出于自觉。若辈对彼自己或他人之行为，初未尝研究其是否有益于群体；至于人己之性格如何，彼更未尝追问及之。盖实际之情况，诚有如吾人所言，在原人之生活中，习惯之动作乃逐渐形成；其于群体有裨之行为，自然予以采纳而保留之，且亦常为奖誉之。由此社会之奖誉，于是，个人于不知不觉间乃与社会采取同一之观点；至于除此社会之观点外，有无其他观点之可能，彼辈固未尝考虑及之。而自视或视人为个体独立之事，则更未尝想到。故谓原人之道德判断乃对性格而发者，实非事实；诚以若辈奖责，均针对个别之行为，而于性格之如何，殆未尝梦及之也。

即在道德意识比较进步如荷马（Homer）时代，对于性格之判断尚未显露。雪列（Seeley）氏对伊利亚特（Iliad）曾有如下之评述："是非之分，与善恶之判，殆未确立。其间并未有恶徒之记载：盖诗人之意非以恶徒之性格可以恶行表之，因实际任何人之行为均未有能尽脱可憎可耻之情形者。诗人于此，并未加苛责；后之诗人所感之道德忧愤，彼亦未尝感及；彼于犯罪者之性格并未尝生憎恶之感。彼于习于为善，或习于为恶者，均未有深挚之观念。至彼所认为非之几件恶行，或至少认为奇怪与危险之事——如杀祈祷者或弑其亲之类——一切人均有犯之之可能，盖在情感激动，或一时心迷之际，即可发生恶行也。"

在上述社会情形之下，非习惯之事决不敢为；然对任何事甚罕有为强烈之道德非议者。其道德之裁判，固均以习俗为标准也。

（五）现实法律为道德判断之标准

人类社会逐渐发展，于是习惯对于行为之拘束，已为现实法律（positive law）所替代：与此并行者，即道德之判断亦发生变动。盖当"不应为"（thou shalt not do）取"不敢为"（one does not do）而代之之时，是非之判已更趋确定；而对于破坏规律者，当亦有更确定之惩罚随之。雪列氏言："在初期之习俗道德中，人之陷于罪恶也易，其解除之也亦甚易。阿伽门农（Agamemnon）违犯财产权时，不过言，'吾心受迷'，此种自罪之表示，已足以慰彼之良心，且为大众所承认，即在被害者观之，亦以一时间之心理烦恼易于招致，故有此自悔之心，亦足洗其咎矣。"

"迨法律既设，于是罪犯已不能轻易得赎，或轻易忘却"，"由法律而得罪恶之知识。行为之标准既设，一方为律己之具，他方为衡人之准。如是，人类已分为习于规律之善人，与违此规律之恶人；而为评判分类之感，及尊此恶彼之感情，亦由是生焉"。此则以法律为道德判断之标准也。

（六）道德律

法律之为道德律，当其与一般之现实法律不分时，则道德判断犹未充分表现也。国家之现实法律首在制裁有害社会之外表行为，而充分发展之道德判断乃对于人之意向，动机及性格定规范者，非仅为外表行为之拘束已也。

在文化进步之民族中道德律与法律之区别已逐渐鲜明。例如犹太人之生活，当其道德律（十诫）与宗教法律之规定训条区别时，其道德判断之对象已由外部之行为而入于内心之意向，其道德意识自当比习俗道德与公民道德为进一步也。

人类既有道德规律独立之意识，于是行为本身，及对于行为之批评势必发生冲突之情形。在原始社会中，个人之义务较明：彼时，社会之分工未显。社会幸福之当增进，罕有致疑之者。自后文化进步，习俗之规律外，又有现实之法律而道德律又加于现实法律之上，于是个人在社会中，已有各种不同之地位（如一人可以同时为父或母，为人夫或为人妻等）。故在某时期中，何为应为之事，已不若往日之明显。法律可与习惯冲突，而道德律又可与法律发生冲突也。

类此之冲突，吾人可以苏福克鲁（Sophocles）之安提戈涅（Antigone）为代表：于此，国家之法律与家庭爱恋之习惯冲突，Antigone 愿取后者，以其渊源更古，非若法律之后出，可以随便改易之也。由此冲突之结果，即发生反复思考之行为，而追求道德判断之更深基础焉。

（七）良心为道德判断之标准

道德判断之标准，最初诉之于外界之规律，习俗与法律是已。迨后，则因此等规律之冲突，故转而诉诸内心之情感即良心之判决是也。然良心之判断亦非能统一也，良心有时偏于家庭，以家庭之观念为标准；有时偏于国家，则以国家之观念为规范。忠于此者则不能不离于彼；忠于彼者则不能不背乎此。然则良心之判断，亦难免于冲突也。

由上观之，则外界之规律与内界之规律同有发生冲突之可能，于是，吾人不能不为道德判断基础之考核，此即反复思考判断之所由生，而普遍的道德系统之所由设也。

（八）古代民族之示例

关于道德判断之发展，可取古代犹太、希腊及罗马三民族之道德生活为例。在犹太民族中，道德判断之发展，由习俗与礼仪之外表规律，经十诫以至于后来预言家之更深刻之内心原则，其层次甚显。"纯洁之心"（pure heart）之观念，已渐代替外表之礼法；而在基督教中又更以爱之内心原则之观念代之，至此，犹太道德之民族性已归消失，成为可以适用一切人及一切时之普遍原则矣。

于此有须注意者，即在犹太之道德判断发展中，每一新阶段之成立，均以律令表出之。其更深刻之原则亦由预言家以上帝之命令表出之。神圣法令仍为最要之观念。即在基督教之内心原则取旧日之外界规律而代之之时，其形式亦为确定之律令，此即新诫（new commandment）是，盖其所据仍为权威之律令也。

在希腊民族中则不然。吾人于此，亦确从神圣之法则出发，然此种法则，并未有明确之命令形式，且其发展之途径亦不同；其深刻原则之演进，亦非为新命令形式，而为思考辩证之形式。人类对于过去行为之原则，至是始为价值之批评，及其效力之考订；而反复思考之道德系统亦由是发生焉。

类此道德意识之发展，下一部分当另为提示。现在之所宜注意者，即无论希腊人道德判断之发展途径与希伯来人不同，其所得之实际结果则属一致。在希腊之道德判断发展中，亦由外界之礼法，以及于内律：由服从国家之义务观念，以进于为义务之美与高尚之义务观念。同时复由一种适用于希腊人之人生观，以达于适用全人类，或全世界之公民之人生观焉。

罗马人之道德生活大都受希腊思想之影响，其法律之发展，亦与希伯来及希腊之道德律相类。罗马法最初亦为罗马的，然因斯多噶派哲学之帮助，已逐渐演为内心之规律；而罗马法亦即离其地域之限制，而为世界法矣。

由上述之结果，知希伯来、希腊与罗马三民族，均由其民族之规条，而为普遍宗教、普遍科学与普遍法律之发展；同时复以行为之内律代替仅为遵守法律之外律焉。

（九）结论

由前所述，知道德判断之发展，可得下列各种之通性：

（1）道德判断发展之程序，由习俗经法律以达于反复思考之原则；

（2）道德之判断，先及外部之动作终乃及于内部之意向及性格；

（3）道德判断之发展，由适合于特殊民族或国家之道德观，以达于具有遍效性之道德观。

道德判断之发展，其性质有如前述；然则此充分发达之道德判断，其特质为如何耶？吾当于下部分述之。

七、道德判断之意义

（一）道德判断之性质

由上部分所述，关于道德判断之性质，已可得相当之了解；然尚有若干重要之问题，为吾人之所必须注意者。盖道德判断不仅为逻辑上之一类判断，即不仅为实然之判断，而为应然之判断。道德判断不仅对于行为有所叙述，且以一定标准为之估价：由是而判别其为是为非，为善为恶。故道德判断不仅为一种叙述，而实有所论议，此道德学之所以为规范的也。

道德判断中有二重要之问题，为吾人所必须论述者，即（一）何为道德判断之对象？（二）道德判断究以何观点为依据，方有可能？由第二问题之论究，于是即引入道德标准之讨论，此为下一部分之主题也。兹为清醒眉目起见，将上述之二问题，简述之于下；

（1）道德判断之对象为何？（What is the object of moral judgment？）

（2）道德判断之主体为何？（What is the subject of moral judgment？）换言之，即道德判断所据之标准为何是也？

（二）道德判断之对象

由前所述①，则道德判断所及之对象如何，甚为显明，盖即指人类有意之动作（voluntary action）是也。吾人之意志必如何动作，方能去邪入正，而达于理想之境，此为全部道德学之主要问题。故道德之判断亦即以意志之动作为主旨，凡非意志之活动者均无道德性也。地震山崩，可以毁城市、陷村落，然吾人不之恶也。雨旸时若，可以济一国之饥馑，然吾人不之嘉也。何也？以自然之变化，出于自尔，非为有意之动作故也。至于虎狼之凶恶与乎犬马之效劳，吾人亦不为道德之善恶批评，良以其动作纯出本能，由于冲动，无自觉之意志故也。其有奖斥之者，殆亦以其具有意志者乎？

由此观之，则道德判断并不及于一切事物与所有动作，仅及于人类之行为（conduct）而已。

（三）善意

康德曰："世除善意之外，无有无条件之善者。"（*Metaphysic of Morals*, section i）氏言，幸运之所赐，容可增吾之幸福，可谓之善，第其为善也，又须在正常运用之下。他如天才与智慧，亦须善用之，为最高目的之追求时，方能为善。故凡此之善，均有条件，非无条件者。而善意之为善，则无条件，此康氏之所以称为唯　之自照宝石也欤？

惟以善意为最高之善，且为道德判断所奖誉之最高目的时，吾人必须将意志与愿望分别。善意之为善，不仅为一种愿望，而为产生善果之坚决努力（a determined effort to produce a good result）——虽此善意之变为外表动作，尚须有相当机会。类此决意为善之努力，虽因意外之遭遇，未能实现其善果，然仍不碍其善。良好之愿望，不过觉识某种目的达到时，可以得一种满足；而良好之意志，即将其自我与所抱之目的合一，用全力以赴之也。

复次，吾人所谓即使不能实现善果仍得称为善之善意言者，吾人不能

---

① 作者在此指《道德学》第一编。——编者

竟谓善意实际无有实现善果之能力。意志与动作，当其切实施行时，实为同一现象之内外二面；好意必生好动作，反之，亦未有好动作而无好意者。不过本身为好之动作，或因其他情境之干涉变为坏结果；而本身不好之动作，有时亦可达好结果。约翰（Johnson）博士言："动作之道德性乃依其所由发之动机而定。如吾掷半克伦于乞丐，意欲破其头，而彼竟拾之而购食物，物理之结果，未尝不好，然就我而论，则为极坏之动作也。"（*Boswell's Life of Johnson*, vol. i.）反之，动作本身为好者可得一坏结果。如卡列班（Caliban）对普洛斯彼罗（Prospero）言："汝教吾以语言，吾之利，即知如何咒骂人耳。"人之为利他人者，或将变为养蛇之患。夫动作之善固由意向之善；然善意向虽可产生善行，但不必产生善果。盖结果常为多因合作之所致，动作者之意志，不过其中之一耳。（参阅本文第一部分表格所载外果 C_1 或与结果 C 相等，或不等。）

（四）道德判断之二种形式

道德判断之形式有二，即一为对于人之行为而下判断，一为对于其人之本身而下判断也。类此道德判断之二种形式，即在最发达之道德意识中亦有其存在。此种分别实与正当（right）及善（good）之分别相当。人之若干行为可为正当或是，然吾人尚不能即以彼为善人。反之，其人虽善，然其所行，亦未必一一均属于正当，吾人有时对于其人之性格下判断，有时则仅及其行为也。

对于性格之判断似无特别之困难；苟其人之道德意识之全量，均趋于最高目的之实现，则其人之向善，必可想见。然当为个别行为之判断时，则非如此简单。吾人不欲以行为之外果之善恶判其所行，而以动作者所向之目的，即意向之结果判之，此点尚无异议。然吾人究竟对此意向之全部而下判断，抑仅对其一部所谓动机者而下判断耶？各家所见，已不能一致。且因意向与动机二辞未有一致之解释，其问题更形复杂。

（五）道德判断究关乎动机抑关乎意向耶

道德判断究关乎动机，抑关乎意向，此为直觉论者（intuitionalists）与功利论者（utilitarians）之所争辩。直觉论者主张道德之判断应以行为之动机为主，行为之为善为恶，须视激动此行为之动机之为善为恶如何而定。近代有名之直觉论者马铁奴（Martineau）曾列一详细之动机表，且以功绩之高下而序列之（*Types of Ethical Theory*, Part Ⅱ, Book I, chap. vi.）。彼置虔敬（reverence）于顶点，而置恶意（censoriousness）、仇恨（vindictiveness）、猜疑（suspiciousness）于底下，而置各种不同之情（passions）、欲（appeties）、爱（affections）、感（sentiments）等于其间，如安逸之爱，及恐惧、奢望、宽容、悲悯等是也。

现在欲为此表之功绩讨论，已非此概论之所能毕述，唯有二点须加注意者。

（1）动机表（the list of springs of action）似依心理分类之错误观念而立者。心理学者对此已有严厉之反驳，现代心理学以人心为有机统一，取消类似马氏之严格分野。氏所分别之动机，并非简单，实为最繁复之心像，而其功绩则须视其所由组成之方式而定。如恐惧非意识中之简单要素，而为繁复之心态，而其功（merit）罪（demerit），则须视吾人之恐惧方式及所惧之物如何而定。其他之动机，亦可作同样之分析。

（2）表中似含有动机一辞之含混意义。如恐惧与悲悯，虽关于实物，然亦可以之为情绪心态；而奢望又不仅指示情感之状态，而复关于实物；其所望之物亦非确定，不过为一串变化无穷之实物（由于为市长之奢望，而希望救国），其所同者只个人显耀之欲望耳。仅为心中之单简情感，如恐惧及悲悯者，已如吾人所言，决不能成为动机，决不能为行为之诱发。其诱发吾人之行为者，实为所欲达之目的耳。故吾人苟能为动机之分类者，则此所分之表，必为所欲求之目的表，非仅存于心中之感情也。且此目的之排列，亦不能仅置于抽象标题之下，而须与其他实际具体之情形相符也。

至于功利论者之所言，大半实为对于直觉论之不完满而发，如弥儿言："行为之道德性乃决于意向——此即依于动作者之所欲行者而定也。但是动机——即使彼如此行为之感情，既不能使动作产生不同之结果，则于道德上当亦不能发生差异，虽当吾人为动作者之批评，特别为其习惯之善恶批评时，可以发生重大之差异。"（*Utilitarianism*, chap, ii, p.27, note）氏又言："行为之动机虽能对于动作者本身之价值发生关系，然于个别行为之道德讨论无涉也。"（同书，页二十六。）

此种观点之合理处甚明。如一人为悲悯所动，另一人为恐惧所动，吾人称前者为温良可爱之人，而以后者为怯懦；然使彼二人取同一之途径而行者，是非其人之行为同为善或恶耶？其为善人虽不等，然问题不在此。善人可作恶行，坏人亦可作善行，简单之问题，即在行为之为善或恶耳。其人对于动作所感之如何，固可影响吾人对彼性格之判断，与对彼整个生活之判断，然不能影响吾人对彼特殊动作之判断也。诚然，假彼等之行为因受感情之影响而生差异时，如觉悲悯之人，其行更加慈惠，感惊恐之人，其行更加匆忙，则吾人对此行为之道德判断自亦发生不同。然其所以如此者，亦以感情对于所欲为之事能有相当之影响也。弥儿之所见如此。

（六）道德判断半关乎动机

如弥儿之所论仅为对于与动作偕来之感情而言，则其立场亦无可訾。然假以动机为诱发吾人作特别动作之力者，则道德判断必须加于动机之上，至少在判断时须包括动机。弥儿之错误似在于以道德之判断对于已为之事（on things done），实则道德判断并不在已为之事，而在于为者之身（upon a person doing）。盖非如此者，则吾人对于动物本能之动作，甚至对于岩石星云之变动，亦须加以道德之评判矣。然吾人之所判，乃人类之行为，前已一再言之，所谓行为者亦不仅为表面之动作，且关乎行为者之态度，动作者之态度，则须包其动机而言也。

夫弥儿固亦承认动机对于行为者本身之评估有相当之影响也。吾人对于特殊动作而下判断时，固可无须乎顾及动作者之全人格。如人饮酒而醉，或说谎以骗其邻人，则吾人不问其在他方面为好为坏，吾人已可断其所行非当。然吾人不能据是以为道德判断可以仅及行为之外部也。吾人之所判乃行为之当事者，而引诱彼之为此之动机，即与此判断有连带之关系。吾人固承认当为道德判断时，常略去行为之里面部分：然其所以如此者，良以内部之情节复杂，研究困难耳。马肯荣（Mackenzie）曰："人之行为（除开吾人自己），'有一点尚在黑暗中者，即其为何为此是已'。然吾人苟欲为公正之道德评估者，则必须估及动机，决不能遗漏之也。"

兹举一例，说明于下。如判一人之死刑为公正，则决不因死刑之执行时发生痛恨恶意之感情而为恶行：盖仅为痛恨之感者，亦如执拗之感、疲惫之感然，均于行为之道德估评无涉。然假以满足此等感情为动机者，则事又大异，如法官判犯人死罪，非为公正，实因其心怀痛恨，为满足其痛恨之感故，乃判其死刑；则不问其判决之或可为正当与否——如罪犯之应判死刑者，其行为为不正，可断言也。

于上述情形之下，其意向与动机，均属不正，盖动机为意向之一部，而前举之例，则满足法官之痛恨情感乃裁判死刑意向之一部也。苟此痛恨之情不为其动机之部分者，当于裁判之行为无与，良以单纯之感情，非其诱发之目的也。

有时人之动机可嘉，而吾人仍反对其所为，如迷信之徒，常为极劣之行，仍以其所为出于上帝之所命。吾人试问能因其所向为善而赞其所为乎？夫迷信之徒，苟坚定志于一定之良好目的，其行亦可嘉。然吾人之所以不能完全赞成之者，则因其目的非完全为好也。观于"迷信者"之称呼，已可想见。迷信者寻求狭隘之目的，自视为最高之好；实则其动机并非最好者，其行为之不得称为好，自可了然矣。

（七）道德判断实对性格而发

由上观之，则所谓道德判断所及之对象为意向或动机者，只在狭义言之。实则充分发展之判断，其所及之对象无论直接或间接，均为行为者之性格，此即指道德判断不仅在所为之事，而常在为者之身也。

吾人对人之行为批评，有时视为单独之行动，有时视为习惯之行为；然无论如何，方吾人之判断也，必不以其为孤立之事，而为生活系统之一部。吾人评其意义，并不出于抽象，而以之为全人格之表现，一似由其所抱之一定人生观而发者。如是，吾人品评其所为，乃及于其行为之全部意向；若以仅及动机或意向之一部者，殊易引起误会也。

（八）道德判断之主体

道德判断之对象，已略述于前，今后当为道德判断主体之叙述。道德判断主体者，即吾人凭借之以定行为之是非善恶者也。吾人品评是非，区别善恶，究以何观点？此即道德判断主体之问题在某意义言，则人常选择其行为之际，必以其所行为好；然他人之评其为不好，为非是，或其自己静虑之时，究以其所为不恰于理想者，又根据何种观点乎？

夫他人之评其为非是者，实因其所抱之观点不同。或其自己之观点移易，于是又顿觉前非。观点既多而不一，然则在此数多之观点中，某种观点究以何根据而得正确？此实有关各派之道德理想，为此之详究，乃下一部分之所有事。吾人于此，第将道德判断主体之几种看法略述之而已。

（1）道德赏鉴者（the moral connoisseur）：有以艺术之品鉴为道德判断之喻者，以为对于艺术之批评。非出个人之偏好，乃由精通艺术之鉴赏家之态度批判之，故艺术品之美丑评判，能得其平。道德之品鉴，亦复如是。行为之是非，在道德赏鉴者之眼中，能直接觉得，是非善恶，可以立断，此为道德感觉派（moral sense school）之所持，沙甫志培来（Shaftesbury）其著者也。此派理论之如何，容当后述。唯有一点须先申说者，即此派论调不能满足吾人现在之问题。盖艺术之创造在于艺术品，故艺术之鉴赏者可以根据精美之艺术品是否达到，以评其优劣。然在道德中，其品鉴之目的，不在行为之结果，而在行为之本身，前已一再言之。此种行为当被采择时，已受行为者之批评，彼盖慎为选择而出之者。然彼之行为仍被评为误，其错误之批评，不仅出于道德之赏鉴者，且出于行为者之自身，彼由反复思考之结果，已可察其为非也。

（2）公正之旁观者（the impartial spectator）：亚丹斯密（Adam Smith）以同情心为根据，建立其公正旁观者之论。氏谓对人行为之赞否，须视我与彼之同情程度如何而定，氏言：（*Smith's Theory of the Moral Sentiments*, part i, section i, chap. ii）"吾人不但庆祝他人之成功，且致慰勉于受苦者；由与他人同感时所得之快乐，似较受彼影响后所得之痛苦为多。"

"假吾侪闻人有大声哭其悲运者。迨吾人悉其悲之所以后，顿觉其平淡，不能有深刻之感触，故觉其悲为可厌；且因吾人不能与彼同感，故又称之为怯懦，为软弱。就他方面言，如有人小得幸运，即见其欢喜若狂，又反觉其可憎。吾人对彼之快乐不能同情，如是，则称之为轻浮与愚笨。倘吾人之伴友有大声狂笑，超其应笑之时间与范围者，吾人或反而发怒。此即超出吾人所能感到可笑之范围也。"

氏继言：（同书，第三章）"如人之情感能与旁观者起共鸣，则后者将称之为公正，为适当，为适于目的；反之，则必称之为不公正，不适当，且与彼行动之原因不合。故夸奖人之情感，且视为与彼之目的适合者，即无异与彼起同情之感。而不赞成之时，则无异于不能与彼同情也。施于吾人之伤害，人或痛恨之，一如吾人之痛恨然者，则其必能赞同吾人之痛恨无疑。其与吾之悲苦表同情者，亦不能不认我之忧伤为合理。他人之赞美同一诗歌，同一图书，一如吾人者，则必承认吾人之赞美为公正，无容疑也。其对于戏谑与吾人作同一之嘲笑者，亦必以吾人之嘲笑为适当。”

"反之，其不能与吾人作同一之感，或其所感不能与吾人合度者，则其不能赞同吾人之情感，亦属当然。假吾之憎恶，超出吾友所能激起之愤慨；假吾之悲苦，超出彼之慈悯所能及之度；吾之赞赏或过高过低，不能与彼合度；假吾高声发笑，而彼不过莞尔；反之，如吾不过莞尔，而彼反竟狂笑；在此诸种情形之下，待彼考虑对象，且思及吾所受于此之影响时，发见吾与彼之情感不同，吾必招彼之非议；且其非议我也，一以彼自己之情感为标准。"

由是，吾人最初之道德判断并不及于自己，而及于他人，氏言（同书，第三部，第一章），"吾人最初之人格美与不完美之观念，乃得之于他人，并非出于吾人自身。然吾人瞬间亦觉他人以同样之批许加于我。""同样，吾人之道德批评，乃对他人之性格行为而发，且观察其影响于吾身。然瞬间亦觉他人以同等批评对我。于是，吾人急思明悉吾人应受彼赞否之度为如何，对彼之表示，吾人究能赞成至何处。至此，吾人开始审核吾人自己之情感与行为。且考虑吾人之行为对彼等究作何感者，先设身处地，设想此等行为对我究作何感焉。"

"吾侪设想吾人自身为行为之旁观者，由是，设想此等之行为究予吾人以何等影响。此即吾人唯一之明镜。吾人由是得以他人之眼光考核吾人行为之正当与否。倘由是而能使吾人快乐者，则吾人必得相当之满足：对于世之奖誉，吾人更可不顾，且对于世之审核，可以不理。得此之誉后，则无论如何误解，吾人仍得为奖誉之适当鹄的焉。"

"当吾努力审核吾自己之行为，且为之裁判也，无论赞美之，抑贬斥之，吾已分我为二部：为审判者之我之性格，必与被审判者之我之性格相异。第一之我为旁观者，吾人尽力期得其同情，或取彼之地位，且审视由此特殊之观点，于吾究为如何。第二之我为行为者，此即吾人所称为自己者：对此我之行为，吾思以旁观者之态度审核之。第一之我为审判者，而第二之我，则为被审判者。然若以审判之我，一一与被审判者合度，为不可能，此正如因之不能一一与果合度也。"

亚丹斯密由是进而引入于彼所谓"公正之旁观者"之观念，由此旁观者之态度，而作吾人一切之道德判断。氏区别此种观点为"在内者"（the man within）之观点，其判断正与"在外者"（the man without）相反对。

氏言（同书，第三部，第二章），"此由人类之意见以达于更高一级之法庭申诉，达于彼等自己之良心法庭，达于设想的公平与通晓一切的旁观者之法庭，达于心坎深处之法庭，此即彼等行为之最大仲裁者也。"

"公平之旁观者"之观念，其价值如何，且其所谓"公平"之正确意义如何，吾人于此，已不能详论。惟吾人之所以特引亚丹斯密之言者，良以道德之判断，乃为超于个人观点之比核，为沉醉中之我对于清醒时之我之申诉，而此种观念，亚丹氏实有清切之说明也。

（3）理想之我（the ideal self）：判断行为所诉之观点，复可以理想之我表之，理想之我之最初表现，乃如克利福德所言，为种族之我，种族中之健全者可以称为公平之旁观者，即判断行为之所申诉者也。迨人类发达，理想之我亦趋复杂，此非待道德标准有充分之讨论后，不易说明也。

（九）良心之意义

吾人于此文及已往各处所述，常及良心（conscience）一词；然则良心一词之意义如何，实有加以规定之必要。考英语 Conscience 乃由拉丁语 Conscire 引申而来，原义盖指错误之觉识而言。希腊语 συνείδησις，德语 Gewissen，旧英语 Inwit，亦具同一之义。Conscientia 一字，常用以表示良心及普通之意识（consciousness）。在英法语中 Conscience 亦偶有与 Consciousness 合义之处。马尔布伦希（Malebranche）及其他之法国作家中常以 Conscience 作 Self consciousness 解。米尔顿（Milton）诗中言及失明时，亦作同样之解释。然即在此，亦含道德意识（Moral consciousness）之义。第良心之真正道德义，则成于巴特勒（Butler）之后也。

惟是良心之道德义，亦有相当之含混。盖良心一辞，有时指违反已经确认之义务原则时所起之一种痛感言，有时又为判断行为善恶之原则；有时指特别之人或团体之判断原则。凡此良心性质之评解，当详于后，特别讨论直觉派之道德标准，及道德意识之社会性时，更详及之。吾人于此，不过将其普通用法，略释之而已。

（本文节选于温公颐：《道德学》，台北：商务印书馆，1980 年第 3 版，第二编）

儒学对道德本体的探寻及其评价

温克勤

康德曾说过："世界上无论什么时候都要有形而上学，不仅如此，每人，尤其是每个善于思考的人，都要有形而上学。"①这里康德所讲的形而上学，就是哲学。哲学就其本质和功能来说，离不开形而上学的。形而上学研究世界的普遍原则和规律，研究世界的本原性和终极性。这是人类一切认识及其发展的结晶和基础。儒学将伦理学与哲学相结合，探讨道德的本体、本原问题，试图为伦理道德提供一个本体论或形而上学的基础。

一

以孔孟为代表的先秦儒学，即开始探讨道德的本体、本原问题。在孔子思想中，天、命、道、性等抽象观念就蕴含有道德本体、本原的意义。

孔子将"天"视为道德的本根。孔子的"天"尚有殷周时代人格神的残余，如讲"天生德与予，桓魋如予何？"（《论语·述而》）"天之将丧斯文也，匡人其如予何？天之不丧斯文也，匡人其如予何？"（《论语·子罕》）"获罪于天，无所祷也。"（《论语·八佾》）等等。孔子的"天"还有另一种意义，即指一种自然规律或客观必然性。如他讲："天何言哉？四时行焉，百物生焉，天何言哉？"（《论语·阳货》）"唯天为大，唯尧则之。"（《论语·泰伯》）"五十而知天命……"（《论语·为政》）等等。在孔子"天"的思想中，包含有自然规律或客观必然性规定道德的含义。

---

① 康德：《任何一种能够作为科学出现的未来形而上学导论》，庞景仁译，北京：商务印书馆，1978 年，第 163 页。

　　孔子讲"命"（有时天与命相连），主要是指一种不可抗拒的客观必然性。《论语》中讲"子罕言利，与命，与仁"（《论语·子罕》）。"命"和"仁"是孔子哲学与伦理学的基础性的概念。"仁"是人道，"命"是天道（自然必然性），他将二者结合起来，以仁道论证本体论或形而上学意义上的"人"，以天道（命）赋予道德以本体论或形而上学意义，从而实现了本体论和道德论的结合。

　　孔子的"道"也具有道德本体的意义。孔子的弟子子贡称"夫子之文章，可得而闻也；夫子之言性与天道，不可得而闻也"。（《论语·公冶长》）按朱熹解释，文章是外显的，而"性与天道"关乎"天理自然之本体"，是高深的"至论"，孔子"教不躐等"，是先教文章，后"言性与天道"的。这句话是子贡在得闻"性与天道"的至论后所讲的"叹美之言"。（朱熹：《四书集注·论语章句》）关于孔子讲的"道"是什么，郭沫若曾有解说："孔子曾说：'吾道一以贯之'，但他自己不曾说出这一所谓'一'究竟是什么。曾子给他解释为'忠恕'，是不是孔子的原意无从判定。但照比较可信的孔子的一些言论来看，这所谓'一'应该就是仁了。不过如把'忠恕'作为仁的内涵来看，也是可以说得过去的。……这种由内及外，由己及人的人道主义的过程，应该说就是孔子所操持的一贯之道。"[①]这一解释和孟子的解释是相一致的。孟子讲："孔子曰：'道二，仁与不仁而已矣'。"（《孟子·离娄上》）朱熹对孔子"仁"的解释是："语心之德，虽其总摄贯通无所不备，然一言以蔽之则曰仁而已矣。……人之为心其德亦有四，曰：仁、义、礼、智，而仁无所不包。……盖仁之为道，乃天地生物之心……诚能体而存之，则众善之源，百行之本，莫不在是，此孔门之教所以必使学者汲汲于求仁也。"（朱熹：《晦庵集卷六十七·仁说》）这里将仁视为人的本体和道德的本体，即所谓"人之心德"和"众善之源，百行之本"。对"仁"的本体论或形而上学意义，程颢也有解说："仁者，浑然与物同体。义、礼、智、信，皆仁也。"（程颢：《遗书卷二上·识仁篇》）"仁者以天地万物为一体……欲令如此观仁可以得仁之体。"（程颢：《遗书卷二上·识仁篇》）他明确指出"仁之本"与"仁之用"不同。"'孝悌也者，其为仁之本欤！'言为仁之本（仁心最基本的表现），非仁之本（体）也。"（程颢：《遗书卷十一》）现代学者成中英对孔子的仁道的本体论或形而上学意义作出了更为

―――――――――――――――――――

　　① 郭沫若：《十批判书》，北京：科学出版社，1956年，第88页。

深透的论说。他说："孔子论其思想为'吾道一以贯之'。'道'显然兼指真实本体及达至真实本体的方法。它不只是单纯思想的明觉或思虑认识，而是包含了特殊性与普遍性、历史性与前瞻性、理论性与实践性的一个真理实体，对个人及社会形成一个价值目标，也形成一种生活形态。孔子所言'道'实包含了'君子之道''为政之道''先王之道''忠恕之道'等义而又超出之，而为一个决定存在价值，导引社会正义，实现仁政理想总原则、总道理。"①成中英在这里所剖析的孔子之道，当指仁或主要指仁。孔子将"仁"的含义界定为爱人，后来儒学将其发展为爱一切生命，从而"仁"成为珍爱生命的价值之源。

孔子言"性"不多。性，一般指人性，亦有天性、本性等含义。孔子讲："性相近也，习相远也。"（《论语·阳货》）从这一讲法看，他虽未明言人性善恶，但在"性相近"中已蕴含着人性善的萌芽。孔子肯定人性善的看法。《诗经·大雅·烝民》中有"天生烝民，有物有则；民之秉彝，好是懿德"的诗句，意思是说人趋向美好的道德是天赋予人的法则、规定，也是人之所以为人的特质。孟子说："孔子曰：'为此诗者其知道乎！'"（《孟子·告子上》）孟子认为，孔子肯定诗句作者为知"道"，也即是肯定了人皆有天赋的或先验的善性良知。也就是说，他赋予人性、人性善以本体论或形而上学的意义。

孔子对道德本体、本原的探讨还只是初步的，但尽管如此，他提出的问题和一些重要观点，却为后人的进一步探讨奠定了基础。

孟子继承和发展了孔子的思想。其对道德本体的探讨主要表现于如下三个思想命题的提出：

1. 人性善。孟子主张人性善。他讲："恻隐之心，人皆有之；羞恶之心，人皆有之；恭敬之心，人皆有之；是非之心，人皆有之。"（《孟子·告子上》）"恻隐之心，仁之端也；羞恶之心，义之端也；辞让之心，礼之端也；是非之心，智之端也。人之有是四端也，犹其有四体也。"（《孟子·公孙丑上》）又讲："仁、义、礼、智根于心。"（《孟子·尽心上》）将天赋予人的仁义礼智四德视为人的本性，"人之所以为人者"的最高标准。《孟子·尽心下》还明确提出"仁也者，人也"。这些论述不仅建立起作为人性

---

① 成中英：《孔子哲学中的创造性原理——论生即理与仁即生》，载中国孔子基金会编：《孔子诞辰2540周年纪念与学术讨论会论文集》，上海：三联书店上海分店，1992年，第853页。

善的人的本体论或形而上学，而且从天赋的、先验的层面论证了道德的本体、本原问题。台湾学者韦政通对此进行了论述，他认为，孟子性善论为儒家伦理奠定了心性论的基础。"孟子把所有德目皆摄归于心，由善心而言善性，开发了道德主体的世界，为儒家道德的理想主义和道德人格主义，奠定了心性的基础。孟子视是非之辨别，是心自动的能力，是不虑而知的良知。孟子肯定人性的应然层面及其价值根源，心性之学……成为后来宋明新儒学中尊德性一系发展的根。"（韦政通：《中国哲学辞典大全·知·智》）

2. 尽心知性知天。孟子讲："尽其心者，知其性也，知其性则知天矣。"（《孟子·尽心上》）尽心是尽最大的努力发展扩充美德，这样才能充分认识自己的本性即仁义礼智等道德品质，而人们如果认识到这些道德品质不是从外面强加的，而是自己内心所固有的即天赋的，那也就是认识"天"。孟子还讲："万物皆备于我，反身而诚，乐莫大焉。"（《孟子·尽心上》）"我善养吾浩然之气，……其为气也，至大至刚，以直养而无害，则塞于天地之间，其为气也，配义与道，无是，馁也。"（《孟子·公孙丑上》）这些讲法也都阐述了人的心性道德与"天"的同一。

3. 诚者天之道，思诚者人之道。孟子讲："诚者，天之道也；思诚者，人之道也。至诚而不动者，未之有也；不诚未有能动者也。"（《孟子·离娄上》）朱熹注曰：诚者"天道之本然也"，思诚者"人道之当然也"。（朱熹：《四书集注·孟子章句》）诚是宇宙的本体，它规定了人道的"当然"之则，即是说，诚是人道、道德的本体。孟子关于诚的本体论思想对后世特别是对《中庸》和宋儒影响很大。《中庸》的诚的思想我们下面着重讲。宋儒周敦颐则明确地将"诚"视为一种至高无上的宇宙本体、价值本原。他说："诚者，圣人之本，'大哉乾元，万物资始'，诚之源也。"（周敦颐：《通书·诚》）又说，"诚，五常之本，百行之源也"。（周敦颐：《通书·诚》）显然，这是对孟子诚的本体论或形而上学思想的进一步发挥。

通过上述三个思想命题的提出，不难看出，孟子对道德本体的探讨在理论化、精制化方面较之孔子前进了一大步。

二

儒学经典《中庸》《易传》对道德本体、本原问题进行了更深入的探讨。

《中庸》成书时间说法不一，大致成书于战国时期孟子之后。《中庸》在为道德寻求本体论或形而上学根据方面，主要是发挥了孔子"天命"（自然必然性）、孟子"诚"以及孔子"中庸"（中和）的观念。

《中庸》一开头就讲："天命之谓性，率性之谓道，修道之谓教。"朱熹注曰："盖人之所以为人，道之所以为道，圣人之所以为教，原其所自，无一不本于天而备于我。学者知之，其于学知所用力而自不能已矣。"（《四书集注·中庸章句》）《中庸》以定义式的简洁语言解说性、道、教三者之间的关系，揭明天人合一的深义，提出循天—率性—修道的伦理学纲领，从而为道德和道德修养提供了本体论或形而上学的根据。

《中庸》对"诚"的本体论或形而上学作出了进一步的阐述。《中庸》讲："诚者，天之道也；诚之者，人之道也。"这与孟子的讲法几乎完全一样。又讲："唯天下至诚，为能尽其性；能尽其性，则能尽人之性；能尽人之性，则能尽物之性；能尽物之性，则可以赞天地之化育；赞天地之化育，则可以与天地参矣。"这里将孟子"尽心知性知天"与"诚者天之道，思诚者人之道"的思想结合一起予以发挥，阐述诚是宇宙本体也是人的主体意识，人具有了诚的主体意识就可以按照天道、物性要求去影响和推动万物的化育。《中庸》还讲："唯天下至诚，为能经纶天下之大经，立天下之大本，知天地之化育。""诚者自成也，道者自道也。诚者物之终始，不诚无物。"这些也都是在说明天道与人道的合一，赋予"诚"的道德意识以本体论或形而上学的依据，这些论述的哲学思辨深度超越了孟子。

《中庸》还论述了"中庸"即"中和"的本体论或形而上学。《中庸》说："喜怒哀乐之未发，谓之中；发而皆中节，谓之和。中也者，天下之大本也；和也者，天下之达道也。致中和，天地位焉，万物育焉。"意谓"中"是心未发动时的本体，其无所偏倚，物欲无蔽，大公无私；"和"是心已有所发动，而能一一中乎节度，恰到好处。中、和为天下之大本、达道，中和之极致，可以使天地各得其所，万物各遂其生存。朱熹注曰："盖天地万物，本吾一体，吾之心正，则天地之心亦正矣。吾之气顺，则天地之气亦顺矣。故其效验至于此。"（《四书集注·中庸章句》）朱熹以"天人合一"的观点，说明作为主体意识（心）中的中、和道德观念也是宇宙的"大本""达道"，从而使中、和道德具有了本体论或形而上学的意义。

《易传》成书的时间也有争议，张岱年先生认为其基本部分为战国中期至晚期的著作。《易传》中具有丰富而深刻的哲学本体论或形而上学思想。

它主要探讨天人之道和世界根本原理，其间对道德的本根问题，进行了比较深入的探讨。

首先，它以太极为最高原理描述了一个宇宙演化过程。《易传》讲："是故易有太极，是生两仪（阴阳、天地），两仪生四象（四时：春夏秋冬），四象生八卦（乾—天、坤—地、震—雷、巽—风、坎—水、离—火、艮—山、兑—泽），八卦定吉凶，吉凶生大业。"（《易传·系辞上》）太极作为宇宙的本原和最高原理，它派生万事万物，也派生道和德。"一阴一阳谓之道"（《易传·系辞上》），"立天之道，曰阴与阳，立地之道，曰柔与刚，立人之道，曰仁与义"（《易传·说卦》），"天地之大德曰生"（《易传·系辞下》），等等，不难看出，在这个演化过程中，人道、仁义道德的最后根据是太极以及阴阳天地。与此相联系，《易传》还从发生学角度论述了宇宙万事万物的生成演化模式。《易传》说："有天地然后有万物，有万物然后有男女，有男女然后有夫妇，有夫妇然后有父子，有父子然后有君臣，有君臣然后有上下，有上下然后礼义有错。"（《易传·序卦》）这里将天地作为礼义道德的最终根源和依托。

其次，提出和论证了"天人合德"的思想命题。《易传》讲："夫大人者，与天地合其德，与日月合其明，与四时合其序，与鬼神合其吉凶，先天而天弗违，后天而奉天时。"（《易传·乾卦·文言》）意谓大人使其品德与天地相合，使人皆安其生，皆得其养；使其聪明与日月相结合，明察普照一切事物；使其政令循四时的顺序；使其赏罚与鬼神的福善祸恶一致。他走在自然的前头引导自然，自然不违背其预见；他走在自然的后头而按天时行事。[①]在"天人合德"思想的价值框架下，《易传》提出了"天行健，君子以自强不息"（《易传·乾·象》），"地势坤，君子以厚德载物"（《易传·坤·象》），等等，效法天地的道德品性要求。与此相联系，《易传》还提出了"一阴一阳之谓道，继之者善也，成之者性也"（《易传·系辞上》），说明自然与人类的统一性，认为"善"是对自然规律的继承，人的性是自然规律的具体化。关于这一思想戴震、王夫之曾有解说。戴震讲："言乎人物之生，其善则与天地继承不隔者也"，"性之德配天地之德"，"明乎天地之顺者，可与语道；察乎天地之常者，可与语善；通乎天地之德者，可与

_____

① 张岱年：《中华的智慧》，上海：上海人民出版社，1989年，第159页。

语性"。①在他看来，谈"道""善""性"都不能不谈"天地之德"，二者是不能相隔离的。王夫之亦解释说："大易之教，为法天正人极则也"，"存人道以配天地，保天心以立人极者"。(《船山易学》)其强调《易传》所训示的人道"法天""配天地"的原则，使道德准则建立在天德的基础上。"天人合德"思想将儒学的道德本体论或形而上学思想发挥得淋漓尽致。

最后，提出关于"道"和"器"即本体和现象、共相和殊相关系的哲学概念。《易传》讲："形而上者谓之道，形而下者谓之器。"(《易传·系辞上》)形而上、形而下哲学概念的明确提出，标示着本体论探讨的深化，显然有利于道德本体、本原问题的深入探讨。

《中庸》《易传》的道德本体论思想，对宋儒影响很大。尤其是《易传》"天人合德"思想，成为"立人极"(周敦颐)、"仁者以天地万物为一体"(程颢)、"人人有一太极"(朱熹)的思想来源。

三

以董仲舒为代表的汉代儒学和二程、朱熹、陆象山、王阳明为代表的宋明儒学对道德本根问题的探讨有各自不同的特点。

董仲舒以宇宙论的方法建立起一种直观粗俗的"天人合一"说。他认为宇宙万物由作为本原的"天"化生而成，同时，其构成、性质与客观规律也由"天"在运演过程中给定。在天人关系上，他提出"天人同类""天人感应""人副天数"说。他说："天亦有喜怒之气，哀乐之心，与人相副，以类合之，天人一也。"(《春秋繁露·阴阳义》)"人之为人，本于天，天亦是人之曾祖父也。"(《春秋繁露·为人者天》)"人有三百六十节，偶天之数也；形体骨肉，偶地之厚也；上有耳目聪明，日月之象也；体有空窍理脉，川谷之象也。"(《春秋繁露·人副天数》)"天人之际，合而为一。"(《春秋繁露·深察名号》)他不仅将人的生成、体形和一般心理情绪说成是"天"的复制品，而且将人世间的道德秩序、人的道德品性也说成是由"天"给定的。他讲："行有伦理，副天地也。"(《春秋繁露·人副天数》)"天之为人性命，使行仁义而羞可耻，非禽兽然，苟为生，苟为死而已。"(《春秋繁

---

① 戴震：《戴震集》，上海：上海古籍出版社，1980年，第332页。

露·竹林》）"仁之美者在于天，天仁也，……人之受命于天，取仁于天而仁也。"（《春秋繁露·王道通三》）董仲舒先是赋予天以道德属性，然后再将人世间的伦理道德说成天的副本，由天所赋予或是天意的体现。于是"天"成为伦理道德的根源和最高原则。

在董仲舒的思想学说中，阴阳五行对伦理道德同样具有本体或本原的意义。他用儒家思想阐发战国末期兴起的阴阳五行说，认为"天地之气，合而为一，分为阴阳，判为四时，列为五行"（《春秋繁露·五行相生》），以阴阳五行解释天地起源和万物生成。他的方法仍然是先赋予阴阳五行以道德属性，然后再将人世间的伦理道德说成是由阴阳五行来规定的。如他说："恶之属尽为阴，善之属尽为阳。阳为德，阴为刑。刑反德而顺于德……阳气暖而阴气寒，阳气予而阴气夺，阳气仁而阴气戾，阳气宽而阴气急，阳气爱而阴气恶，阳气生而阴气杀，是故阳常居实位而行于盛，阴常居空虚而行于末。""丈夫虽贱皆为阳，妇人虽贵皆为阴，……诸在上者皆为其下阳，诸在下者各为其上阴。"（《春秋繁露·阳尊阴卑》）"君臣父子夫妇之义，皆取诸阴阳之道。"（《春秋繁露·基义》）又如他说："五行（自然物质义），犹五行（伦理道德义）欤！""土之事天竭其忠，故五行者，乃孝子忠臣之行也。"（《春秋繁露·五行之义》）"五行莫贵于土，……忠臣之义，孝子之行，取之土。"（《春秋繁露·五行对》）等等。

可见，董仲舒对道德本根问题的探讨在于为封建伦理纲常的绝对性、永恒性作论证，这也就是他自己所讲的："王道之三纲，可求于天"（《春秋繁露·基义》），"道之大原出于天，天不变，道亦不变"（《举贤良对策三》）。他的粗俗的、带有目的论色彩的"天人合一"说，显然是牵强的、不科学的，但尽管如此，也包含着人和自然有机联系的某种合理因素，这一点对宋明儒学"天人合一"和道德本体的探讨产生了一定的影响。

形成于北宋发展于南宋至明中期的宋明儒学继承和发展先秦儒学特别是孟子和《中庸》《易传》的思想，使道德本体论或形而上学基础的探讨富有哲学思辨性，在理论上更为系统化、精制化。他们坚持并深入论述"天人合一"说，认为"天"是宇宙的本体，但"天"已没有作为人格神的主宰之天的意义，而是被看作一种自然必然性或规律，它是人的心性的本根、伦理道德的依据。张载的气本论，程颐、朱熹的理本论，陆象山、王阳明的心本论，是这一时期儒学道德本体论思想的主要代表。

张载的"气本论"。张载认为宇宙的根本和最高实体是"气"，万物都是气的聚散变化而成，"太虚无形，气之本体，其聚其散，变化之客形尔"①。"世人知道这自然，未始识自然为体尔。"②朱熹认为"《正蒙》说道体处，如太和、太虚、虚空者，止是说气"（《朱子语类》卷九十九）。张载把气之生化功能确立为宇宙的基本原则，而从宇宙生化这一原则延伸出道德的产生源头，这就是他所提出的心性说。他讲："聚亦吾体，散亦吾体，知死之不亡者，可与言性矣。"③又说："由太虚，有天之名；由气化，有道之名；合虚与气，有性之名，合性与知觉，有心之名。"④"通万物而谓之道，体万物而谓之性。"⑤"性通极于无，气其一物尔。"⑥这里从"合虚与气，有性之名"和"性通极于无"这些讲法看，所谓"虚""无"都是在本体论或形而上学层面上使用的。而从"知死之不亡者"和"体万物而谓之性"这些讲法看，所谓"性"，亦当是具有先验意义即超越每一个个体的。

张载是性二元论的提出者，"形而后有气质之性，善反之则天地之性存焉。"⑦在他看来，天地之性与气质之性的区分，即在于前者通清不滞、无形体之私，而后者则与之相反，有分隔、有偏塞、有形体之私，"故气质之性，君子有弗性者焉"⑧。他强调人应以"天地之性"为性，禀天地之气以为形，怀天地之理以为性，"天地之塞，吾其体；天地之帅，吾其性"⑨。张载的所谓"天地之性"实际上就是"天道"，他自己就曾讲："性与天道不见乎小大之别也。""性与天道合一存乎诚。"⑩另外，他还使用过"天下之理"的概念，实际上，他所讲的天地之性与"天理"相差无几。

与区分天地之性与气质之性相联系，张载还区分"德性之知"与"见闻之知"。他讲："大其心则能体天下之物，物有未体，则心为有外。世人之心，止于闻见之狭。""圣人尽性，不以见闻梏其心，其视天下无一物非我，孟子谓尽心则知性知天以此。天大无外，故有外之心不足以合天心。

---

① 张载：《张载集》，北京：中华书局，1978年，第7页。
② 张载：《张载集》，第15页。
③ 张载：《张载集》，第7页。
④ 张载：《张载集》，第9页。
⑤ 张载：《张载集》，第64页。
⑥ 张载：《张载集》，第64页。
⑦ 张载：《张载集》，第23页。
⑧ 张载：《张载集》，第23页。
⑨ 张载：《张载集》，第23页。
⑩ 张载：《张载集》，第20页。

见闻之知，乃物交而知，非德性所知；德行所知，不萌于见闻。"①意谓大其心能体天下之物，由此便可以克服"见闻之狭"的弊病而达圣人"尽性"之境界，即"不以见闻梏其心，其视天下无一物非我"。这种"大心""德性所知"的境界，也就是体认"天地之性"的境界。这种境界是对宇宙本体的一种通观和透彻的理解，也是对道德价值本源的深邃把握。这里接触到感性认识和理性认识的关系问题（张载并不完全否认感性认识）与人的主体性问题。道德本体、本原的把握需要哲学理性思维，道德境界是主体自觉选择和修养的结果。从这里不难看出，张载对道德本体的探讨同董仲舒将人的德性完全是宇宙本体或法则（天、阴阳五行）直接派生或给定的认识，是截然不同的。张载探讨道德本体、本原问题所表现出的理性主义精神和直觉主义思想，前者影响了后来的以程颐、朱熹为代表的理学派，后者影响了程颢和以陆象山、王阳明为代表的心学派。

程、朱的理本论。程、朱以"理"作为最高范畴和宇宙的最高原则，并以理诠释具有本原意义的"太极""道"，从而使"太极""道"都具有本体或形而上学意义，也就是说，它们和"理"一样也成为宇宙万事万物以及伦理道德的根本或最高原则。

首先，程、朱以理（或道、太极）为宇宙最高本体。二程说，"吾学虽有所受，天理二字却是自家体贴出来"，②认为"天下只有一个理"③，任何事物包括自然、社会和伦理道德在内都源渊于理，"凡眼前无非是物，物物皆有理。如火之所以热，水之所以寒，至于君臣父子间皆是理"④。朱熹也讲："天地之间，有理有气。理也者，形而上之道也，生物之本也；气也者，形而下之器也，生物之具也。是以人物之生，必禀此理，然后有性，必禀此气，然后有形。"（《晦庵集·卷五十八·答黄道夫》）"宇宙之间一理而已，天得之而为天，地得之而为地，而凡生于天地之间者，又各得之以为性。"（《晦庵集·卷七十·读大纪》）"圣人谓之太极者所以指夫天地之根也。"（《朱子语类》卷九十四）"太极，理也。阴阳，气也。气之所以动静者，理为主也。"（《太极解义》）"阴阳五行，错综不失绪，便是理。"（《朱子语类》卷一）"天下之物，则必各有所以然之故与所当然之则，所谓理也。"

---

① 张载：《张载集》，第 24 页。

② 程颢、程颐：《二程集》，北京：中华书局，1981 年，第 424 页。

③ 程颢、程颐：《二程集》，第 196 页。

④ 程颢、程颐：《二程集》，第 247 页。

（《大学或问》卷一）这里理、道、太极都是指宇宙的本体、本原和规律、法则等，认为它们具有绝对性、永恒性、普遍性，是共同的道理。程颐讲："性即是理，理则自尧、舜至于涂人，一也。"①朱熹讲得更明确："道者，古今共由之理。……自天地之先，羲黄以降，都即是这一个道理，亘古亘今未尝有异，……不是尧自是一个道理，舜又自是一个道理，文王周公孔子又是一个道理。"（《朱子语类》卷十三）

　　其次，在天人关系上，以天理与人性为同一。程、朱的理（道、太极）具有哲学与伦理学的双重蕴含，它不仅是宇宙之本原、万物之法则，而且是伦理道德的依托和总汇。程颐说，"有德者，得天理而用之"②，认为"性即理也，所谓理，性是也。"③ "理在天为命，在义为理，在人为性，主于身为心，其实一也。"④这样，理既是宇宙的本体，也是人的心性的本根，由此本体论与伦理学达致统一。朱熹也讲，"性即理也，在心唤作性，在事唤作理"（《朱子语类》卷五），视理、性为一，皆为人的伦理本性。程、朱在论述"理"是人的伦理本性的基础上论证了封建伦理纲常的合理性、永恒性。程颐讲："上下之分，尊卑之义，理之当也，礼之本也"，"下顺乎上，阴承乎阳，天下正理也"。⑤"父子君臣，天下之定理，无所逃于天地之间。"⑥"男尊女卑，夫妇居室之常道也。"⑦朱熹也讲："孝悌忠信，仁义礼智，皆理也。"（《朱子语类》卷七十八）"天理，只是仁义礼智之总名，仁义礼智便是天理之件数。"（《晦庵集·卷四十·答何叔京》）"宇宙之间，一理而已……其张之为三纲，其纪之为五常；盖皆此理之流行，无所适而不在。"（《晦庵集·卷七十·读大纪》）"三纲之要，五常之本，人伦天理之至，无所逃于天地之间。"（《晦庵集·卷十三·癸未垂拱奏札二》）程、朱论述了道德人性以宇宙最高原则理为本体，三纲五常、孝悌忠信、仁义礼智等都是理的具体内容和体现，它们具有普遍性和必然性，是人人必须遵守的。道德修养就是要"格物穷理"，体认和实践天理。

　　最后，以"理一分殊"论证宗法等级道德。"理一分殊"是宋代儒学说

---

① 程颢、程颐：《二程集》，第 204 页。
② 程颢、程颐：《二程集》，第 14 页。
③ 程颢、程颐：《二程集》，第 292 页。
④ 程颢、程颐：《二程集》，第 204 页。
⑤ 程颢、程颐：《二程集》，第 749 页。
⑥ 程颢、程颐：《二程集》，第 77 页。
⑦ 程颢、程颐：《二程集》，第 860 页。

明作为宇宙本原的理与万物之性的理的关系，亦即"天下公共之理"与"一物所具之理"（《朱子语类》卷九十四）的关系问题。程颐、朱熹对这个问题尤为重视。程颐说："天下之理一也，途虽殊而其归则同，虑虽百而其致则一。虽物有万殊，事有万变，统之以一，则无能违也。"[1]他在答弟子问时称赞张载的《西铭》为"明理一而分殊"。他的弟子杨时怀疑《西铭》讲天地父母、大君宗子的万物一体境界有同于墨子兼爱的流弊。对此，程颐回答说："《西铭》明理一而分殊，墨氏则二本而无分。分殊之蔽，私胜而失仁；无分之罪，兼爱而无义。分立而推理一，以止私胜之流，仁之方也。无别而迷兼爱，至于无父之极，义之贼也。"[2]意思是说，"仁"是一切人的基本道德原则，这是"理一"，但"仁"的具体实施则因具体情况不同而有等级差别，这是"分殊"，张载《西铭》深明这一道理，而墨子的所谓"兼爱"则违背了这一原则。朱熹很赞赏程颐"理一分殊"的讲法，"伊川说得好，曰'理一分殊'。合天地万物而言，只是一个理；及在人，又各自有一个理"（《朱子语类》卷一）。他自己对《西铭》也作了解说："天地之间，理一而已，然乾道成男，坤道成女，二气交感，化生万物，则其大小之分，亲疏之等至于十百千万而不能齐也，不有圣贤者出，孰能合其异而反其同哉！《西铭》之作，意盖如此，……一统而万殊，则虽天下一家，中国一人，而不流于兼爱之弊；万殊而一贯，则虽亲疏异情，贵贱异等，而不牿于为我之私。此《西铭》之大指也。"[3]这里也说明，一方面，人与人是不同的，这是分殊，"一统而万殊"；另一方面，人与人之间存在密切的统一关系，"万殊而一贯"。程颐、朱熹的"理一分殊"肯定了"一"（一统）与"殊"（万殊）的对立统一关系，认为它是宇宙的普遍规律，也是宗法等级道德原则的依据。如朱熹所讲："理只是一个，道理则同，其分不同。君臣有君臣之理，父子有父子之理。"（《朱子语类》卷六）"所居之位不同，则其理之用不一。如为君须仁，为臣须敬，为子须孝，为父须慈。"（《朱子语类卷》十八）"不可认是一理了，只滚做一看，这里各自有等级差别。且如人之一家，自有等级之别"，"大小等级之不同，便是亲疏远近之分"。（《朱子语类》九十八）程颐、朱熹用"理一分殊"为宗法等级道德作辩护虽然是不科学的，但其运用共相与殊相、普遍性与特殊性相统一的观点分析道德问题，

---

[1] 程颢、程颐：《二程集》，第 858 页。
[2] 程颢、程颐：《二程集》，第 609 页。
[3] 张载：《张载集》，第 410 页。

则表明了对道德认识的深化。

程、朱特别是朱熹的理本论，将儒学道德本体论的探讨推向高峰。正如《宋明理学史》作者所讲：它"把具有自然性与精神性双重的'天性'（理）改造成为一个高度抽象的精神性的结晶体，以'理'（或'天理'）作为世界的本原，这样，儒学向哲学化、抽象化的理学过渡，终于完成"①。从总体上看，以程、朱为代表的理学派肯定作为世界本原的理的外在客观性，强调"格物致知""居敬穷理"的明理工夫，表现出了一种理性主义精神。

陆、王的心本论。陆、王继承和发展了孟子心有先验的本性的思想，认为人的心、主体观念即是本原，不仅是人的道德的本根而且是宇宙的本体。他们提出"心本论"是针对程、朱"理本论"而发的。其思想本身又有着一些各自不同的内容和特点。

陆象山和程、朱一样也谈"道"谈"理"，将它们视为最后的存在根源，具体表现为宇宙间万事万物的秩序。如他讲："塞宇宙一理耳"②，"天覆地载，春生夏长，秋敛冬肃，俱此理"③。但他与程、朱不同的是，他认为"道"或"理"就在人的心中，跟心是完全同等的概念。他说："盖心，一心也，理，一理也，至当归一，精义无二，此心此理，实不容有二。"④"道未有外乎其心者"⑤，"万物森然于方寸之间，满心而发，充塞宇宙，无非此理"⑥。心、主体观念是个体性的，如何使其具有普遍性、绝对性呢？为此，陆象山提出"同心同理"说。他讲："四方上下曰宇，往古来今曰宙。宇宙便是吾心，吾心即是宇宙。千万世之前，有圣人出焉，同此心同此理也，千万世之后，有圣人出焉，同此心同此理也。东南而北海有圣人出焉，同此心同此理。"⑦"心只是一个心，某之心，吾友之心，上而千百载圣贤之心，下而千百载复有一圣贤，其心亦只如此。"⑧这样，心、主体观念就不仅是个性的而且是共性的，不仅是经验层面的而且是先验层面的。也就是说，"心"成了道德的先验依托，具有普遍性和绝对性，人们要

① 侯外庐、邱汉生、张岂之：《宋明理学史（上）》，北京：人民出版社，1984年，第29页。
② 陆象山：《陆九渊集卷十二》，北京：中华书局，1980年，第161页。
③ 陆象山：《陆九渊集卷十二》，第450页。
④ 陆象山：《陆九渊集卷十二》，第4-5页。
⑤ 陆象山：《陆九渊集卷十二》，第228页。
⑥ 陆象山：《陆九渊集卷十二》，第423页。
⑦ 陆象山：《陆九渊集卷十二》，第273页。
⑧ 陆象山：《陆九渊集卷十二》，第444页。

穷理、进行道德修养，就要反省内求、发明本心，亦即所谓"先立乎其大者"。孟子曾讲过："先立乎其大者，则其小者不能夺也。"（《孟子·告子上》）对于这句话陆象山非常欣赏。他曾颇为得意地讲："近有议吾者云，除了'先立乎其大者一句，全无伎俩'，吾闻之曰：诚然。"①陆象山的心本论思想，以明理、立心、做人为宗旨，对后世特别是王阳明产生了重要的影响。

王阳明在陆象山"心即理"思想的基础上，提出了"心外无物，心外无理"的思想命题。他反复论证说："理也者，心之条理也。是理也，发之于亲则为孝，发之于君则为忠，发之于朋友则为信。"②"夫物理不外于吾心，外吾心而求物理，无物理矣。"③"心即理也。天下又有心外之事，心外之理乎？""事父，不成去父上求个孝的理；事君不成去君上求个忠的理；……都只在此心。"④总之"心外无物，心外无事，心外无理，心外无义，心外无善"⑤。他还生动地比喻说："譬之木，其始抽芽，便是木之生意发端处；抽芽然后发干，发干然后生枝生叶，然后是生生不息。若无芽，何以有干有枝叶？能抽芽，必是下面有个根在。有根方生，无根便死。无根何从抽芽？父子兄弟之爱，便是人心生意发端处，如木之抽芽。自此而仁民，而爱物，便是发干生枝生叶。……孝悌为仁之本，却是仁理从里面发生出来。"⑥这就是说，如同树有根才有木之生意，才能抽芽、发干、生枝生叶，人有心，才有父子兄弟之爱，以及仁民和爱物。书载：王阳明早年曾为"宋儒格物之学。……官署中多竹，即取竹格之；沉思其理不得，遂遇疾"⑦。这使他断然认定，理在心中，而不在心外。为了论证"心外无物，心外无理"，王阳明神化自心，认为"心者，天地万物之主也"，"言心则天地万物皆举之矣"。⑧"我的灵明，便是天地鬼神的主宰。天没有我的灵明，谁去仰他高？地没有我的灵明，谁去俯他深？"⑨在这里，心为宇宙的价值本原，他的伦理思想就建立在心本论的基础上。

---

① 陆象山：《陆九渊集卷十二》，第 400 页。
② 王阳明：《王阳明全集（上、下卷）》，上海：上海古籍出版社，1992 年，第 277 页。
③ 王阳明：《王阳明全集（上、下卷）》，第 42 页。
④ 孟阳明：《王阳明全集（上、下卷）》，第 2 页。
⑤ 王阳明：《王阳明全集（上、下卷）》，第 156 页。
⑥ 王阳明：《王阳明全集（上、下卷）》，第 26 页。
⑦ 王阳明：《王阳明全集（上、下卷）》，第 1223 页。
⑧ 王阳明：《王阳明全集（上、下卷）》，第 214 页。
⑨ 王阳明：《王阳明全集（上、下卷）》，第 124 页。

王阳明晚年提出了"致良知",对道德本体问题作出了进一步的阐发。在王阳明那里良知具有如下的含义。首先,良知为人人所具有,是人的本性或本质存在。"盖良知之在人心,亘万古,塞宇宙,而无不同。"①"良知在人,随你如何不能泯灭。"②其次,良知是分辨是非善恶的标准。"良知只是个非之心","尔那一点良知,是尔自家底准则。尔意念着处,他是便知是,非便知非,更瞒他一些不得"。③再次,良知是宇宙本体,天地万物皆由良知主宰。"良知是造化的精灵,……生天生地,成鬼成帝,皆从此出,真是与物无对。"④最后,良知即是天理、仁义礼智。"良知是天理之昭明灵觉处,故良知即是天理。"⑤"天理在人心,亘古亘今,无有终始;天理是良知。"⑥又说:"性一而已,仁义礼智,性之性也。"⑦王阳明认为性即是心也即是理,"心之体性也,性即理也"⑧。可见,在王阳明那里,"良知"作为一种先验意识和"心"一样是宇宙万事万物和伦理道德的本原。

王阳明提出"致良知"说,在于反对朱熹的"格物致知"说。他认为朱熹的格物致知是"求理于事事物物之中",其失之于"析心与理而为二",⑨并且"格一草木、一昆虫之理。"支离破碎,达不到穷天理的目的,同道德体悟相脱节。因此,他提出"心(或良知)即道,道即天,知心(或致良知)则知道、知天"⑩,"诸君要实见此道,须从自己心上体认,不假外求始得"⑪。由此,他对格物致知作了新的解释:"格者,正也,正其不正以归于正之谓也。"⑫他认为"格物"就是用吾心之良知(天理)去正事事物物。"致者,至也,……'致知'云者,非若后儒所谓充广其知识之谓也,致吾心之良知焉耳。"⑬他认为对格物致知经过这样一番改造,就克服了朱

① 王阳明:《王阳明全集(上、下卷)》,第 74 页。
② 王阳明:《王阳明全集(上、下卷)》,第 93 页。
③ 王阳明:《王阳明全集(上、下卷)》,第 92 页。
④ 王阳明:《王阳明全集(上、下卷)》,第 104 页。
⑤ 王阳明:《王阳明全集(上、下卷)》,第 72 页。
⑥ 王阳明:《王阳明全集(上、下卷)》,第 110 页。
⑦ 王阳明:《王阳明全集(上、下卷)》,第 68 页。
⑧ 王阳明:《王阳明全集(上、下卷)》,第 33 页。
⑨ 王阳明:《王阳明全集(上、下卷)》,第 45 页。
⑩ 王阳明:《王阳明全集(上、下卷)》,第 21 页。
⑪ 王阳明:《王阳明全集(上、下卷)》,第 21 页。
⑫ 王阳明:《王阳明全集(上、下卷)》,第 972 页。
⑬ 王阳明:《王阳明全集(上、下卷)》,第 971 页。

熹"析心与理而为二""是合心与理而为一者也"①。王阳明对他的"致良
知"说颇为自负。他讲："致良知是学问大头脑，是圣人教人第一义。"②"吾
平生讲学，只是'致良知'三字。"③"近有乡大夫请某讲学者云：'除却
良知，还有什么说得？'某答云：'除却良知，还有什么说得！'"④"良知
之外，别无知矣。"⑤可见他对"致良知"说的极端重视。

陆象山、王阳明的心本体论，强调道德意识的能动性和人的自主、自
立，以发扬和提升人的主观精神，从而表现出与程、朱理本论不同的特点。

四

以上，我们将儒学对道德本体、本原问题的探讨，作了简要的概述和
分析。我们应该怎样评价这笔重要的哲学、伦理学遗产呢？

从总体上看，儒学对道德本体的探讨具有明显的唯心主义和为封建伦
理纲常辩护的倾向。如他们有的将精神性的实体诸如道（理、太极）、性体、
心体等作为宇宙的最高本体，用以说明世界万事万物和伦理道德；有的以
有意志的、主宰的天（天命）作为宇宙万物和道德的本原；有的赋予天、
阴阳五行、气等自然现象以道德属性，然后再用它们来说明和规定道德；
等等。马克思曾指出："物质生活的生产制约着整个社会生活、政治生活和
精神生活的过程。不是人们的意识决定人们的存在。相反，是人们的社会
存在决定人们的意识。"⑥可见，儒学对道德本体的探讨的理论立场和最终
结论是同马克思所揭示的历史唯物主义的基本原理是相背谬的。他们不能
也不可能用物质生活的方式唯物地说明社会道德现象，乃是由他们所处的
历史条件和所代表的阶级的局限性所决定的。同时，儒学特别是汉代儒学
和宋明儒学对道德本体的探讨，具有为封建伦理纲常和封建统治秩序作辩
护的意义，这也是必须加予指出和批判的。

① 王阳明：《王阳明全集（上、下卷）》，第45页。
② 王阳明：《王阳明全集（上、下卷）》，第71页。
③ 王阳明：《王阳明全集（上、下卷）》，第990页。
④ 王阳明：《王阳明全集（上、下卷）》，第204页。
⑤ 王阳明：《王阳明全集（上、下卷）》，第71页。
⑥ 马克思：《政治经济学批判序言》，《马克思恩格斯选集（第2卷）》，北京：人民出版社，1972
年，第82页。

但尽管如此，儒学在对本体的探讨过程中，所提出的关于宇宙人生和道德心性的认识，却不无合理性和借鉴价值。列宁曾说过：唯心主义"无疑地是一朵不结果实的花，然而却是生长在活生生的、结果实的、真实的、强大的、全能的、客观的、绝对的人类认识这棵活生生的树上的一朵不结果实的花。"①他还指出，在唯心主义的所谓"天国"下面，包含着对整个世界（过程）的有规律的联系的认识，打倒"天国"等于唯物主义。②列宁这些精辟论述，对于我们评价儒学的道德本体论思想完全适用。

首先，关于道德的普遍性、必然性问题。道德和道德行为不应该是偶然的、一时的，而是有其内在必然性和恒久性的。同时道德原则和道德规范不应该是可以遵行也可以不遵行，或者一些人必须遵行另一些人不必遵行的，而是人人都毫无例外必须遵行的。作为调节社会利益关系、协调社会生活的道德都应该具有普遍性、必然性的品格，否则，就不能实现自己的功能作用。正因为这样，康德将"普遍性"列为他的道德的基本要素之一，"不论做什么，总应该做到使你的意志所遵循的准则永远同时能够成为一条普遍的立法原理"③。黑格尔也讲："道德在于遵循思想，亦即遵循普遍的法则、正确的理性。一件事情只有在其中实现了并且表明了一个普遍的使命，才是道德的。普遍的使命是本质的东西，是一个关系的本性；这才是实质。"④儒学无论是以客观外在的理，还是以心、主体先验意识作为道德本原，以及以固有的善性良知为"人之所以为人者"，实际上都是在论证道德的普遍性和必然性。可以说这也就是儒学道德本体探寻的基本诉求。这一诉求和所得出的一些认识，应该说对人们是有一定启发借鉴意义的。

其次，关于社会意识和个人意识的关系问题。儒学阐述的道体（理、太极）、性体、先验的道德意识仁、诚等以及"天下公共之理""人同此心、心同此理"的理等等，所标示和体现的都是一种社会整体意识和社会公共利益。他们认为个人意识应该服从社会意识，强调人们要"得道""成仁""思诚""明理""致良知"就必须用社会意识去克制个人意识特别是个人私欲。这也就是他们之所以强调"义利之辨""理欲之辨"和"公私之辨"的原因所在。他们要求人们要有"仁者爱人""仁者以天下为己任""仁者与

---

① 列宁：《哲学笔记》，北京：人民出版社，1960 年，第 412 页。
② 列宁：《哲学笔记》，第 103 页。
③ 康德：《实践理性批判》，关文运译，北京：商务印书馆，1960 年，第 30 页。
④ 黑格尔：《哲学史讲演录第三卷》，王太庆译，北京：商务印书馆，1959 年，第 31 页。

天地万物为一体""民吾同胞，物吾与也""大心体物""廓然大公"以及"为天地立心，为生民立命，为往圣继绝学，为万世开太平"的历史担当和博大胸怀。在他们的一些论说中，或有不够重视个人意识，乃至压抑个性的某种讲法，但重视和强调社会整体意识和社会公共利益是有普遍意义的。关于正确处理社会和个人意识、社会公共利益和个人私利的关系问题，恩格斯曾指出，把彻头彻尾的主观性和纯粹利己性的"利益提升为人类的纽带，就必然造成普遍的分散状态，必然会使人们只管自己，彼此隔绝，使人类变成一堆互相排斥的原子"[1]。这说明不能放纵私欲、膨胀私利，否则社会就毫无聚集力可言。关于这一点近现代中外著名思想家多有论述。康德讲："约束性的根据既不能在人类本性中寻找，也不能在他所处的世界环境中寻找，而是完全要先天地在纯粹理性的概念中去寻找。"[2]这里的问题不在于他寻找"约束性"的致思路向是否正确，重要的是他指出了人类行为必须加以约束的绝对必要性。黑格尔指出："如果感觉、愉快和不愉快可以作为衡量正义、善良、真理的标准，可以衡量什么应当是人生的目的的标准，那么，真正说来，道德学就被取消，或者说，道德的原则事实上也就成了不道德的原则了：——我们相信，如果这样，一切任意妄为都可以通行无阻。"[3]普列汉诺夫也指出："不论在什么地方，只要私人利益和公共利益分离，就会引起道德上的堕落。"[4]梁启超、严复等则用"群"和"独"的概念说明社会（社会意识）和个人（个人意识）的关系。梁启超强调"独"服从"群"，因为否认"群"，"终不免一盘散沙"。[5]严复也讲："人之所以为人者，以其能群也。"[6]"能群者存，不群者灭，善群者存，不善群者灭。"[7]毫无疑问，上述论述，对于我们理解儒学道德本体和重视社会整体的思想的合理性会很有帮助。在道德精神生活领域中，整体性原则与个体性原则的关系是一个永恒的课题。在当代，整体性原则受到空前的

---

① 恩格斯：《英国状况十八世纪》，《马克思恩格斯全集（第1卷）》，北京：人民出版社，1956年，第663页。

② 康德：《道德形而上学原理》，苗力田译，上海：上海人民出版社，1986年，第37页。

③ 黑格尔：《法哲学原理》，范扬等译，北京：商务印书馆，1995年，第77页。

④ 普列汉诺夫：《唯物主义史论丛》，《普列汉诺夫哲学著作（第2卷）》，北京：生活·读书·新知三联书店，1961年，第118页。

⑤ 梁启超：《十种德行相反相成义》，《饮冰室合集》，北京：中华书局，1989年，第44页。

⑥ 严复：《严复集（第五册）》，北京：中华书局，1986年，第1343页。

⑦ 严复：《严复集（第五册）》，第1347页。

挑战，因此，人们瞩目于儒学道德本体论和重视社会整体意识的思想，并不是偶然的。

再次，关于珍爱生命的价值。儒学从宇宙最高原理的哲学高度强调珍爱生命。《易传》讲"天地之大德曰生"，认为天地最大的德行是使万物生长；又讲"生生之谓易"，将"易"界说为生生不绝地化育万物。这可以说是对儒学重视生命价值的最高概括。《中庸》则讲"参天地之化育"，意谓人能够也应该参与赞助天地（自然）的化生万物。特别是历代儒学提倡的"仁学"人道主义，更体现了对生命的关爱。孔子和孟子都讲"仁者爱人"，孟子不但讲"仁民"，而且讲"爱物"。（《孟子·尽心上》）孟子和荀子都反对随意捕杀动物、滥伐林木，主张让动植生命自然地生育成长。（《孟子·梁惠王上》《荀子·王制》）宋明儒学发展了孔子的仁爱思想，倡言"仁者与天地万物为一体"，"民吾同胞，物吾与也"，将对人和一切动植物类的关爱推向极致。儒学的社会道德思想是"老有所终，壮有所用，幼有所长，鳏寡孤独废疾者皆有所养"（《礼记·礼运》）。儒学的治国主张为"德治"或"德主刑辅"，强调以德礼教化百姓，反对不教而诛；主张使民以时，轻徭薄赋，让百姓"乐岁终身饱，凶年免于死亡"（《孟子·梁惠王上》）等等，都体现了对人的生命和生存价值的重视。在现代社会，人欲横流、人类生活和人际关系过度紧张、生态环境遭遇危机，人和生物的生存与发展都受到挑战和威胁的情况下，儒学从道德本体或形而上学意义上提出珍爱生命的价值的思想，无疑会使人们感到更加珍贵。

最后，关于内在超越问题。儒学探讨道德本体问题，所持的基本理论观点是"天人合一"。天道与人道、天理与心性是相通的。所谓"尽心知性知天"，所谓"诚者天之道，思诚者人之道"，所谓"天命之谓性，率性之谓道，修道之谓教"，所谓"性即理也""心外无理"等，都说明了"天"不是与人隔绝的，而是与人紧密相连成为一体的。天道不是以某种方式强加于人而是出于人性的觉醒，"为仁由己"（《论语·颜渊》），"我欲仁，斯仁至矣"（《论语·述而》）。"尽心""知性"便可以"知天"，求真与得道、穷理与尽性、致知与崇德乃是一回事，人们通过"体仁""存养""立诚""率性""居敬穷理""致良知"便可以达到一种廓然大公、与天地万物为一体的道德精神境界。这是一种根源在人的本心自性并通过人的内心体认和体验来实现的超越，是一种内在超越。这种超越既不同于西方的理性认知主义和天国期盼，又与传统佛教的遁入空门、涅槃超脱不同，而是一种为实现自己的社会责任和历史担当而进行的克制私欲之累实现自我超越的心性操练。它开显人的生命意义、揭示人的终极关怀，使人产生一种对天地宇宙的根源感，获有"安身立命"之处，它是儒学"内圣外王"之学的重要的思想内容和重要的理论根据。在历史上，它对于人们的敦养品性、成就事业、实现人格理想起到了积极的作用。在当代特别是西方社会，价值迷失、精神失守、思想浅薄的社会弊病令有识之士不安和关注。儒学道德本体论，把价值根源内在化（即不仅在"天"，而且在人的心性中），鼓励人们自觉地加强德性修养，发扬自己的善性良知。这对于帮助人们体认人生价值和提升道德精神境界，无疑会产生一定的积极作用。从伦理学研究视角看，儒学在道德本体探讨中，接触到道德的心性情感机制问题和社会道德规范内化问题，这种道德的微观性研究，是伦理学研究所不可或缺的重要方面。联想我们长期以来在这方面的欠缺或重视不够①，儒学在这方面的一些认识和探讨对我们也不无启发借鉴意义。

儒学对道德本体的探讨，既丰富了哲学的内容，又深化了伦理学的研究。儒学道德本体论以其特有的话语形式提出并阐述了关于人的个性与社会性、物质生活与精神生活关乎人类道德文明发展的两大问题这一认识和其他一些认识有重要的学理价值和实践。有学者指出，由于当代西方伦理拒斥本体论，导致了道德相对主义和道德虚无主义。而为回应这种伦理思潮，在西方"萌发了回归品德伦理需要"。②这从一个视域说明了儒学本体论思想的重要价值。然而，在一个长时期里，我们对儒学道德本体论探讨不够，受西方文化中心论以及唯心主义一无是处思维定式的影响，对其评价亦欠公允。可喜的是近些年来，这种情况已经和正在改变。

参考文献：

[1]康德：《未来形而上学基础》，北京：商务印书馆，1978 年。

[2]郭沫若：《十批判书》，北京：科学出版社，1956 年。

[3]成中英：《孔子哲学中的创造性原理——论生即理与仁即生》，《孔子诞辰 2540 周年纪念与学术讨论会论文集》，上海：三联书店上海分店，

---

① 李建华：《道德情感论》，长沙：湖南人民出版社，2001 年，第 3 页。
② 成中英：《21 世纪中国哲学走向：诠释、整合与创新》，《新华文摘》2003 年第 3 期。

1992 年。

　　[4]张岱年主编:《中华的智慧》,上海:上海人民出版社,1989。

　　[5]戴震:《戴震集》,上海:上海古籍出版社,1980 年。

　　[6]张载:《张载集》,北京:中华书局,1978 年。

　　[7]程颢、程颐:《二程集》,北京:中华书局,1981 年。

　　[8]侯外庐、邱汉生、张岂之主编:《宋明理学史(上卷)》,北京:人民出版社,1984 年。

　　[9]陆象山:《陆九渊集卷十二》,北京:中华书局,1980 年。

　　[10]王阳明:《王阳明全集(上、下卷)》,上海:上海古籍出版社,1992 年。

　　[11]马克思:《政治经济学批判序言》,《马克思恩格斯选集(第 2 卷)》,北京:人民出版社,1972 年。

　　[12]列宁:《哲学笔记》,北京:人民出版社,1960 年。

　　[13]康德:《实践理性批判》,关文运译,北京:商务印书馆,1960 年。

　　[14]黑格尔:《哲学史讲演录第三卷》,王太庆译,北京:商务印书馆,1959 年。

　　[15]恩格斯:《英国状况·十八世纪》,《马克思恩格斯全集第 1 卷》,北京:人民出版社,1956 年。

　　[16]康德:《道德形而上学原理》,苗力田译,上海:上海人民出版社,1986 年。

　　[17]黑格尔:《法哲学原理》,范扬等译,北京:商务印书馆,1995 年。

　　[18]普列汉诺夫:《唯物主义史论丛》,《普列汉诺夫哲学著作第 2 卷》,北京:三联书店,1961 年。

　　[19]梁启超:《十种德行相反相成义》,《饮冰室合集》,北京:中华书局,1989 年。

　　[20]严复:《严复集(第五册)》,北京:中华书局,1986 年。

　　[21]李建华:《道德情感论》,长沙:湖南人民出版社,2001 年。

　　[22]成中英:《21 世纪中国哲学走向:诠释、整合与创新》,《新华文摘》2003 年第 3 期。

　　　　　　　　　　　(本文原载于《伦理学研究》2004 年第 3 期)

道德基本特点初探

梁禹祥

研究道德的基本特点，无论在理论上还是在实践上都有重要的意义。从理论上来说，认识道德的特点，是伦理学研究的出发点。把握道德的特点，可以帮助我们深刻地认识道德的本质、社会作用及其发展规律。从实践上来说，把握道德的特点，可以使我们在当前的共产主义道德教育中避免盲目性，真正按照道德固有的发展规律搞好道德教育，为培养良好的社会道德风尚，建设高度发达的社会主义精神文明作出贡献。

一、道德的客观性和主观性

任何社会任何阶级的道德都是客观性和主观性的辩证统一。

所谓道德的客观性，主要表现在三个方面。

第一，道德的产生及发展有其客观物质基础和客观规律。一切社会和阶级的道德观念、道德规范都是建立在一定的社会经济基础之上，并反映着一定的社会经济关系的。随着经济基础的变化，道德也或迟或早要发生变化。在一定社会的一定阶段出现这样的道德观念和规范而不是其他的道德观念和规范，以及任何道德的兴衰过程，都是受一定的客观规律支配的。

第二，道德规范的内容带有客观性。任何道德规范都是对客观存在的道德关系的概括和总结。道德规范作为对人们行为的一种要求，它不仅仅是出于人们主观上的好恶，而且是一种客观上的义务。这种客观上存在的道德义务和道德责任反映到人们的头脑里，就构成了道德规范的客观内容。

第三，道德评价的标准也是客观的。一种道德的性质是进步的、落后的还是反动的，一个人的行为是善的还是恶的，都有客观的评价标准，即看它对社会的发展，尤其对生产力的发展是起促进作用还是起促退作用，以及作用的大小。单个人对一定行为的评价可能具有偶然性，但通过社会舆论表现出来的道德评价却能反映一定社会物质生活条件对人们行为的要求，具有客观必然性。

所谓道德的主观性，是说人的主观因素加入道德里面，因而使道德带上了主观的色彩。我们知道，道德教育本身就是社会的统治阶级有组织、有计划地对人们施加道德影响的活动，而在个人的道德行为和道德修养过程中，人们的主观作用更是显而易见的。如前所述，人的道德意识，如道德观念、道德规范、道德品质等，是人这个认识主体对客观存在的道德关系和道德要求的认识、反映、概括与总结。在这个反映过程中，人的主观性质如阶级属性、认识能力等，无疑有着非常重要的作用。

道德的主观性主要表现在道德的利他性和自觉性上。

利他性也叫利群性，就是自我牺牲的精神。普列汉诺夫曾指出："道德的基本问题不是对个人幸福的追求，而是对整体的幸福即对部落、民族、阶级、人类幸福的追求。这种追求和利己主义毫无共同之点。相反的，它总是以或多或少的自我牺牲为前提。"①道德行为都是对别人、对社会集体有益的行为。而凡是有利于社会集体的行为，都或多或少是对个人的节制，都要作出或多或少的自我牺牲。在任何时候，自私自利、损人利己都不能说是道德行为。在任何社会，一个人要无限地发展自己、绝对地满足自己，都必然会引起别人和社会的不满和反对。即使是资产阶级，他们强调个人利益，却也讲个人利益和社会利益相结合，讲不损人的利己即所谓合理利己主义。当然，他们这样讲有很大的虚伪性和欺骗性，但至少在理论上不能公开反对社会利益。利益和道德是对立统一的关系。利益是道德的基础，道德又反过来为一定的利益服务。但利益有个人利益和社会集体利益、眼前利益和长远利益之别。一个阶级的道德主要代表这个阶级的整体利益和长远利益，有时难免与其个别成员的具体利益发生矛盾。所以一个人要讲道德，有时就需要为社会的和阶级的利益而牺牲个人的某些利益。在这个意义上可以说没有个人牺牲精神就没有道德。

道德的自觉性，又叫主动性。道德依靠社会舆论、传统习惯、教育和

---

① 普列汉诺夫：《普列汉诺夫哲学著作选集（第 1 卷）》，北京：生活·读书·新知三联书店，1962年，第 551 页。

人们的内心信念来维持，归根结底是通过人们的内心活动起作用的。社会舆论发生作用必须以人们在自己的内心接受了或部分接受了这些舆论，并引起内心的矛盾斗争为前提。道德传统习惯也只有转化成个人的道德信念才能指导人们的行为。任何道德行为都是主动的、自觉的行为，就是说，都是在一定的道德观念、道德规范、道德品质的支配下，在一定的道德义务感、道德责任心驱使下产生的有利于社会和他人的行为。一个人在强迫的情况下做出的好事，固然算不得道德行为：在完全不自觉的情况下，即在完全不了解自己行为的社会意义的情况下，偶然做些客观上对社会和他人有利的好事，也算不得道德行为。只有有意识地、心甘情愿地为社会和他人而牺牲个人利益的行为才具有道德的价值。当然人们的道德觉悟有一个从低到高、逐步提高的过程，但即使是在觉悟不高、不很自觉的情况下做出的道德行为，也是受理性指导的，而不能是完全盲目的。

道德的客观性和主观性是统一不可分割的，不能只强调其中的一个方面，而忽视另一个方面。如果只强调道德的客观性而忽视它的主观性，道德规范就会变成宗教戒律，人们可以不对自己的行为负任何道德责任，进行道德自我锻炼和自我修养也就成了多余之事。这实际等于取消道德。反过来，只强调道德的主观性而否定道德的客观性，就会导致唯意志论，认为人们可以随心所欲地提倡或禁止某种道德，显然也是荒谬的。

二、道德的现实性和理想性

任何社会任何阶级的道德都是现实性和理想性的辩证统一。

道德的现实性，可以从两个方面来理解：

（一）任何道德都是在一定的社会物质生活条件下产生的，都是依据现实的生活和斗争的需要提出来的。正如恩格斯所说："人们自觉地或不自觉地，归根结底总是从他们阶级地位所依据的实际关系中——从他们进行生产和交换的经济关系中，吸取自己的道德观念。"[①]道德直接从现实生产关系中引申出来，特别是生产关系中的所有制关系对道德起着决定的作用。在承认这个决定作用的前提下，还必须承认，现实的生产力发展水平和社

---

①《马克思恩格斯选集》第三卷，北京：人民出版社，1972 年，第 133 页。

会消费水平，现实的社会政治、思想、文化、科学、教育的状况，以及一个国家、一个民族的历史传统等，也都会在社会道德中有所反映。总之，道德是不能脱离现实基础的。

（二）道德对现实生活有巨大的反作用。任何道德都会在现实生活中发生一定的影响和作用，为一定的经济基础和阶级利益服务。道德对现实生活的作用有进步与落后、革命与反动的区别，但就其起作用而言，则都是现实的。恩格斯在论述道德的作用时说："它或者为统治阶级的统治和利益辩护，或者当被压迫阶级变得足够强大时，代表被压迫者对这个统治的反抗和他们的未来利益。"①列宁也说："道德是为人类社会升到更高的水平，使人类社会摆脱劳动剥削制服务的。"②总之，道德是社会发展和阶级斗争不可缺少的重要精神武器，是有重要现实作用的。

道德的理想性，可以从三个方面来理解：

（一）任何道德思想中都包括一些高于现实的成分和因素，也即理想的成分和因素。道德规范不是像法律条文一样只有禁令性的、最低标准的要求，而是还要有示范性的、高标准的要求；或者说，它不仅仅是停留于一般社会公德、守则、纪律的水准上，而是一个从低到高的、多层次的系列。苏联教育家马卡连柯讲："我们对人提出的道德要求，应当高于人们行为的中等水平。道德要求大家都向最完善的行为看齐。"只有这样，才能促进道德的不断进步。

（二）道德规范是分层次的，有起码的标准，也有较高的和最高的要求。道德规范中的高要求，往往是一般人不能做到或不能完全做到的，只有少数人才可以做到。这也是道德的理想性的一种表现。也正因为道德的高标准的要求，许多人一时还做不到，或者不能完全做到，我们就更应大力宣传，大力提倡。

（三）任何阶级都要塑造体现本阶级道德理想标准的理想人格，即道德榜样。道德上的理想人格既有反映现实的方面，又有高于现实的方面。他们为人们树立学习榜样，指出前进方向，对于扩大一定阶级的道德影响，推动道德的进步，有着重要的作用。

道德的现实性和理想性是统一的。道德理想归根结底也是现实经济关

---

① 《马克思恩格斯选集》第三卷，第 134 页。
② 《列宁选集》第四卷，北京：人民出版社，1972 年，第 355 页。

系的反映，它同时又是引导现实生活向前发展的一种力量。按照马克思主义者的逻辑，理想是明天的现实，要努力认识理想转化为现实的客观条件和过程，使理想逐步变为现实。道德不能超越时代，又要面向未来；既要立足现实，又要着眼未来；不仅表明行为的实际情况，而且要指出行为所应遵循的前进方向。这就是道德的现实性和理想性的关系。

三、道德的阶级性和全人类性

任何社会任何阶级的道德都是阶级性和全人类性的辩证统一。

道德的阶级性主要表现在三个方面：（一）阶级社会的一切道德，都是不同阶级的阶级地位和阶级利益的反映，体现着一定阶级的意志和要求；（二）一切阶级都是从自身的阶级地位、阶级利益出发来进行道德评价的；（三）一切道德都是阶级斗争的工具，为一定阶级的利益服务。这是因为在阶级社会里，影响全部社会生活的最基本的社会存在，是阶级的差别和对立。各个阶级由于在生产关系中所处的地位不同，阶级利益不同，他们对善与恶、道德与不道德的评价标准也就有所不同，他们所奉行的道德原则和道德规范自然也就不可能一样。不同的阶级，特别是敌对阶级之间，从其阶级利益出发，各有自己的一套道德观念、道德情感、道德原则和道德规范，并用以作为阶级斗争的重要武器。

承认不承认道德的阶级性，是不是用阶级的观点来认识和说明道德现象，这是马克思主义伦理学和以往一切旧伦理学相区别的根本标志之一。历史上一切剥削阶级的伦理学家，都竭力掩盖社会的阶级对立，掩盖道德和一定阶级利益的关系，宣扬超阶级的、永恒的道德，把自己阶级的道德说成是全人类的道德。马克思主义经典作家对这种谬论给予了驳斥。恩格斯指出："社会直到现在还是在阶级对立中运动的，所以道德始终是阶级的道德。"[①]从人类道德发展的历史来看，也充分说明道德的阶级性是一个客观的事实。在每个阶级社会里，都存在着两种基本的阶级道德的对立：奴隶道德和奴隶主道德、农民道德和封建道德、无产阶级道德和资产阶级道德。除了这两种基本的阶级道德，还存在着其他阶级的道德。恩格斯曾经

---

① 《马克思恩格斯选集》第三卷，第134页。

指出，仅仅在欧洲最先进国家中，就同时存在三大类不同的道德。

我们在承认道德的阶级性的同时，还必须承认道德的全人类性。只有这样，我们对道德阶级性的理解才不会是片面的、肤浅的。如上所述，阶级社会的任何道德，从整体看都是阶级的道德。但是，如果我们作进一步的具体分析，就可以看到，任何道德体系中，除了包括反映特殊阶级利益的阶级性的成分外，同时还必然包括一些全人类性的成分。这些全人类性的道德内容并不是哪一个阶级单独创立的，不是只对哪一个阶级有用，而是各个阶级共同承认的。

所谓全人类性的道德成分，主要包括三个方面的内容：

（一）社会公德，即人类生活最起码、最简单的道德准则，如遵守公共秩序、文明礼貌、讲究卫生、尊老爱幼、尊重妇女等等。马克思主义经典作家把这些称为"简单的道德和正义的准则""人对人的关系的简单原则"和"起码的公共生活规则"。任何社会要维持正常的生产和生活都必须有社会公德。任何统治阶级的道德规范体系中都得有这部分内容，否则就不能维护社会的正常生活，更谈不上维护阶级统治的秩序了。

（二）人类的传统美德，如诚实、正直、勤劳、勇敢、热情、谦虚等等。它们是人类在长期历史进步过程中逐步形成和积累的文明成果。它们从不同的方面规定了人们对劳动、对他人、对社会的基本的态度和原则。它们有着基本确定的含义，是社会各个阶级都承认的。虽然剥削阶级许多人不可能具备这些美德，但至少在口头上他们不能不承认这些是美德，而不是恶德。

（三）反映在民族情感、民族心理和民族习惯中的民族道德传统。各个民族由于历史发展过程的不同和经济文化发展水平的不同，形成了不同的民族道德传统。这些道德传统对调节民族成员的相互关系，维护民族的团结统一，促进民族的发展是有重要作用的。

我们说道德的阶级性内容反映了特殊阶级的特殊利益，而道德的全人类性的内容则反映社会各阶级的共同利益。社会共同利益就是道德的全人类性的客观根据。在阶级社会里，除存在不同的阶级利益之外，还存在某些共同利益。马克思和恩格斯指出：反封建时期的资产阶级"仅就它对抗另一个阶级这一点来说，从一开始就不是作为一个阶级，而是作为全社会的代表出现的；它俨然以社会全体群众的姿态反对唯一的统治阶级。它之所以能这样做，是因为它的利益在开始时的确同其余一切非统治阶级的共同利益还有更多的联系。"①恩格斯指出："社会创立一个机关来保护自己的共同利益，免遭内部和外部的侵犯。这种机关就是国家政权。"②这些话说明，他们都承认社会各个阶级在某些方面、某些时候，存在某些共同利益。这是因为，社会经济的发展，客观地要求建立一种"秩序"，一方面使被统治阶级服从统治阶级的意志，屈从于统治阶级的统治；另一方面，也把统治阶级的意志限制在当时社会经济发展所许可的范围内，从而使个人服从生产和交换的一般条件，把社会的冲突保持在秩序的范围之内。保护社会秩序的相对稳定，就是社会各阶级的共同利益。保护这种共同利益是合乎不同阶级的共同需要的。对统治阶级如此，对劳动阶级来说也如此。只要劳动阶级的生活水平没有低于一定的限度，就不可能爆发大规模的革命。在这种情况下，社会秩序的稳定也是符合他们要求的。以上这是就整个社会发展来说的。在某一社会的某一阶段，由于特定的历史条件，几个阶级在社会生产体系中所处的地位具有某种一致性，因而也具有某种共同利益。如资产阶级革命时期，资产阶级和工农阶级在反对封建压迫这一点上有某些共同利益；一个国家面临外敌入侵时，统治阶级和广大人民在抵御外侮、维护国家统一这一点上有一定的共同利益。另外，还必须看到，人们的社会关系除了阶级之间对立和斗争的关系外，还有其他方面的广泛关系，如家庭关系、朋友关系、师生关系、亲戚关系、乡亲关系等等。这些关系中，有的具有阶级性，有的不具阶级性。反映和调整这些社会关系的道德规范，也是有的具有阶级性，有的不具阶级性。过去有人把社会性完全等同于阶级性，这是不对的。道德的共同属性首先是社会性。肯定这一点，也就肯定了全人类性道德内容的存在。

必须强调指出，在实际的道德生活中，全人类性道德的内容是不能独立存在的，只能包括在劳动阶级道德或剥削统治阶级道德的体系之中，作为它们的组成部分。统治阶级出于维护阶级统治的需要，它的道德中不能不包括一些全人类性道德的内容。劳动阶级的道德作为劳动阶级利益的表现，有着鲜明的阶级性。劳动人民在任何社会又都是"人民"这个范畴的主体，它的道德无疑具有更多的全人类性，因此劳动阶级的道德也是阶级性和全人类性的统一。总之，阶级社会的任何道德，不但有阶级性，而且

---

① 《马克思恩格斯选集》第一卷，北京：人民出版社，1972 年，第 53 页。
② 《马克思恩格斯选集》第四卷，北京：人民出版社，1972 年，第 249 页。

有全人类性。我们不能把道德的阶级性和全人类性绝对对立起来，看成是水火不相容的东西。当然，在强调道德的阶级性和全人类性的统一时，必须注意到它们在统一体中所处的地位是不一样的。道德的阶级性的内容在任何道德中都是核心的、主要的部分，全人类性的内容只能处于从属的、次要的部分。而且，这些全人类性的道德内容在实践过程中，不能不受到阶级性的制约，如尊师、敬老的传统美德，在过去总是同体现宗法关系的繁琐礼节、礼仪混杂在一起，因而不能不深深地染上封建伦理道德的色彩。在实践程度上，当统治阶级的利益同广大人民群众的利益不是处于尖锐化矛盾中的时候，统治阶级对社会公德可能遵守得好一些，实践得多一些；反之，统治阶级就会公然践踏这些公认的道德准则。由于以上原则，所以从整体上看，阶级社会的任何道德都是阶级的道德，超阶级的道德是不存在的。

（本文原载于《天津师院学报》1982 年第 4 期）

人口控制与环境伦理

李淑华

人口与环境的关系是环境伦理学研究的一个重要问题，它涉及人类应如何从环境伦理的高度更加自觉地规范自己的生育行为，树立科学的人口意识和生育观念，自觉地控制人口的过度增长，使人口、资源和环境达到可持续发展。正是从这个意义上，环境伦理学认为，人口控制不仅是人类生存和发展的关键，而且是可持续发展向当代人生存伦理提出的更高的道德要求。

一、适度人口与人口控制

人口危机是人类当前面临的一个非常重要的问题。世界人口的高速增长及其所造成的巨大的人口数量，不仅构成对自然资源的直接压力，成为生态环境遭到难以恢复性破坏的重要原因之一；而且，也带来诸如失业、饥饿、贫困、疾病、动乱等一系列严重的社会、经济、政治等问题。人类如果不能有效地控制人口的增长，自己的生存和发展将成为问题。因为，有限的地球绝不可能容纳下无限多的人口，因此，需要对人口的增长进行控制。人口控制就是把人口数量控制在一个适度的范围内，同时不断提高人口质量。

适度人口，既是一个生态学的概念，又是一个经济学的概念。作为经济学概念，适度人口是指根据社会经济的发展水平，计算出的人口最佳规模。作为生态学概念，它是指根据自然生态的支付能力、承载能力，计算出的人口最佳规模。我们知道，地球的人口环境容量是有限的。所谓人口容量，国际人口生态学界曾下了明确的定义，指出这是在不损害生物圈或不耗尽可合理利用的不可更新资源的条件下，世界资源在长期稳定状态基础上所能供应的人口数量。这个定义强调，人口容量应以不破坏生态环境的平衡与稳定，保证资源的永续利用为前提。可见，一定生态环境条件下，一定区域资源所能养活的最大人口数量，是人口容量的极限状态，在这个极限状态内的人口，就是适度人口。根据联合国人类环境会议的推断，地球资源可供养的世界最大人口数量为 110 亿。尽管专家对地球人口容量的看法分歧还很大，但有一点是一致的，即人口规模存在着一个生态学的极限，人口不能无限发展。实际上地球人口容量并不是纯生物学上的最高人口数，而是指在一定生活水平条件下所能供养的最大人口数，它因不同的生活水平标准而异。如果把生活水平定在很低的标准上，甚至仅能维持生存，人口容量就接近生物学上的最高人口数；如果生活水平定在较高目标上，人口容量在一定意义上就是经济适度人口。澳大利亚人口经济学家T. D. 皮切福特提出了一个比较理想的适度人口模式，他认为：能适当地使用资本设备（如工厂、道路等），同时维持再生性资源（如土地等）供给数量不变，按一定比率开采不可再生性资源（如石油等矿物），而使人均消费维持在高水平上，这时候的人口数量应该说是最为理想、最为适度的。[①]当然，这种消费不仅包括物质消费，还包括教育等非物质消费，以及对清新空气、清洁水源、公共绿地等影响生活质量资源的消费。换言之，也就是在可持续发展的前提条件下，能够尽可能维持较高人民生活水准的人口数量才是适度的。

由于世界上各个国家的地理环境资源、经济发展水平、社会制度结构、宗教文化风俗等因素的不同，再加上科学技术不断进步，想制定出一种统一的适度人口标准是很困难的，因此，世界各国都是根据自己的国情，对适度人口作出判断。如某些富裕、发达的国家，认为本国人口不是多了，而是少了，因此采取某些特殊政策来刺激人口增长。像法国，多年来人口年自然增长率为负数，人口老龄化日趋严重，于是政府只好采用征税办法促使育龄夫妇多生孩子。而中国的人口数量已达到 13 亿，在世界各国中高居榜首。但是中国的人均资源却相对匮乏，耕地面积仅占世界的 7%。中国人口专家经过多方面的研究预测，认为中国的适度人口数量应保持在 7

① 高崇明、张爱琴：《生物伦理学》，北京：北京大学出版社，1999 年，第 212 页。

亿左右①。显然，中国的人口形势非常严峻，如不采取坚决措施控制生育，将难以承受人口的沉重压力，人民生活水平也很难提高。因此，计划生育成为中国的基本国策，它既符合中国利益，也符合世界利益。

可见，人口控制就是要把人口控制在一个适度的范围内。至于是鼓励生育，还是鼓励节育，这要根据各国的具体情况而定。但由于目前世界人口过度增长危机的严重性，特别是发展中国家的人口膨胀与贫困化，节制生育，提高人口质量，是当前发展中国家人口控制的重要任务。

人口控制的思想其实早已有之。古希腊时期的著名思想家柏拉图在他晚年的著作《法律》中，就主张将土地和财产平均地分给每个市民，并使土地和人口保持一定的比例。他认为当时他的国家（城邦）适量的人口数量为5040人，在人口增长过快时应限制或禁止生育，或强制向外移民；反之则鼓励生育和奖励外国人入籍。②另一位伟大的思想家亚里士多德在其《政治学》中也指出，"一个城邦的最佳人口界限，就是人们在其中能有自给自足的舒适生活"③，"人口过多的城邦很难或者说不可能有良好的法制"，因此，必须"对其人口进行控制"④。近代马尔萨斯的《人口论》，从人口发展的动态规律入手，进一步阐述了人口控制的基本思想。在马尔萨斯看来，人口变动是受生活资料制约的，在动态上人口与生活资料呈现出平衡—不平衡—平衡的无限序列。这是因为，第一，食物为人类生存所必需；第二，两性间的情欲是必然的，且几乎会保持现状。这"两项公理"是人类本性的法则。根据这个法则，必然会使"人口的增殖力无限大于土地为人类生产生活资料的能力。人口若不受到抑制，便会以几何比率增加，而生活资料却仅仅以算术比率增加"⑤。也就是说人口增长的速度必然超过生活资料的增长速度，因此人口必然要受到控制。他认为在现实生活中客观地存在着阻止人口增长的两种有力手段："积极的抑制"和"道德的抑制"。所谓"积极的抑制"，就是当人口超过食物增长时，必然带来战争、瘟疫、饥饿和死亡，大自然就会自动地抑制人口，强制地实现平衡。所谓

---

① 关伯仁：《环境科学基础教程》，北京：中国环境科学出版社，1995年，第107-108页。

② 南亮三郎：《人口论史——通向人口学的道路》，张毓宝译，北京：中国人民大学出版社，1984年，第19页。

③ 颜一：《亚里士多德选集：政治学卷》，北京：中国人民大学出版社，1999年，第246页。

④ 颜一：《亚里士多德选集：政治学卷》，第244页。

⑤ 马尔萨斯：《人口原理》，朱泱、胡企林、朱和中译，北京：商务印书馆，1992年，第7页。

"道德的抑制"，就是指"出于谨慎考虑，在一定时间内或长久地不结婚，并在独身期间性行为严格遵守道德规范，这是使人口同生活资料保持相适应并且完全符合道德和幸福要求的唯一方法"①。马尔萨斯认为，通过提高居民的受教育程度来降低人口出生率从而减轻人类遭受"积极抑制"的痛苦是更为有效的。尽管后人对马尔萨斯的这些思想有不同的评价，赞扬者有之，批评者有之，但客观地讲，他在 200 年前所提出的人类可以通过自我约束、自我抑制的道德手段来保持人口与生活资料的平衡的思想是颇有见地的。

在中国，1957 年 6 月马寅初先生发表了他的《新人口论》，第一次提出了中国的人口控制思想。他顶着人口愈多愈好、社会主义永远不会存在人口问题的教条主义之风，明确提出了我国存在着人口问题的崭新观点。他指出"我国人口太多"，"增殖率太高"，"如继续这样无限制发展下去，就一定要成为生产力发展的阻碍"，其结果，"我国人口问题将愈来愈严重，一定要实行计划生育、非计划生育不可"。②他还提出了解决我国人口问题的根本途径：一是积极发展生产；二是控制人口数量；三是提高人口质量。马寅初先生的《新人口论》对于解决中国的人口问题是极有理论价值的，但在当时却遭到了不公正的批判，从而使一个大大有利于中国人民，有利于社会主义建设事业的关于节制生育，降低我国人口增长速度的好建议，被蛮横地打入了冷宫，以致我国的人口增长未能及时得到控制，给社会主义建设事业带来沉重的压力。面对日益严峻的人口问题，人们这才逐步醒悟过来，亡羊补牢，开始了控制人口过快增长的工作，把实行计划生育，控制人口数量、提高人口质量确立为基本国策，经过举国上下的积极努力，终于使我国 12 亿人口日推迟 9 年到来。

二、对传统生育观念的伦理反思

环境伦理学认为，人类要有效地控制人口的增长，首先要提高人们关于人口问题的认识水平以及人口道德觉悟，树立科学的人口意识和生育

① 马尔萨斯：《人口原理》，第 179 页。
② 马寅初：《新人口论》，长春：吉林人民出版社，1997 年，第 68 页。

观念。

生育后代延续种群是任何生物正常的生命活动的组成部分，人类也不例外。从生理上讲，人是一种繁殖功能旺盛的动物。在生存条件极其恶劣，死亡率极高的自然状况下，正是这种旺盛的自然生殖功能使人类种族得以延续。世界上几乎所有的民族在早期都提倡多生，把多生视为美德，因为不多生，就保证不了基本人口数量，社会便难以维系。正因为如此，数千年来，在人类生活中就形成这样一种传统观念，把生儿育女、传宗接代看作婚姻和性行为的首要目的。

在中国古代的《礼记·昏义》中就讲道："昏礼者，将合二姓之好，上以事宗庙，而下以继后世也。"[1]也就是说，婚姻的目的就是继承家族的传统，繁育家族的后代。那时"不孝有三，无后为大"，妇女不能生育被看成极大的罪过。直到今天，在我国的一些生产力不发达的贫困农村地区，这种"多子多福""养儿防老""重男轻女"的传统生育观念还在起作用。我们认为，形成中国人口问题的严峻局面，虽然有着非常复杂的历史因素，但这种传统的生育观念和人口价值观可以说是一种不可忽视的重要原因。

在西方，早期犹太教、基督教也有关于婚姻与生育不可分的观念。在他们看来，生儿育女是性行为的基本目的，生殖是"性交的唯一道德的功能"[2]。《圣经》就要求："你们中间每一个男子或女子都应有孩子"。公元3至4世纪间，教皇列奥强调结婚必须生儿育女，中世纪教父奥古斯丁强调没有生育意向的婚姻是犯罪，干预生育是把新房变成妓院，夫妻不育而结婚如同通奸。新教路德也认为，夫妻结婚的目的就是生儿育女。这样的认识，也反映在早期传统哲学中。公元1世纪，斯多噶派的鲁夫斯认为，性交的目的是生育，否则是非自然的、错误的。新毕达哥拉斯派的鲁卡努斯认为，进行性交不是为了快乐，而是为了生育。亚历山大城的斐洛认为，为了快乐而性交是非法的，如果一个男子娶了一个已知不育的妇女，他就是行为不端。[3]

上述观念的一个严重后果，就是视避孕为不道德，从而反对把避孕作为节育的一个重要手段。如1930年12月31日教皇庇乌斯十一世发布的《婚

---

① 阮元校刻：《十三经注疏·下册》，北京：中华书局，1980年，第452页。

② R. T. 诺兰等：《伦理学与现实生活》，姚新中等译，北京：华夏出版社，1988年，第260页。

③ 邱仁中：《生命伦理学》，上海：上海人民出版社，1987年，第70页。

姻法》认为，避孕是"剥夺人繁殖生命的自然力，破坏上帝和自然的法律，干这种事的人犯了严重的、致命的过失"①。中世纪一位神父西萨留斯甚至视避孕为杀人，认为"避免多少次怀孕，就是杀多少人"②。

从以上我们可以看到，无论是中国还是西方，传统的生育观念都是把生育看作婚姻或性生活的唯一目的，认为它们是神圣不可分离的，并把避孕看成是不道德的。对这一传统的生育观念，我们有必要加以伦理的分析。

首先，环境伦理学认为生育不是婚姻或性生活的唯一目的。生育与性生活是有密切联系的，在一般情况下，性生活是生育的前提，但不能把过性生活看成就是为了生育。因为人不是动物，男女两性的结合是以爱情为基础的，正是由于爱情贯穿于人的性生活中，才使人的性行为具有了审美的愉悦和伦理的价值。生育仅是性生活的一部分，而不是全部。我们决不能从生育必须经过性生活的自然逻辑，推导出过性生活就必须生育的社会逻辑，否则，人性便会遭受可怕的扭曲。环境伦理学提倡性生活与生育相分离，爱情与婚姻相统一。因为只有把性生活与生育相分离，才能使节育成为可能，才能使人口控制真正实行；同时，只有把爱情与婚姻相统一，才能使男女双方最大程度获得性生活的欢悦，使人的自然本性得以肯定，从而激发生命的热情和创造力。这不仅有利于家庭的维系，后代的成长，而且还有利于培养双方对对方、对子女、对社会、对自然的责任心、义务感。

其次，环境伦理学认为生育不仅是个体私事，而且是关系人类种群的公事。生儿育女究竟是为了什么？这个问题涉及环境伦理学的人口价值观。从自然运行的法则看，所有的生物生儿育女都是为了种的延续，现代进化论告诉我们，任何生物进化的基本单位并非生物个体，而是生物种群，生育行为是由生物个体所表现出来的一种生物种群对环境的适应行为。可见，生育是关系人类种群的公事，而不仅是个体私事。在高出生率、高死亡率的人口模式起作用的生存条件下，多生有利于人类种族的延续，符合人类的根本利益，当然可以说是善的。在高出生率、低死亡率的人口模式起作用的生存条件下，多生会破坏人与自然的和谐，不利于人类种族的延续和

---

① 邱仁中：《生命伦理学》，第71页。
② 邱仁中：《生命伦理学》，第71页。

人类的根本利益，因而是恶的，少生才是善的。因此，对人类生育行为的价值评价，不应仅仅局限于个体或家庭的利害得失，而应扩展到人类社会来考察，看其是否有利于社会的和谐；更应扩展到人类与自然的关系，看其是否有利于生态环境的和谐，是否有利于人类在自然中的持续存在与发展。我们应树立这样的生育观和人口价值观，即生儿育女不仅是个人私事，而是关系整个民族、国家乃至全人类的前途和命运的公事。我们应当使人口的生产与物质资料的生产以及与自然生态环境保持相互平衡、相互促进，使人类的繁衍处在一个可持续发展的良好的高质量的自然生态环境和社会经济环境之中。

最后，环境伦理学认为判断人的行为是否道德，主要看这个行为是否有利于人与自然的和谐发展。在今天，由于人口的过度增长破坏了生态环境的平衡，威胁着人类在自然中的持续生存与发展，因而提倡运用避孕技术来节制生育控制人口当然是道德的。况且今天人们已不再把生育作为性交的唯一目的，特别是随着试管婴儿、体外受精的出现，人们越来越把生育与性交分离。另外，正像美国的约翰·莫克所指出的，避孕技术还"使男女双方在控制生育上处在了一种平等的地位。在以前，人们可能不情愿生那么多的孩子，但是，常常却不得不养育一大群儿女，女人不得不充当家庭主妇和母驴的角色，男人却成了种马，而且让养家糊口的重担压得喘不过气来。避孕技术把人们从这些重负中解放了出来"，"从而为他们的生儿育女做出计划和安排"。①现在随着避孕技术的提高，避孕已成为世界各国节制生育的首选方法，并被人们普遍接受。

三、人口控制的环境道德责任与环境伦理原则

人口控制是人类历史上从未遇到的一个新的伦理课题，它涉及人口控制的环境道德依据。人们有生育后代的权利，那么人们有控制生育的义务吗？对这个问题，环境伦理学必须作出回答。

1. 人口控制是人自觉的道德选择

众所周知，道德是由于人类的需要，由于认识到以合作的和有意义的

---

① 保罗·库尔兹：《21世纪的人道主义》，肖峰等译，北京：东方出版社，1998年，第231页。

方式共同生活的重要性而产生的。正是从这个意义上，我们说道德是人的自律，是人心中的法则，是人自觉意识到的、自觉选择的一种实现自我、完善自我的生存方式。人口控制正是人的这种自觉的道德选择。正如格林伍德和爱德华兹在《人类环境和自然系统》一书中所指出的，"酵母细胞的增长主要决定于养料和湿度，与此不同，人类却总是自觉地对有利于或不利于人口增长的一系列影响作出反应"①。比如，在传统的农业社会，由于需要家族力量的扩大来促进农业生产，人们比较倾向于生育更多的子女。而今天，在一些发达的工业国家，由于工作节奏的加快，孩子教养花费的增加，以及妇女为得到更多的个人自由，很多夫妇都选择不生孩子。可见，无论是人口的增长还是人口的控制，都不是生物学的问题，而是人的选择问题。人之所以能够进行选择，就因为人不同于动物，人是有意识的社会存在物，人有意志自由，人可以按照自己的意愿，通过选择自己的行为方式、生活方式来造就自己，影响自然。正因为人可以自由选择，所以，人也应该对自己的选择负责任。过去，传统的生育观念以及其他各种原因的影响，造成了世界人口爆炸性的增长，使人口的增长率超出了地球土地和资源的承载能力，引起了贫困、饥饿以及生态环境的危机，人类对此负有不可推卸的责任。环境伦理学认为，人口危机是涉及每一个人的事，今天，人们再也不能对此熟视无睹了，为了恢复并保持人口和土地、资源的平衡发展，为了给我们的子孙后代留下一个美好的生存和发展的空间，自觉地控制人口的增长，合理地有计划降低人口出生率，应该说是人类一种明智的、合乎伦理的选择。

当然，人的任何一种选择都是受他所处的社会政治、经济、宗教、法律等诸多因素影响的，因此，在人口控制问题上存在着各种不同观点。如有的发展中国家认为，那些富裕国家急于要穷国控制人口的增长，只不过是为了逃避对受其剥削的穷国在道义上的责任。因此，他们往往把消除人口压力寄托于外来援助上，对本国人口控制并不采取积极措施。还有的认为国家的发展与人口增长成正相关关系，人口危机、贫困、饥饿只是少数国家的事，因此没有必要控制人口增长和实施计划生育。其实，早在1974年召开的世界人口会议上，人口问题已被正式确认为一个国际性的问题。

----

① N. J. 格林伍德、J. M. B. 爱德华兹：《人类环境和自然系统》，刘之光等译，北京：化学工业出版社，1987年，第440页。

1987 年世界环境与发展委员会通过的报告《我们共同的未来》中也强调指出：许多环境问题是跨越国界的，"虽然引起这些危险的活动往往集中在少数国家，但危险却要大家共同承担，不管是富国还是穷国，也不管是从这些活动中得利的国家还是不得利的国家"。这是因为我们共同生活在一个地球上，我们所处的世界是相互依存的民族—国家构成的统一体，无论在这个星球的某一部分发生什么，都会影响到其余部分。这就要求各国超越文化和意识形态等方面的差异，采取协调合作的行动，这样才能更好地解决人口、环境与发展的问题。

2. 人口控制的环境道德义务与责任

生儿育女是人的自然本能，正是这种本能，使人类种族得以延续。因此，生育是人类生活的一个重要环节，是人生存的基本权利。一个人在一生中是否生育孩子，生几个孩子，是由个人自主决定的，因此，生育自由作为不可剥夺的基本人权，具有很强的自主性和自利性。但是这不意味着人的生育自由的权利是无限的。因为，人不仅是自然的存在物，而且是社会的存在物，社会性是决定人之所以为人的本质属性。正是人的社会性决定了个人在行使生育自由权利时，必须要顾及个人对他人、对整个人类社会以及生态环境应负的责任。《相互依存宣言》指出，"我们每一个人都是（1）人类物种的一员，（2）地球行星的一个居住者，（3）世界共同体的一个整体部分"，因此，"我们每一个人对世界共同体都承担着责任"。[1]

同时，我们还应认识到权利与义务、自由与责任是不可分的。马克思曾说过："没有无义务的权利，也没有无权利的义务。"[2]伦理学家弗莱彻也讲过，"自由是责任的另一面"[3]。这就告诉我们人的自由权利并不是无限的，而是有条件的。正如列奥纳德·斯威德勒在《全球伦理普世宣言》中讲到的，自由作为人的本质，首先，要以"不侵犯他人的权利或表现出对有生物或无生物适当的尊重"为前提；其次，"行使人的自由的方式应该促进一切人的自由，促进对一切生物和无生物的适当的尊重"。只有这样，

---

① 保罗·库尔兹：《21 世纪的人道主义》，第 407 页。

②《马克思恩格斯选集：第 2 卷》，北京：人民出版社，1972 年，第 137 页。

③ 约瑟夫·弗莱彻：《境遇伦理学》，程立显译，北京：中国社会科学出版社，1989 年，第 68 页。

每个人才有"自由行使和发展每一种能力"的权利。①可见，权利和自由的任何行动，必须以责任和义务为前提，责任和义务作为自由的条件是对自由的适当限制和约束，没有责任感，权利就不能持久。因此，在伦理和价值观的领域，必须实现这样一种转变，即每一个人都拥有内在的尊严和不可让渡的权利，同时每一个人对自己的行为和不为也都负有不可逃避的责任。

生育自由是人的基本权利，父母有权决定他们要不要生孩子或生多少个孩子。但我们不能忘记，地球承载人口的能力是有限的。如果盲目多生孩子，无限制地扩大人口数量，势必造成人类生存空间的紧张，导致对各种资源的过度开发和消耗。个人生育过多的孩子，实际上就是侵占了本应属于社会其他成员的生存资源，造成对其他人的基本生活权利的侵犯。不仅如此，生育过多的孩子，还会危害到我们子孙后代的利益。未来世代人的权利，在一定意义上是由当代人赋予的。未来世代人的整体规模和结构与当代人的人口行为息息相关。如同当代人继承了我们先辈们的生产和生育的后果一样，未来世代人也是在一个给定的人口环境中，开始他们对可持续发展的追求。如果由于当代人口的过度繁殖造成社会结构失衡、地球资源匮乏和环境污染，那就不仅影响到我们这一代人，而且还会危及我们的子孙后代。因此，为了人类的整体利益，个人的生育权利就应该加以限制。正如伦理学家弗莱彻所说的，"如果个人的权利和人类的要求发生冲突，那么权利应当让位于需要……权利不过是依一定人类需要的社会对个人行为的某种形式的认可，当要求随着变动的条件而改变时，权利也应当随之改变"②。

总之，我们主张在承认个人生育自由的神圣权利的同时，也应该承认每个人为了人类整体的利益和可持续发展，负有自觉控制生育的道德义务与责任。因为"如果人类要生存下去，就必须发展一种与后代休戚与共的道德情感，并准备拿自己的利益去换取后代的利益。如果每一代人都只顾追求自己的最大享受，人类几乎就注定要灭亡"③。正是在这个意义上，我们说人口控制是可持续发展对当代人的生存伦理提出的更高的道德

① 孔汉思、库舍尔：《全球伦理——世界宗教议会宣言》，何光沪译，成都：四川人民出版社，1997年，第159页。

② 高崇明、张爱琴：《生物伦理学》，第219页。

③ 王伟：《生存与发展——地球伦理学》，北京：人民出版社，1995年，第62页。

要求。

3．人口控制的环境伦理原则

人口控制的环境伦理原则主要包括以下几个方面：

（1）可持续发展的原则 对当代和未来世代人口福利的同样关注是可持续发展人口观的重要内容。人口活动的一个显著特点是人口惯性和滞后效应，当前的生育行为在影响现实社会经济生活的同时，其主要作用是向未来延伸的，从而使人口生产成为关系当前和未来整个社会发展与社会福利的事务。当然人类生育行为的基本目的是人类自身的繁衍，尽管这种行为本身具有代际延续和整体生存的意义，但是，它不会自发地使人口增长符合社会和未来世代的利益。因此，需要我们自觉地实施人口控制计划，使人口增长的速度既符合当代人的利益，又照顾到未来人的利益，同时与生态环境相和谐。可见，在人口控制中坚持可持续发展的原则，就是要为当前和未来提供一个数量合理、质量优化的人口群。

（2）社会整体利益高于个体利益的原则 环境伦理学作为现代新型伦理学，是以人类与自然相统一的可持续发展为出发点的，公开主张整体利益高于个体利益的原则，认为维持人类与自然相统一的整体利益是每一人类个体的道德责任与义务。责任和义务是对人类个体自由或自主权利的适当限制和约束，环境伦理学的主旨就是要使人类个体把对人类整体利益的责任与义务变成自己的自由或自主的决定，培养人类个体为人类和自然的整体利益牺牲的精神。

（3）生育自由与生育控制相统一的原则 正如前面所论述，无论是生育还是节育都是人的基本权利，都应当受到人们的尊重。现在，世界上已经有越来越多的人认识到了这一点。1988 年在美国召开的第十届国际人道主义和伦理学会世界大会上通过的《相互依存宣言：一种新的全球伦理学》，已经把"生育自由"和"生育控制"同时作为应当受到尊重的人的基本权利①。

（4）优生优育的原则 人口控制不仅有一个数量问题，而且还有一个质量问题。这就是说不仅要把人口数量控制在一个适度范围内，还要通过优生优育提高人口质量，即人口素质。人口素质一般是指思想道德品质、科学文化水平和身体健康状况这三个方面。有的时候，提高人口素

---

① 保罗·库尔兹：《21 世纪的人道主义》，第 406 页。

质要比控制人口数量显得更重要。所谓优生，是针对身体素质而言，主要是提高人口的自然遗传质量。运用生物医学技术，通过进行婚前指导、遗传咨询、产前诊断等，防止或减少先天生理、心理缺陷的子代出生，这样可以有效地降低人类整体中出现不利基因的频率，从而提高人口质量。所谓优育，主要是通过文化、教育等手段，培养孩子的思想道德素质，提高孩子的科学文化水平，为孩子们提供尽可能好的精神和物质的生长环境。人口素质的提高关涉中华民族的未来，对此，我们必须加以高度重视。

参考文献：

[1]高崇明、张爱琴：《生物伦理学》，北京：北京大学出版社，1999年。

[2]关伯仁主编：《环境科学基础教程》，北京：中国环境科学出版社，1995年。

[3]南亮三郎编：《人口论史——通向人口学的道路》，张毓宝译，北京：中国人民大学出版社，1984年。

[4]亚里士多德：《亚里士多德选集：政治学卷》，颜一编，北京：中国人民大学出版社，1999年。

[5]马尔萨斯：《人口原理》，朱泱、胡企林、朱和中译，北京：商务印书馆，1992年。

[6]马寅初：《新人口论》，长春：吉林人民出版社，1997年。

[7]阮元校刻：《十三经注疏：下册》，北京：中华书局，1980年。

[8]R. T. 诺兰等：《伦理学与现实生活》，姚新中等译，北京：华夏出版社，1988年。

[9]邱仁中：《生命伦理学》，上海：上海人民出版社，1987年。

[10]保罗·库尔兹编：《21世纪的人道主义》，肖峰等译，北京：东方出版社，1998年。

[11]N. J. 格林伍德、J. M. B. 爱德华兹：《人类环境和自然系统》，刘之光等译，北京：化学工业出版社，1987年。

[12]《马克思恩格斯选集：第2卷》，北京：人民出版社，1972年。

[13]约瑟夫·弗莱彻：《境遇伦理学》，程立显译，北京：中国社会科学出版社，1989年。

[14]孔汉思、库舍尔编：《全球伦理——世界宗教议会宣言》，何光沪译，成都：四川人民出版社，1997年。

[15]王伟主笔：《生存与发展——地球伦理学》，北京：人民出版社，1995年。

（本文原载于《南开学报》2003年第2期）

论权利的合理性基础

常　健

　　每当谈及一种权利，我们势必要追问这种权利的合理性根据。这种追问可以有不同的深度。对普通人来说，一项具体的合约或法规便可以作为某项权利的合理性根据。对于一个法学家来说，对权利合理性的追问，便意味着要为这种具体的契约或法律找出更基本的法律根据。然而，对哲学家来说，对权利合理性的追问，还必须深入到更基础的层次，必须对有关权利的所有法规的合理性从根本上予以说明，这意味着必须从整体上给出权利规范的合理性标准。

　　围绕对权利合理性的哲学解说，西方哲学界存在着三种不同的理论。这些观点虽然都从某一角度揭示了权利合理性的基础，但却未能从整体上对权利的合理性基础作出圆满的解说。本文将首先对这三种权利理论作出具体的分析和评价，然后提出作者所主张的权利基础的历史正义论，作为对权利合理性基础的新的探索性解释。

一、西方关于权利合理性基础的三种理论

　　（一）以人类本性为基础的自然权利理论

　　自然权利理论认为人类具有一种不变的自然本性，通过对这种自然本性的确认，就可以确定人类应当相应享有的正当权利。自然权利学说的主要代表是格老秀斯、霍布斯、斯宾诺莎和洛克等人。荷兰法学家格老秀斯认为，宇宙是由合乎理性的自然法统治着的。对人来说，自然法来源于人的理性和自然本性。因此，作为理性动物的人就拥有一种自然权利，可以

正当地拥有某些东西或做某些事情。①英国哲学家霍布斯认为，在自然状态下，每个人都拥有"利用一切可能的办法来保卫我们自己"的"自然权利"。他说："著作家们一般称之为自然权利的，就是每一个人按照自己所愿意的方式运用自己的力量保全自己的天性——也就是保全自己的生命——的自由。因此，这种自由就是用他自己的判断和理性认为最合适的手段去做任何事情的自由。"②荷兰哲学家斯宾诺莎也指出："每个个体应竭力以保存其自身，不顾一切，只有自己，这是最高的律法与权利。所以每个个体都有这样的最高的律法与权利，那就是，按照其天然的条件以生存与活动。我们于此不承认人类与别的个别的天然之物有任何差异，也不承认有理智之人与无理智之人，以及愚人、疯人与正常人有什么分别。无论一个个体随其天性之律做些什么，他有最高之权这样做，因为他是依天然的规定而为，没有法子不这样做。"③另一位英国哲学家洛克指出，自然法规定了每个人都自然享有生命、自由和财产三大自然权利。但自然状态缺少执法官、成文法和固定的奖励办法，人们的嗜好和偏见常常会影响自然法的公平实施。于是，为了保障个人的自然权利，人们放弃自己惩罚他人的权利，将其交给根据契约建立的政府，这就是国家的形成。但在结成国家的过程中，人们并没有放弃生命、自由和财产三大自然权利，因为这些权利是不可放弃或转让的。是否尊重这些权利，是政府自身合法性的首要条件。如果统治者企图取得对人民的绝对权力，变成独裁者，人民便有权反叛。④

由人的自然本性来推论权利的正当性，面临着理论上的困难。人是一种社会性的存在，因而确定人的自然本性包含着逻辑上的矛盾，这实际上是要求用人的自然特性来说明人的社会本质。同时，权利在本质上是一种社会关系，这种关系的确立实际上是对人的自然特性的限制。而应当如何对人的自然特性加以限制，显然不能仅仅由人的自然特性本身来说明，而必须进一步诉诸人的社会存在方式。尽管如此，自然权利学说仍然为论证权利的合理性提供了一个重要的视角。它揭示了人的生存的内在矛盾。一

---

① 格老秀斯：《战争与和平的权利》，转引自周辅成：《西方伦理学名著选辑（上卷）》，北京：商务印书馆，1964年，第582-585页。

② 霍布斯：《利维坦》，黎思复、黎廷弼译，北京：商务印书馆，1986年，第97页。

③ 斯宾诺莎：《神学政治论》，温锡增译，北京：商务印书馆，1982年，第212-213页。

④ 洛克：《政府论（下篇）》，叶启芳、瞿菊农译，北京：商务印书馆，1964年，第5-12页。

方面，人总是追求自由；另一方面，人又要寻求自我保护。在人与人的社会交往中，如果每个人都要求绝对的自由，那么每个人的自身安全就要受到他人严重的威胁。如果要保障个人的安全，个人就不得不在一定程度上放弃个人的自由。而建立一定的权利规范，实际上就是要在这二者之间确定一种最佳的平衡方式。在霍布斯和斯宾诺莎的社会契约论中，每个人应当放弃所有的个人自由，只保留维护生命的自由。在洛克所主张的社会契约论中，个人仍然保留着生命、自由和财产三大自由权利。但是，他们未能说明保留这种或那种自由的社会依据，只是将其说成是由人的自然本性决定的，因而在一切社会条件下都永恒合理。这不仅在理论上难以找到充分的依据，而且也难以解释在人类社会发展过程中权利状况的实际变化。

（二）社会正义理论

许多哲学家看到了自然本性不能为权利的正当性提供合理的根据，于是转向对社会正义原则的探讨，试图在所谓"分配正义"的更广泛的理论框架内为权利找到根据。正义理论所要确定的是一个人在社会中应当得到什么，而从他应当得到什么似乎就可以推知他有权利得到什么。

在自然权利学说中，也涉及正义的原则。但主张自然权利的哲学家通常是将自然权利作为原初概念，而将正义作为由权利派生的概念。例如，霍布斯就认为，权利转让产生了"所订信约必须履行"的所谓"第三自然法"，而这一自然法中就包含着正义的源泉。然而，正义论者却不同意自然权利学说的这一观点。他们认为，权利概念并不是原初的概念。相反，它是由正义概念派生的。露斯·麦克林指出："我以为权利应当被合理地理解为派生的道德概念。我同意约翰·斯图亚特·穆勒的观点：我们称之为权利的东西是与我们所采纳的正义理论暗地里密切相联的。倘若要对权利之存在及权利冲突的客观解决最终作出系统的判断，必须以完满的正义理论为中介，例如当代哲学家约翰·罗尔斯在其著作《正义论》一书中所倡导的理论。……如果人们关于权利主张的合法性的看法不一致，原因可能在于他们关于社会正义的基本规定的看法不一致。"①

正义论的研究可以追溯到亚里士多德所提出的正义的形式原则。他将正义区分为分配中的正义、补偿或奖惩中的正义以及交换中的正义三个形

① 露斯·麦克林：《道德关系和诉诸权利与义务》，载《哈斯丁中心报告》，1976年10月，第37-38页，转引自汤姆·彼彻姆：《哲学的伦理学》，雷克勤等译，北京：中国社会科学出版社，1990年，第319页。

态，但无论哪一个形态的正义，都是比例上平等的，即同样的情况应当同样地对待。具体来说，就是平等的应当平等地对待，不平等的应当不平等地对待。这一原则被称为正义的形式原则，它没有确定平等的具体方面，只是确认了正义原则的逻辑形式。也正因为如此，它被视为一切正义理论共同承认的最低限度的原则。

尽管从正义的形式原则可以推出个人获得平等对待的权利，但是它却没有具体确定平等的内容。人与人之间的差别是多方面的。如果不能确定哪些差别必须被区别对待，哪些差别不应当被区别对待，就无法确定正义的具体标准，从而无法确定权利的具体内容。因此，如果正义理论真正要为权利的合理性提供现实的根据，就必须进一步指出具体确定平等内容的方法，用正义的现实原则来补充正义的形式原则。在涉及正义的现实原则方面，当代最著名的理论是自由主义的正义理论和平等主义的正义理论。下面我们分别对它们加以分析。

1. 自由主义的正义理论

自由主义的正义理论强调，分配的正义性并不在于分配的最终结果是否平均，而在于分配的程序是否正当。正当的分配程序，应当根据个人的自由权利。当人们根据个人的自由权利选择自己对社会的贡献方式时，社会就应当根据每个人对社会所作出的实际贡献来分配经济负担和经济利益。既然人们所作的贡献是他们自由选择的结果，因此按照各人的贡献进行分配就应当被认为是相称的。当代自由主义正义理论的最著名的代表人物罗伯特·诺兹克将这种正义的现实原则概括为"拿走他自愿放弃的，给予他自己选择的"[①]。按照这种理论，正义不在于任何具体的分配结果，而在于不受阻碍地运用某种公平的程序。因此，任何强加的分配模式，都违背了正义，因为它侵犯了个人的经济权利。

自由主义的正义理论并不能满足我们为权利的合理性寻找基础的愿望。因为它将权利设定为正义的基础，认为正义就是运用适当的程序使个人的权利得到尊重。然而，我们的问题恰恰在于究竟是什么原因使我们可以将权利本身看作正义的。同时，自由主义所说的权利，又仅仅限于经济上的自由权利，而我们希望通过正义理论推出的权利，却要更加广泛。例

---

① 罗伯特·诺兹克：《无政府、国家和乌托邦》，转引自汤姆·彼彻姆：《哲学的伦理学》，雷克勤等译，北京：中国社会科学出版社，1990年，第319页。

如，受教育的权利、健康的权利以及社会保障的权利，就远远超出了自由权利的范围。

2. 平等主义的正义理论

平等主义的正义理论认为个人之间的平等优先于其他一切分配标准。平等主义有许多种不同的形式。最极端的平等主义主张人与人之间的差别是毫无意义的，因此，对社会负担和社会利益的分配必须达到绝对平等的程度才称得上是正义的。然而，大多数平等主义者却对平等的方面有所限制，并不认为个人仅仅是人类社会的成员就应当有绝对平等地分享社会利益的权利。但是，他们仍然认为，对满足人类基本需要的那些利益进行平等分配是必要的。当代哲学家约翰·罗尔斯所提出的正义理论，就是这种有限制的平等主义的最著名的代表。他的理论力图对个人的自由权利给予平等主义的限制。

在罗尔斯看来，正义原则要提出社会基本制度中权利和义务的确认方式，规定社会合作中利益和负担的恰当分配。正义反对以其他人更好地享有权利为借口而剥夺某些人的自由，它不允许以大多数人应享有更大利益为借口而把牺牲强加于少数人。罗尔斯认为，要制定有效的正义原则，就要假定我们处于实际社会之外，对自己所具有的天赋、才能等特质一无所知，借助这种"无知之幕"，通过自由公正的讨论，人们就能够对正义原则达成一致。在这种情况下，罗尔斯相信人们会同意如下的正义原则："第一项原则：每一个人都必须享有最大限度的基本自由的平等权利，这个自由与其他人的类似的自由相一致。第二项原则：社会的和经济的不平等必须是这样地形成的：（a）应该有理由期望这些不平等对每一个人都是有利的；（b）取得地位和公职的机会对全体开放。"[①]他认为，第一项原则确认和保证公民的平等的自由。在一个正义的社会中，所有公民都应平等地享有一些基本权利，包括政治自由（选举权和担任公职权）及言论自由和集会自由；良心自由和思想自由；持有个人财产的自由；依法不受任意逮捕和剥夺财产的自由。第二项原则适用于收入、财富和权力的分配。虽然财富、收入和权力的分配无法做到平等，但它必须合乎每个人的利益。他进一步认为，在这两个原则中，第一项原则优先于第二项原则。这意味着违反第

---

① 约翰·罗尔斯：《正义论》，何怀宏等译，北京：中国社会科学出版社，1988 年，第 2 章第 10 节。

一项原则所要求的平等自由制度，并不能因较大的社会经济利益而得到辩护或补偿。财富和收入的分配及权力的等级制，必须同时符合公民的自由和机会平等原则。

显然，罗尔斯的正义理论不同于极端平等主义。他认为平均分配不能作为唯一的根本原则。如果有些不平等比最初的平等能给每个人带来好处，同时这种不平等与自由和公平机会的原则相符合，那么它们就是可以要求的。同时，罗尔斯认为，他容许不平等的方式也不同于功利主义。功利原则要求使最多的人获益，容许受损失的人所丧失的利益以其他人所获得的利益作为补偿。相反，正义的两项原则要求每个人均能从社会的和经济的不平等中获得利益。他进一步具体指出，只有当不平等能最大地提高处于极不利条件下的人们的地位，这些不平等才可以被视为合理。因为个人所具有的很多特质并不是他个人选择的结果，个人不应当对其负责。因而，由这种特质所造成的不平等，应当得到补偿。

罗尔斯的理论同样面临着一些难题。首先，它假定人们在对自己所具有的特质无知的状态下，一定能够制定出最合理的正义原则。然而，这一假定却缺乏严格的逻辑基础。谁能保证人们在这种"无知"的状态下不会制定出一种危险的社会制度呢？其次，罗尔斯主张社会所容许的不平等应能最大地提高处于极不利条件下的人们的地位。但是，社会为什么要较多地考虑处于不利地位的人的需要，而较少地考虑处于有利地位的人的需要呢？这本身是否符合正义的平等原则？最后，罗尔斯在考虑社会分配原则时，只考虑到了对社会现有利益的分配，却不考虑这种利益的产生过程。就像诺兹克所批评的，他把社会产品错误地当作了自天而降的甘露，而没有考虑它们是个人劳动所创造的。①

从以上分析中，我们可以看到，这两种不同的正义理论都只是从各自不同的角度解说了正义，并在各自的基础上解释了权利的合理性。自由主义者认为权利的合理性就在于它保护了个人平等地享有自由，并将个人自由视为神圣不可侵犯。而平等主义则认为权利的合理性在于保障了个人之间的平等，不仅保障了个人享有平等的自由权利，而且保证了对由于个人所无法负责的偶然性而处于不利地位的人予以合理的补偿。从他们各自不同的正义概念中，可以推论出不同的权利概念。自由主义的正义理论为各

---

① 罗伯特·诺兹克：《无政府、国家和乌托邦》，第 372 页。

种自由权利奠定了基础，但同时也否认了受教育、医疗保健、社会保障等社会权利的合理性。而平等主义的正义理论则不仅为平等的自由权利奠定了基础，而且也为补偿处于不利地位的人们的社会经济权利奠定了基础。这样，关于权利合理性的争论并没有得到解决，而只是转换为关于何为正义的争论。然而，这一转换却使问题深化了。在关于现实正义原则的争论中，权利本身所包含的自由与平等之间的矛盾被展现和揭示出来。在确定具体权利的过程中，我们不可避免地遇到自由权利与平等权利之间的冲突。从形式上看，自由权利要保护的是人们的选择自由，并要求根据人们的自由选择分配给人们应得的份额。而平等权利要求保障个人的需要或基本需要，并补偿由于各种偶然因素导致的各种利益享受上的差别。从抽象的角度看，很难说这两种要求哪一种是不合理的。然而在现实中，如果我们绝对保障个人的自由权利，就要容忍在最终利益分配上的不平等。同样，如果要保障个人的平等权利，就要在一定程度上限制个人的自由权利。类似这样的权利悖论，在权利问题的讨论中几乎比比皆是。为此，哲学家们提出了很多解决权利悖论的途径，如将权利分为基本权利和非基本权利，使基本权利置于优先地位，并使其成为限制非基本权利的合理根据。而正义论中的自由主义与平等主义的争论，既是这种解决方式的最深层体现，也是这种解决方式无助于解决问题的最有力说明。自由主义者将自由原则说成是最优先的原则，反对用平等分配来限制自由权利。平等主义者则将平等原则说成是最基本原则，主张可以根据平等的需要来限制自由权利。然而，仅仅从抽象原则的角度，我们究竟有多少根据来断定自由和平等应当孰先孰后呢？它们都是人类所珍视的价值原则，难道它们本身不应受到平等的对待吗？

实际上，如果认真分析各种权利悖论，就不难发现，这些悖论并不是纯概念的背反，而是在一定的现实基础上产生的悖论。假定社会已能生产出充分丰富的物质和精神产品，可以充分满足每个人的需要，那么平等分配的要求还能够限制自由权利的实现吗？我们这样假定，并不是要将解决自由与平等的矛盾推向遥远的未来，而是要表明这种矛盾是在一定现实条件下产生的，因此也应当根据对现实条件的具体分析来寻找解决这一问题的现实途径。在这个意义上，对自由与平等这一矛盾的解决，不应当是纯思辨的，而应当是历史的；不应当仅仅追求概念上的完满一致，而应当考虑与现实生活要求的符合。而功利主义的权利理论就力图将对权利合理性的讨论与现实生活的具体过程联系起来。

（三）功利主义的权利理论

功利主义的主要代表人物是休谟、边沁和穆勒。功利主义者认为，道德理论是以人生的普遍目的的理论为基础的。人生的普遍目的是趋乐避苦，因此，功利或追求最大幸福可以被作为道德的基础。所谓幸福，就是指快乐与避免痛苦，而与其相对的不幸，就是指痛苦和丧失快乐。在此基础之上，功利主义的道德原则可概括为："行为的正确与该行为增进幸福的趋向成比例，行为的错误与该行为产生不幸的趋向成比例。"[①]功利主义者进一步认为，正义在于对权利的维护。而社会所以要维护个人权利，其根据在于功利的考虑。穆勒指出："拥有一种权利就是拥有社会应保护我享有的东西。如果反对者继续问：为什么社会应该保护我的权利？那么我只能说，这是因为普遍的功利，除此别无其他理由。"[②]

功利主义者所面临的一个最大的问题，就是有可能通过功利的计算导出否定权利的结论：假如在社会中实行奴隶制会给社会中的大多数人带来更多利益，难道就应当因此将否认奴隶的权利视为正义吗？当代正义论哲学家约翰·罗尔斯甚至更激烈地认为，按照最大功利进行产品分配，必定违反个人自由和平等的权利，而社会正义恰恰应当保证个人的自由和权利。他指出："每个人皆享有不可侵犯性，这种不可侵犯性是以正义为基础的，即使全社会的福利也不能够凌驾于其上。"[③]

然而，问题在于我们考虑正义和权利时，能否将功利的考虑完全置之度外？显然，权利合理性的问题涉及功利与公平的关系问题。就现实的权利来说，它在形式上保证的是公平，而不是具体的功利，它对现实的功利计算构成了一种限制。如果我们将某种利益或行为方式称为公民的权利，那么在评判其合理性时，就要完全排除功利性的考虑。即使这种行为不能为社会带来任何功利，它仍然不能被认为是一种不正义的行为。在这个意义上，公平与功利是相互对立的。然而，当我们深入探讨什么是真正的公平，研究我们为什么坚持这样一种公平而不是那样一种公平时，我们就会发现，在这一层次上，公平与功利并不是完全对立的。尽管我们不能完全

---

① 约翰·穆勒：《功利主义》，转引自汤姆·彼彻姆：《哲学的伦理学》，雷克勤等译，北京：中国社会科学出版社，1990年，第112页。

② 约翰·穆勒：《功利主义》，第117页。

③ 约翰·罗尔斯：《正义论》，第3页。

同意功利主义的观点，将正义和公平完全定义为最大的社会功利，但我们不能否认公平与功利仍然有某种联系。在我们确立何为公平时，我们并不能完全排除对这种公平原则所导致的社会后果的考虑。特别是当我们对各种不同的公平原则进行选择时，不能不对它们各自所可能导致的社会后果作出比较。其实，即便是那些反对功利主义主张的正义理论，也以某种形式潜在地包含着对后果的考虑。例如，诺兹克在批评罗尔斯时，就认为罗尔斯将社会产品当作了从天而降的甘露，而没有考虑它们是个人劳作的产物。然而，根据个人劳作来分配劳动产品并不是一个永恒的正义原则，而只是在社会产品不能充分满足所有人的需要的条件下，为维护社会的正常生产而选择的分配原则。在这里，后果和功利的考虑显然是在发挥作用。这表明，公平和正义的现实界定并不能完全依据于某种抽象的原则，而必须考虑到现实社会的条件及其所可能造成的社会后果。因此，在我们考虑公平和正义原则时，问题并不在于如何完全排除对功利和后果的考虑，而是应以何种方式将功利的考虑历史地纳入正义和权利的框架之中。

二、权利基础的历史正义论：权利合理性的圆满解释

从上述对三种西方权利理论的分析中可以看出，无论将权利的基础单一地归结为人的本性、正义原则还是功利计算，都很难对权利的合理性作出圆满解释。其实，上述理论之所以面临种种困难，其根源正是在于它们都企图将权利的合理性归于某个单一的基础之上。笔者认为，对权利合理性的圆满解释，应当建筑在三重基础之上：个人对自由和安全的追求，构成了权利的主体性基础；人际交往中对正义规则的要求，构成了权利的逻辑规范基础；而社会在不同历史条件下生存和发展的前提条件，构成了权利的现实基础。

（一）对自由与安全的追求是权利的主体性基础

从内容上说，权利是对人所享有的自由和利益的肯定和限制。因而，权利的存在，一方面说明了人是一种追求自由和利益的存在，另一方面也说明了对人的自由和利益追求必须予以有限制的肯定，而这种限制性的肯定是由于人的生存中自由与安全之间的内在矛盾。

首先，人是一种自由的存在。这种自由不仅表现在他可以超越现实条

件对他的束缚，通过改造现实条件来满足自己的愿望，而且表现在他可以超越本能对他的束缚，自由地选择自己的生存方式。正是这种自由，构成了人与动物的区别，也构成了人的尊严。这种自由一旦被完全否定，人便失去了做人的尊严。然而，人毕竟还是一种自然的存在，不是神仙般的自由自在。保存自身，是人存在的先决条件。他是血肉之躯，随时可能被其他更强大的力量摧毁。因此，对自身安全的追求，同样是人的最基本追求。然而，人的自由与人的安全之间却存在着内在的矛盾。作为自由的存在，人可以将整个世界变成自己的工具和手段。但与此同时他却必须面对许多同样自由的竞争者，即他的同类。既然每个人都是自由的存在，每个人都企图将整个世界变成自己的世界，那么人与人之间的冲突就是不可避免的。这样，每个人在追求自由的同时，就不得不随时考虑他人对自身的威胁。然而，人不能像屠杀动物那样完全靠屠杀同类来保障自己的安全。这一方面是因为屠杀同类会使自身同样受到被同类屠杀的更大威胁；另一方面，由于个人的力量非常有限，要想征服自然，就不得不与其他人合作。正是追求自由和追求安全这两种人的基本存在方式本身的相互矛盾，导致了对二者予以有限制的肯定的需要。不加限制地肯定个人自由，就会对每个人的安全构成极大威胁；完全取消个人自由，就会导致否定人性并使社会失去活力。在现实中，社会中各种力量最后冲突的结果，总是以某种方式达成了自由与安全的某种限制性平衡，使每个人的自由都受到某种限制，从而在这个限度内保障每个人的人身和财产安全。而权利就是这种平衡的产物。它以法律、道德或习俗的方式，规定个人在什么限度内可以享受自由，在什么限度内可以保障安全。从这个意义上可以说，权利是人对自由的追求和对安全的追求相互制约的结果。

（二）社会正义原则是权利的逻辑规范基础

要使对自由的限制能够达到使每个人都获得安全保障的目的，自由和利益在主体间的分配就绝不能是完全任意的，而应当遵循某种人们能够共同接受的规则。人们将这种共同接受的分配规则称为正义或者公平。自由和利益的分配只有当符合社会正义原则时，才会被社会中的人们承认是合理的。在这个意义上，社会正义原则是权利合理性的规范基础。

在我们讨论社会正义法则时，首先应当区分社会正义法则的逻辑形式和它的现实内容。正义在各个不同历史时期具有不同的现实内容，然而无论这些正义原则的内容如何不同，它们应当具有共同的规范形式，否则就不能被纳入正义这一范畴。各种不同的正义原则所共同具有的规范形式，就是正义原则的逻辑形式。什么是正义的形式法则呢？我认为正义的逻辑形式就是亚里士多德提出的比例平等，即同样的情况应当同样地对待。这一原则不能等同于否认任何差别的绝对平均分配，因为绝对平均分配已经涉及了分配的具体方式，而我们在这里所谈的是分配的逻辑形式。就这种逻辑形式来说，它可以逻辑地分解为以下两个命题的合取。其一是平等的应当平等地对待，其二是不平等的应当不平等地对待。与这一正义原则相对的是不正义原则，其规定为对同样的情况予以不同的对待。它也可以逻辑地分解为两个命题的合取，即对平等的予以不平等的对待和对不平等的予以平等的对待。

正义的形式原则构成了权利分配的逻辑基础。它要求对自由和利益的分配必须采取统一和一致的尺度，不能任意化。只有当自由和利益是以统一和一致的方式来分配时，对这种自由和利益的享有才能成为权利。相反，如果自由和利益的分配不是以统一和一致的方式来进行，而是完全根据某些人的主观意愿随意施予，那么这样分配的自由和利益就不是以权利的形态存在的，而是以恩惠形态存在的。施予者可以随时根据自己的意愿收回所施予的自由和利益，同时，被施予者必须对施予者感激涕零，而决不能认为这种自由和利益的获得是理所当然。在这种施予与被施予的关系中，并不存在正义与非正义的问题，我们只能以慷慨或吝啬、仁慈或冷酷这类道德用语来评价这种行为。相反，当社会以统一和一贯的方式分配自由和利益时，人们对所应当获得的利益就有了正当的要求权。当人们没有获得应得的自由和利益时，就有理由将这种分配视为不公正的，并有权要求得到补偿。

尽管正义的形式原则对正义作出了形式上的规定，但这种正义的逻辑形式却并没有对具体的分配方式作出规定，因此它可以向各种不同的权利分配原则开放。人们可以从不同的角度规定平等所涉及的具体方面，而当所设定的具体方面不同时，平等的含义也完全不同。显然，我们能确定人与人相同或不同的多少方面，就可以根据正义的逻辑形式推演出多少种不同的正义原则。因此，要确立权利的合理性基础，我们不仅要诉诸正义的形式原则，而且还要诉诸正义的现实原则。然而，要在各种不同的正义原则中确定哪一种是合理的现实原则，却不是仅仅靠逻辑推论就能解决的。既然各种相互冲突的正义原则都不违反正义的形式原则，那么我们就不能期待用一种符合逻辑的方式找到一种永恒和唯一的现实正义原则。从这一观点来看，无论是自由主义还是平等主义，当他们将自己的现实正义原则认为是永恒的正义原则时，他们就从出发点上犯了致命的错误。我们的分析业已表明，唯一永恒的正义原则，只是正义的形式原则，而正义的现实原则的合理性，并不能从其是否符合正义的形式而得到完全的确认。因此，对正义现实原则的合理性的论证，就不能不考虑现实的社会条件。

（三）社会赖以生存和发展的前提条件是权利合理性的现实基础

权利的合理性不能仅仅用正义的形式原则来加以判定，而应考虑到它是否与一定的社会条件相容。然而，用什么标准来判断权利是否与社会条件相容，却是一个需要认真研究的问题。

功利主义者在论证权利的合理性时，将权利的合理性与其在社会中的实际后果联系起来。他们认为，权利的合理性在于能够给最大多数人带来最大的功利。这一思路显然具有重要的启发意义。但功利主义的这种理论存在三个问题。首先，从后果来判断一种权利的合理性过于宽泛。并不是任何可以给社会中最大多数人带来最大功利的社会关系都能够被规定为权利。其次，从社会后果来判断权利的合理性缺乏稳定性。具体的社会后果会根据社会的实际情况而经常变化，但权利是一种稳定的社会规范，如果其合理性要根据它的社会后果来确定，那么它就会失去其稳定性。最后，同一权利可能会带来众多不同的社会后果，其中一些可能会给多数人带来利益，而另一些却可能同时对多数人造成不利。同时，一种权利规定可能给某些人带来较大功利，而另一种与此相对的权利可能会给另一些人带来较大功利。因此，一般地将社会功利作为权利合理性的现实根据，缺乏可接受性。

我认为，权利合理性的现实基础，在于它保障了社会赖以维系和发展的前提条件。如前所述，权利是对人的自由的规范。自由对社会来说是一把双刃剑。一方面，自由是社会发展的动力，压制自由社会就无法发展。另一方面，自由又会产生一定的破坏性，造成主体间的冲突和抗争。如果不对自由予以一定的限制，就会导致社会的崩溃和人类的毁灭。因此，社会既要为了社会的发展而肯定自由，同时又要为了社会的安全而限制自由。对自由的限制性肯定是社会生存和发展的前提条件，而这种对自由的限制性肯定，就是权利的建立。可见，权利的合理性就在于它保障了社会赖以维持和发展的前提条件。

　　然而，在不同的现实条件下，社会对自由的需求和容忍程度及其方式会有所不同。在一些条件下，社会会容许更多的人享有更多方面的更大的自由，而不使社会的安全受到威胁；在另一些条件下，社会就不得不对个人自由的普遍性、享受程度和享受方面予以严格的限制，以保证社会不致崩溃。因此，社会就会在不同的条件下要求不同的正义原则，并根据这些不同的正义原则产生不同形式的权利规定和权利分配。在这个意义上，权利的合理性是历史的，而不是永恒的，是根据现实社会条件而发展变化的，而不是唯一的和不可改变的。

　　影响社会对自由的需求和限制的社会条件是多方面的，我们应当区分其量的方面和质的方面。有些社会条件的变化会使社会对自由的要求程度发生变化，而有些社会条件的变化却会进一步要求对自由的肯定和分配模式发生根本性的改变。一般来说，社会物质条件的丰富程度和社会所处的内外环境，会影响社会对个人自由的要求和限制程度。例如，在灾时或战时，社会的生活必需品的供应出现紧张，平时可以自由购买的商品就会定量供应。再如，当国家正受到外国的威胁，或正处于内战或外战时期，就会要求对个人自由施加较为严格的限制。相反，在和平时期，特别是在与周围国家处于友好状态的时期，社会对个人的行动自由就会较少限制。同时，随着社会基本交往方式的变化，特别是社会经济交往方式的变化，社会对个人自由的要求和限制也会发生性质不同的影响。在社会发展的不同阶段，社会的生存和发展要求不同类型的交往方式，因而也就要求对个人的自由作出不同类型的肯定和限制。例如，在原始的狩猎采集经济时代，社会的基本交往方式是血缘团体式的。氏族的生存依靠所有氏族成员的统一行动。在这种情况下，个人独立的自由行动将给氏族的生存带来极大的威胁，因此，这时的自由只能限于以集体的方式行使，权利规范的基本形式是权利共有。在农牧经济时代，人们以耕种土地为生，对土地的控制关系，决定了人与人交往的基本方式。在这种情况下，权利的共有已经不利于社会经济的发展，而权利的完全自由交换又不利于社会的稳定，因此按等级分配成为现实的正义原则，而权利的等级专有成为权利的基本形式。近代以来，社会进入了工商经济时代，市场交换成为社会交往的基本方式。这种交往方式要求每个人都独立地享有财产的所有权和自由交换权。这使得个人对权利的享有和平等自由的权利交换成为社会存在与发展的前提条件。从以上分析可以看出，不同社会的维持和发展，要求不同的社会交往方式。而不同的社会交往方式又要求对个人自由作出不同形式的限制和分配，从而形成不同的正义概念和权利规范。因此，权利合理性的现实基础，从根本上来说，在于社会的基本交往方式对自由的要求。

将社会生存和发展的前提条件作为权利合理性的现实基础，一方面将权利与现实社会条件的关系纳入权利合理性的考虑之中，避免了权利基础研究的抽象化；另一方面，它又摆脱了功利主义所陷入的困境。对社会生存和发展前提的考虑，显然高于对具体功利的考虑，因为一旦权利规范受到破坏，整个社会的生存和发展就将受到严重威胁。这种损失的严重性显然是某种具体的社会损失所无法比量的。由此便论证了权利对功利的优先性。从这一角度反观自由主义和平等主义的主张，我们就很容易看清他们的真正基础。他们实际上是他们将某种所理解的社会生存和发展的前提绝对化，并将其抽象化为权利合理性的一般前提。具体说来，他们是将在市场经济某一阶段的社会发展的前提条件，抽象化为自由和平等的绝对要求。但这样一来，这些理论的合理性就由于其不合理的抽象而受到了损害。

总括以上分析，权利的合理性奠定于三大基础之上：就其主体基础而言，权利产生于主体对自由的追求与对安全的追求之间的相互制约；就其逻辑基础而言，权利必须符合正义的形式要求，对同样的情况给予同样的对待；就其现实基础而言，合理的权利规范应当保障社会赖以生存和发展的前提条件。只有符合上述三项条件，权利才具有合理性。我将这种权利理论命名为权利基础的历史正义论。

（本文原载于《南开学报》1998 年第 5 期）

马克思主义道德哲学何以可能？

王南湜

 提出"马克思主义道德哲学何以可能"这一问题，不是要讨论或争辩马克思主义道德哲学是否存在的问题。[①]本文所提出的"何以可能"的问题，只是试图讨论马克思主义道德哲学若要存在的话，其得以可能的条件是什么这样一个康德式的问题。而之所以提出这一问题，是因为在当今中国哲学界，人们一方面对于历史唯物主义持一种决定论式理解，另一方面却又在毫未感到困难地谈论马克思主义道德哲学或政治哲学，而不曾虑及决定论与人的自由这一道德得以存在的前提之间的非兼容性问题。因此，对于马克思主义道德哲学何以可能的考察，就必须追问马克思的历史唯物主义在何种意义上是一种决定论，这种决定论在何种意义上能够兼容人的自由。进而，如果在历史唯物主义中人的自由能够成立，那么道德原则便不能像通常所认为的那样，被视为是由社会存在所直接地派生出来的，于

[①] 当然，关于这一问题国内外学界是有争论的。尽管本文并不以追问马克思主义道德哲学是否存在为主题，但却也预设了我们最终能够合法地谈论马克思主义道德哲学这一前提，否则本文的讨论将是毫无意义的空论。我们知道，马克思本人也往往对谈论正义之类道德观念表示反感或不屑，但这并不能说明有些论者否认马克思有其关于社会正义之类道德哲学原则是能够成立的。因为如果否认了这一点，则如何能够理解马克思对于资本主义剥削的批判呢？如果"剥削"这个概念中就包含着道德价值判断的话，那么，马克思如若没有一种道德哲学原则，他又如何能够使用这一概念呢？关于这一点，罗尔斯说得对："可以肯定的是，剥削是一个道德概念，且它潜在地诉诸某种类型的正义原则。"（罗尔斯：《政治哲学史讲义》，杨通进等译，北京：中国社会科学出版社，2011年，第348页）显然，人们是能够有充足的理由认为马克思是有其道德哲学原则的。关于马克思之反感谈论道德之类的东西，罗尔斯的评论亦甚为合情合理："马克思对关于道德理想（特别是关于正义、自由、平等和友爱的道德理想）的纯粹说教持怀疑态度。他怀疑那些基于虚假的理想主义的理由而支持社会主义的人。他认为，即使从这些理想的角度来看，基于这些理想而对资本主义所作的批判也可能是非历史的，而且会误解推进社会主义事业所必需的经济条件。"（罗尔斯：《政治哲学史讲义》，杨通进等译，北京：中国社会科学出版社，2011年，第371页）

是，如何在人的自由的基础上建立起道德原则，以及这种建立方式在何种意义上又是马克思主义道德哲学所特有的，便必须被追问。如果经过考察，这些问题都能得到肯定的回答，我们才能够有根据地说马克思主义道德哲学或政治哲学不仅在人们言谈的意义上是存在的，而且在客观的学理意义上是可能存在的。

一、从一般道德哲学成立的条件
看马克思主义道德哲学何以可能

　　道德生活意味着人们能够自主地选择自己的行为，因而，自由是道德生活赖以存在的基本前提。道德的基本存在方式便是一个人能够对其行为负责，即人们能够就其某一行为问责于他。而人若没有自由，便与一般自然存在物无异，只能是一种被决定的存在物，不可能有真正不同于其他自然存在物运动的自发的行动，即不可能自发地开启一种因果关系，从而也就不可能对其行为负有责任。在这种情况下，就其某一行为问责于一个人，要他对之负责，便如同问责于一块坠落的石头一般毫无道理可言。换言之，道德生活要可能存在，作为其主体的人便必须至少在某种程度上是自由的，而这一条件又要以世界某种程度上的非决定论性质为条件。主体的自由这一道德生活的必要条件从而也是道德哲学得以可能的条件，无论对于古代道德哲学还是现代道德哲学，都是逻辑上必然的。

　　诚然，对于自由观念的强调，对于自由的热切追求，都是近代以来世界的特征，但这绝不意味着古代世界便没有自由，更不意味着古代哲人也未将自由视为道德生活的前提。人们知道，古代主流哲学对于世界的解释是目的论的，万物皆被视为由其理念或形式即本质所决定的生成过程。在其中，人更是一种以"至善"为最高目的的生命存在物。而正是由于这种目的论因果观念，才使得关于世界的决定论呈一种"宽松"状态。对此，广松涉的评论甚为得当："在古代和中世纪的认识中，无论超越性的主宰者是如何的'全能'也并不是它所决定的就是结局，前进过程的路线也并不一定就决定死了。"[①]因此，在这种指向终极目的的进程中，人并非被全然

---

① 广松涉：《事的世界观的前哨》，赵仲明等译，南京：南京大学出版社，2003年，第258页。

决定的，而是有其自主性。事实上，亚里士多德的实践智慧观念也预设了世界的可改变性，亦即人通过自己的行动对于世界改变的可能性①。由于在亚里士多德理论中，与活动类型相关，存在着两个世界，一是"永恒的东西"的世界，二是"可变事物"的世界，因而人的实践领域的自由便能与作为理论智慧之对象的永恒必然的世界共存。

决定论与自由意志之间难以调和的特殊困难，从一个方面看，是近代科学观念的转变所导致的。与亚里士多德及中世纪的目的论截然相反，"在笛卡尔看来，物质世界的一切，其周围都被传递冲击的微粒所包围，一切都服从机械的因果性"，"笛卡尔排斥亚里士多德的目的因，结果就把因果关系普泛化了"。②就此而言，两千多年来西方哲学史的演变，亦可看作"关于原因的观念所发生的变化"③，即从作为目的的原因，转向作为冲击的原因。这一对目的因的拒斥，对机械因果关系普泛化的结果，便是任何对于世界的解释只能依据能够数学化的机械决定论来进行。于是，"在近代的认知中，结局的必然性是前进过程的因果性连锁的必然结果，较之结果，被决定性与前进过程联系得更密切（比起结局本身）"；"在此，规律不是到达既定结局的具有一定幅度的'路线'，而是现实的轨道，而且，从事态的进展根据原因不同而被线性地规定上来看它单单是轨迹以上的东西"，"只有在此才确立了真正意义上的'决定论'的逻辑构制"。④在这样一种机械决定论的条件下，要说明自由意志何以可能，便是一件难事了。

---

① 在亚里士多德哲学中，人类活动被划分为理论、实践和创制三种基本方式。理论的对象是"出于必然而无条件存在的东西"，即"永恒的东西"；而"创制和实践两者都以可变事物为对象"。尽管在亚里士多德那里，实践与创制又有所区别，一般而言，实践是一种自身构成目的的活动，而创制的目的则在活动之外，且与当今马克思主义哲学传统将亚里士多德那里的实践和创制两类活动统一地称为实践不同，但无论如何，"创制和实践两者都以可变事物为对象"，而理论的对象是"出于必然而无条件存在的东西"，即"永恒的东西"。这样，从可变与不可变性来看，人的三种类型的活动对应的便是两种不同的世界（亚里士多德：《尼各马科伦理学》，苗力田译，北京：中国社会科学出版社，1990年，第117、118页）。显然，世界的可改变性并不是一个简单的问题，而是与人的活动的不同类型相关联的，或者说，是由人的活动的不同类型所预设的：作为实践活动之对象的世界必须是可改变的，改变世界的实践活动才是可能的；而作为理论活动之对象的世界，则必须是不可改变的，"出于必然而无条件存在的东西"，"永恒的东西"，如是，理论活动才是可能的。

② 威尔逊：《简说哲学》，翁绍军译，上海：上海人民出版社，2005年，第44页。

③ 威尔逊：《简说哲学》，"序"，第Ⅳ页。

④ 广松涉：《事的世界观的前哨》，第258-259页。

　　当然，关于自由或自由意志与决定论的关系问题，自近代以来便是一个人们争论不休的难题。一些人主张两者之间的不兼容论，另一些人则相反，主张可兼容论。在此问题上，笔者赞同程炼的见解，认为兼容论或调和论者所持的论证并未能充分证成自己的观点，因此，常人所视为"明确无误的"的不兼容论或不调和论就仍是成立的，亦即要使自由存在，世界在某种程度上就必须是非决定论的。但需要指出的是，非决定论的世界并不意味着是一个纯属偶然性的世界。正如程炼所指出的那样："如果我们的行为都是事先决定的，我们无能为力，那么我们无法承担责任。但在另一方面，如果我们的行为纯属偶然，随机发生，毫无解释，我们也无法承担任何责任。"①因此，使得人的自由以及责任能够存在的世界的非决定论性，并不意味着世界的纯粹偶然性，而只是在某种程度上的非决定论性。或者，是世界的非完成性和非封闭性，亦即开放性，即如波普尔的一本书的书名所标示的那样，我们的宇宙是一个"开放的宇宙"。"开放的宇宙"意味着这个世界至少在某种程度上或某种意义上是可改变的，从而人也就能够在行动中有所选择，即具有某种意义上的自由以及可问责性。

　　这样一来，就对马克思主义哲学提出了一个严重的问题，如果像人们通常所理解的那样，马克思的历史唯物主义是一种历史决定论甚或经济决定论，那么人们如何能够有一种道德生活？进而，如果道德生活尚且不能，我们如何能有一种道德哲学呢？因此，如果要证成马克思主义能有一种道德哲学，那我们就必须对历史唯物主义作一种能够容纳人的自由的阐释，亦即一种非决定论的阐释。

　　关于历史唯物主义是一种历史决定论，长期以来被视为一种不可争辩的教条，近十几年来出现一些争议，但上述观点似乎仍是一种占支配地位的看法。一直以来，人们就试图软化传统阐释中的那种僵硬的决定论。这首先体现在 20 世纪末展开的关于客观规律与人的能动作用关系问题的大讨论之中。起初，人们往往将理论上的困难归咎于机械决定论，以为只要放弃了机械决定论便能容纳人的能动作用。对于自然科学中机械决定论最有力的冲击来自量子力学。既然量子力学的规律只能是统计规律，即不是对单个粒子运动轨道的确定性描述，那么，这便似乎容许单个粒子不受因果关系约束。若将这一理论推广于历史领域，似乎能在决定论与人的能

━━━━━━━━━━━━━━━━

① 程炼：《论自由》，《云南大学学报》2003 年第 5 期。

动作用之间找到一个不相冲突的说明。但这一企图是无法成功的。且不说牛顿力学中使用的那些用于描述单个粒子运动轨迹的概念，诸如位置、动量等，在量子力学中有着十分不同的意义，不能将之混同使用，即便是允许如此使用，仍无法解决所欲阐释的问题。试想，即使可将量子力学理论移植于历史领域，将人比附为微观粒子，允许其行动不受因果关系支配，那又如何能够说明人的能动作用呢？至多只是说明了个人的行为可能是未被决定的，但历史作为一个过程总体上却是被决定的。既然如此，那么，个人的活动对于总体历史就既不能有什么影响，也谈不上负道德责任。其实，试图从量子力学中找到某种答案解决决定论与自由意志论之问题的，在国外早已大有人在。罗素在半个多世纪之前就讨论过自由意志论对于量子力学的利用[1]，科学哲学家弗兰克亦在其著作中驳斥过某些天主教神学家和某些科学家的说法[2]。此外还有所谓系统决定论，也试图用系统论来软化机械决定论。在上述讨论中引入的可能性空间理论，使得对于历史规律与人的活动的关系问题的讨论在理论层次上跃升到一个新的水平，一个时期用此一理论讨论历史规律与人的能动活动的关系，成为一种风尚，甚至有人借助这一理论框架构造起了历史哲学的体系。但这一理论存在着严重缺陷，问题根源于这一理论的本体论预设。按照这一本体论预设，一方面是为客观规律所支配的世界，另一方面则是具有选择能力的人类主体。人们在这里必然会提出的问题是，如果人类主体也是这个世界之内的存在，那么他何以就不为那客观规律所支配呢？显然，这只不过是将要解决的问题预设为用来解决问题的理论前提了。

长期以来人们对此问题的阐释，总是在这样一种传统的"总问题"或"问题式"中打转，而没有停下来批判地审视一下此问题之根由何在，是否有可能在这样一种进路中解决此问题。我们看到，以往的思想进路往往不是陷于旧唯物主义的机械决定论，就是试图借助某种"辩证法"来消解而不是解决问题，对此种进路的反思，迫使人们试图超越这种视野，进而探寻新的理论视域。人们看到，无论是将主体视为绝对物质的法国唯物主义，还是将主体视为绝对精神的黑格尔主义，尽管俨然如两军对阵，不可调和，但实际上在将主体视为绝对存在物上，两者都是半斤八两的，因而只是在

① 罗素：《宗教与科学》，徐奕春等译，北京：商务印书馆，1982年，第75-88页。
② 弗兰克：《科学的哲学》，许良英译，上海：上海人民出版社，1985年，第273-278页。

这两者之间左冲右突，是不可能找到出路的。要超越这种绝对主体的形而上学，只能从有限主体或主体的有限性出发，这便是康德哲学的进路。对于马克思哲学而言，这一进路便是将之从以往法国唯物主义式的阐释和黑格尔主义式的阐释中解放出来，而对之作一种近康德式的阐释。

对马克思哲学作一种近康德式的阐释，不仅是必要的，而且在客观上也是可能的。这一可能性就在于，马克思对黑格尔绝对唯心主义的批判，在某种程度上接近了康德的哲学观念。关于马克思哲学近康德阐释的必要性、可能性和限度，笔者在另文中有过比较详细的讨论，这里只能撮其要点。①这种阐释的核心要点就是，与康德哲学在现象与物自体或本体之间以及理论理性与实践理性之间的基本划界相对应，马克思实际上也在思维主体与实在主体、理论活动与实践活动之间作了类似的划界。我们且从马克思在对黑格尔的批判中对于自己方法的阐发说起："黑格尔陷入幻觉，把实在理解为自我综合、自我深化和自我运动的思维的结果，其实，从抽象上升到具体的方法，只是思维用来掌握具体并把它当作一个精神上的具体再现出来的方式。但决不是具体本身的产生过程……具体总体作为思想总体、作为思想具体，事实上是思维的、理解的产物；但是，决不是处于直观和表象之外或驾于其上而思维着的、自我产生着的概念的产物，而是把直观和表象加工成概念这一过程的产物。整体，当它在头脑中作为思想整体而出现时，是思维着的头脑的产物，这个头脑用它所专有的方式掌握世界，而这种方式是不同于对世界的艺术的、宗教的、实践精神的掌握的。实在主体仍然是在头脑之外保持着它的独立性；只要这个头脑还仅仅是思辨地、理论地活动着。因此，就是在理论方法上，主体，即社会，也必须始终作为前提浮现在表象面前。"②

在这段被人们经常引用，但往往作了黑格尔主义阐释的话中，马克思要表达的意思有两点：其一是思维及其产物"思想具体"同"实在主体"的差别与对待。按照马克思历史唯物主义的一般观念，这里所说的"实在主体"便正是他在同一段话中所说的人对于世界的"实践精神的掌握"及其产物即"社会"。马克思在上述引文中之所以对黑格尔思辨方法进行了批判，是因为黑格尔将"思维"与"实在主体"唯心主义地合而为一了，使

① 王南湜：《马克思哲学的近康德阐释（上）——其意谓与必要性》《马克思哲学的近康德阐释（下）——其可能性与限度》，《社会科学辑刊》2014年第4、5期。
②《马克思恩格斯全集》第46卷（上），北京：人民出版社，1979年，第38-39页。

思维成了"绝对"或"无对";而在马克思这里,"思维"与"实在主体"则是"相对"或"有对"的。思维既然"有对",便是有限的,不能自足,而只能以"对方"即"实在主体"为对象。亦即"在理论方法上,主体,即社会,也必须始终作为前提浮现在表象面前"所要表达的意思。正是肯定思维与实在或理论与实践之间的这种差别与对待,才使得辩证法具有了唯物主义的维度。于是,这自然也是马克思所说的其辩证方法与黑格尔的辩证法截然相反之义。显然,马克思此处所说的唯物主义对于方法绝非外在的标签,而是一种本质性的改变。在这里,唯物主义就意味着对于马克思而言,"实在主体"是外在于其辩证方法的,绝不能把思维主体借助于辩证法所把握的"思维具体"等同于"实在主体"。对于唯心主义者黑格尔来说,作为主体的绝对精神既然是"绝对"或"无对"的,那么所谓思维运动便是这一主体的自我认识,即主体"自我综合、自我深化"。而对于马克思来说,既然思维是"有对"或"相对"的,那么思维具体便只能是对于现实经济社会的一种观念中的描述。因此,"在研究经济范畴的发展时,正如在研究任何历史科学、社会科学时一样,应当时刻把握住:无论在现实中或在头脑中,主体——这里是现代资产阶级社会——都是既定的;因而范畴表现这个一定社会即这个主体的存在形式、存在规定,常常只是个别的侧面;这个一定社会在科学上也决不是在把它当作这样一个社会来谈论的时候才开始存在的"[①]。而"材料的生命一旦观念地反映出来,呈现在我们面前的就好像是一个先验的结构了"[②]。马克思用了一个"好像",就把自己与黑格尔严格地区别开了。在黑格尔那里,"材料的生命"所呈现的正是一个"先验的结构",与之相反,在马克思这里却"好像是一个先验的结构",而实际上当然不是。

　　既然思维主体所把握的"思维具体"只"好像"是一个"先验的结构",而绝非如在黑格尔那里那样正是一个"先验的结构",那么,这个"思维具体"在存在论上的地位便犹如康德哲学中的现象界,是思维把握"实在主体"的产物,而其本身并无直接的实在性。这样,我们不难推断出,在马克思哲学观念中,可以说存在着两个层面,一是直接实在的实践世界或实在世界,这是由实践主体的实践活动所构成的马克思所说的"实在主体",

---

　　①《马克思恩格斯全集》第46卷(上),第44页。
　　②《马克思恩格斯全集》第23卷,北京:人民出版社,1972年,第23页。

二是由思维主体的理论活动所构成的理论世界或马克思所说的"思维具体"。而这便意味着，与黑格尔把"思维过程"视为"是现实事物的创造主，而现实事物只是思维过程的外部表现""截然相反"，马克思的辩证法是只限于理论世界范围内的，只是对于那一"实在主体"的观念把握。显然，这样一种辩证法便只能是理论思维把握"实在主体"之辩证方法，因而是一种近于康德之二元论哲学的辩证法。当然，马克思的辩证法只是"近于"，而不是"等于"康德哲学。

既然在马克思那里思维主体始终是与"实在主体""有对"的，这也就意味着，即便他关于历史发展过程的描述表现为一种决定论的形态，这种决定论最多也只是思维所构造的理论世界中的决定论，而非人的实践活动所构成的"实在主体"即实在世界中的决定论。至于实在世界，由于存在于理论世界之外，因而便可能是非决定论性的。当然，理论世界中的决定论如果确实是客观地有效的话，它便并非纯属主观的理论构造，而是在某种意义上也表现了实在世界的存在状况，但这种表现只是在某种意义或程度上的，而非全然的对应。由此可推论，就与"思维"或理论世界对待的"实在主体"或实在世界而言，便至少可能是非决定论性的。

如此一来，在马克思哲学中，决定论与自由意志的关系问题便获得了一种新的理解。这种理解在某种意义上也是一种"兼容论"或"调和论"，但不是诉诸某种心理学或可能世界之类形而上学假设的粗陋的直接兼容论，而是一种基于人的有限性以及理论世界与实践世界之划界的相当特殊的兼容论。显然，这种模式的兼容论是康德最先提出来的，而根据我们这里的理解，马克思则基于其唯物主义实践哲学立场给予了某种改造。

如果决定论只属于思维构造起来用于把握实在的理论世界，而实在世界并非完全决定论的，那么，就可进一步推论出，尽管在理论世界中一切都是被决定的，但在实在世界中人的活动却是可能具有某种自由或可选择性的。人的自由意味着，人在行动中既然是未被全然决定的，那么必须做出选择才能行动；而要做选择就不能不依据某种准则，而这选择所依据的准则，便是他行动的规范性原则或道德准则。准此，则在这种对马克思哲学的阐释中，人的道德生活便是可能的，从而一种马克思主义道德哲学也便是可能的。

二、从现代道德哲学的一般特征
看马克思主义道德哲学何以可能

前述马克思主义道德哲学的可能性，还只是在一种十分抽象的意义上说的。它只是说历史唯物主义关于世界的决定论描述如果能够与人的自由兼容，则建立一种道德哲学是可能的。但仅仅基于这样一种条件建立的道德哲学可以是任何一种样式的，尚不能将之定位于马克思所处的时代，而那种超时代性的理论，恰恰是马克思所极力反对的。因而，我们必须进一步从现代道德哲学的一般特征来看马克思主义道德哲学是否可能的问题。之所以提出这一问题，是因为在对马克思主义道德哲学的阐释中，似乎存在着一种将之解释为类似于古代的"至善论"或"完美论"的倾向（当然，还有功利主义的阐释倾向，以及至善论与功利论的混合倾向）。因此，我们这里还需要辨明的问题是，马克思主义道德哲学作为一种现代道德哲学是否可能。

现代道德哲学的一般特征是与古代道德哲学相比较而言的。关于这种差异，道德哲学史研究者们有诸多不同表述。西季威克认为："古代伦理学讨论区别于现代伦理学讨论的主要特点，是它表达关于行为的常识道德判断时使用的是一般概念而不是特殊概念。德性或正当的行为常常只被看作一种善，因而按照这种道德直觉的观点，当我们试图使自己的行为系统化时，首先碰到的问题就是如何确定这种善同其他种类的善的关系。"[1]罗尔斯在《道德哲学史讲义》中引用了这段话之后，认为"我们可以得出这样的结论：古代人探讨着达到真正幸福或至善的最合理途径，他们探索着合乎德性的行为、作为美德之品格的诸方面——勇敢和节制、智慧和正义，这些本身就是善的美德——如何与那个至善发生着关系，无论它们是作为手段，是作为组成部分，或者两者都是。而现代人首先问的问题是，至少在第一种情况下，现代人首先问的是，他们视什么为正当理性的权威规定，关于理性的这些规定导致了权利、职责和责任。只是在此之后，他们的注

---

① 西季威克：《伦理学方法》，廖申白译，北京：中国社会科学出版社，1993年，第127-128页。

意力才转向这些规定允许我们去追求和珍视的善"①。两人所说的核心之点是古代道德哲学把正当从属于一般的善，而现代道德哲学则将正当从一般的善之中分离出来，作为首先要追问的对象。

关于古代的道德哲学或伦理学，如果我们像麦金太尔那样，将亚里士多德的伦理学视为古代道德哲学或伦理学典范，那么，如其所言，"在亚里士多德的目的论体系中，偶然所是的人与实现其本质性而可能所是的人之间有一种根本的对比。伦理学就是一门使人们能够理解他们是如何从前一状态转化到后一状态的科学"②。这里关键问题是"偶然所是的人"是如何由于服从道德律从而"实现其本质性"的。而现代道德哲学所关注的问题则大不相同，甚至恰恰相反："在 17、18 世纪，把道德当成服从的常规概念日益受到正在形成的、把道德当成自治（self-governance）的概念的挑战。"这种观念认为，"所有正常的个体都同样有能力按照一种自治的道德生活在一起；18 世纪末出现的新观点就是以这种信念为核心的"。这种"作为自治的道德概念为社会空间提供了一个概念性构架；在其中，我们每个人都有权利要求，在没有国家、教会、邻居以及那些认为他们比我们更好、更明智的人的干涉下，自主地行动。而旧的、作为服从的道德概念却缺少这些含义"。③

道德观念的这种根本性转变，以一种极为显著的方式体现在西方道德哲学中自然法这一核心概念含义的变化中，即从一种基于宇宙性的道德目的论的自然法观念，转变为基于个体自我保存之理性权衡的自然法观念。施特劳斯在《自然权利与历史》一书中，对这种转变作了深刻的描述。正如甘阳在该著译者序言中所指出的那样，该书之核心概念"natural right 一词指称两种正好对立的观念，即一是他所谓的古典的 natural right 学说，另一种则是他所谓现代的 natural right 学说。在指古典学说时他的 natural right 用法基本应该读作'自然正确''自然正当'，或更准确些可译为'古典的自然正义说'；而在指现代学说时则就是指人们熟悉的西方 17 世纪以来兴起的所谓'自然权利'或'天赋权利'说……施特劳斯全书的基本思想实

---

① 罗尔斯：《道德哲学史讲义》，张国清译，上海：上海三联书店，2003 年，第 4—5 页。

② 麦金太尔：《追寻美德——伦理理论研究》，宋继杰译，南京：译林出版社，2003 年，第 67 页。

③ 施尼温德：《自律的发明：近代道德哲学史》，张志平译，上海：上海三联书店，2012 年，第 4—5 页。

际就是论证，17世纪以来西方现代'自然权利'或'天赋权利'说及其带来的'历史观念'的兴起，导致了西方古典的'自然正义'或'自然法'（natural law）的衰亡"①。

道德观念的这种转变所提出的首要问题乃是现代道德哲学的一般出发点问题。基于现代社会道德生活自治的观念，一种意在说明现代人道德生活自治的理论，便只能从个体的人的存在出发，而不能从古代道德哲学之预设的客观目的论出发。而道德观念从古代到现代的这一转变，还导致了道德哲学核心问题的转变，以及现代道德哲学特殊的理论困难或难题。

古代道德哲学的主导性范式是目的论的，但这种目的论不是道德哲学中一种特设性的原则，而是与其本体论中的目的论一脉相承的，或者说道德哲学中的目的论只是古代哲学一般目的论体系的一个分支而已。这一情况对于理解古代道德哲学有着十分重要的意义。这样一种目的论体系的典范是亚里士多德的"四因说"。亚里士多德指出，所谓解释世界，从根本上说，就是探究万物生灭变动的原因，而不仅仅是将自然的本原归结为某种或几种元素。而"原因则可分为四项而予以列举"，即"质料因""形式因""动力因""目的因"。②"后面三种原因在多数情况下都可以合而为一，因为所是的那个东西和所为的那个东西是同一的，而运动的最初本原又和这两者在种上相同"③。显然，"将四因归结为二因，这对亚里士多德的第一哲学研究本体的构成有着重要意义"④。同时对于整个西方哲学的发展，都有着十分重大的意义。这是因为，所谓解释世界，无非就是找出事物动变的原因，但既然事物之动变原因无非是"质料"（物质）和"形式"（理念、观念），那么，解释世界的方法论原则从根本上来说就只有两种可能的方式：质料论（唯物论）与形式论（观念论）。其中的根本差别在于质料与形式概念的差别。根据亚里士多德的描述，其间的差别主要在于，首先，质料是基质或基础，是被规定者，是潜能，而形式是上层，是规定者，是现实；其次，质料既然是被规定者，就是受动者，而形式既然是规定者，

① 甘阳：《政治哲人施特劳斯：古典保守主义政治哲学的复兴》，载施特劳斯：《自然权利与历史》，彭刚译，北京：生活·读书·新知三联书店，2003年，第11页。

② 亚里士多德：《形而上学》，吴寿彭译，北京：商务印书馆，1959年，第6、84页。

③《亚里士多德全集》第2卷，北京：中国人民大学出版社，1991年，第49页。

④ 姚介厚：《西方哲学史》第二卷，南京：凤凰出版社，2005年，第717页。

就是能动者；最后，质料既然是被规定者、受动者，那就是可被改变的，而形式既然是规定者、施动者，便是永恒的，不变的。基于这种差别，所谓质料论或唯物论地解释世界，便是从可被规定、改变的基质或基础、下层、潜能出发，去说明事物的动变；而所谓形式论或观念论地解释世界，便是从永恒的、不变的上层、目的、理念出发，去说明事物的动变。而这就构成了两种对立的因果观念，前者基于既有存在，基于事实性，是一种基础条件论因果观，后者则基于未来存在，基于规范性、目的性，是一种目的论因果观。

在西方古代哲学中，占支配地位的是苏格拉底、柏拉图、亚里士多德的目的论。在这种理论中，人作为一种特殊的存在物，自然有其内在形式或观念，这就规定了人的本质，而人的现实存在便是一种实现其本质的过程。这内在本质规定了人的活动规则，包括道德规范。但在古代伦理学或道德哲学中，这一规范不是作为一种抽象的规则性的东西去规定人的行为，而是人的德性或美德之表现。对于这种伦理学而言，一个人不是由于遵循了某种道德规则而成为有德之人的，而是由于他是一个有德之人而表现出了这些美德或德性所要求的东西。"美德是这样一些品质，拥有它们就会使一个人获致 eudaimonia（幸福），缺少它们则会妨碍他趋向于这个目的（telos）"[①]。换言之，"对于德性论来说，它主要是评价人的品质，对于人的行为的评价是根据对于人的品质的评价派生出来的；也就是说，德性论的观念基础是：道德之为道德，主要在于一个人的内在品质——只是具有了某种内在的品质，才是一个道德的人，只有道德的人才能有道德的行为。德性论所关心的问题是一个人应当成为一个什么样的人，其中心主题是人的自我实现，也就是一个人根据一定的目的，如何实现自我完善"[②]。因此，在这种伦理学框架中，关于人的道德哲学的前提设定与本体论是全然一致的。

然而，在现代道德哲学中，一种古代不曾有的问题出现了，这就是与古代基于目的论的德性论不同，现代道德哲学既然是基于道德自治的，那么它便必须从道德主体自身引出道德规范原则，此即所谓道德自律，而由于伽利

---

① 麦金太尔：《追寻美德——伦理理论研究》，宋继杰译，南京：译林出版社，2003 年，第 187 页。

② 崔宜明：《德性论与规范论》，《华东师范大学学报》2002 年第 3 期。

略以来科学的发展所导致的目的论因果观之被废弃，它便不能像古代那样直接从作为人之本质的客观目的中获得这种目标；但既然道德规范应是普遍适用的，它也不能直接从个体的特殊存在引申出来。此即现代道德哲学所面临的理论难题。这也就是罗尔斯所指出的从道德自治的观念引出的几个问题："第一个问题：道德秩序要求我们摆脱一个外在的来源吗？或者它以某种方式产生于（作为理性，作为情感，或作为两者都是）人类本质自身吗？它产生于我们在社会中一起生活的需要吗？""第二个问题：是只有一些人或极少数人（如神职人员）能够直接地掌握'我们将如何行动'的知识或达到那种意识，还是凡是具有正常理性能力和良知的每个人都能够做到这一点呢？""第三个问题：我们究竟是必须通过某个外在的动机才能被说服，被迫使我们自身与道德要求保持一致，还是我们是如此地善于约束自身，以至从本质上我们具有充分的动机引导我们去做我们应该做的行为,而不需要外在的引导？"①

与古代道德哲学不同，任何一种现代道德哲学理论都必须回答这些问题。而在对这些问题的回答中，各种道德哲学路向之间产生了分歧。从一个方面看，如人们所指出的那样，这些不同的道德哲学路向对于道德规则的内容并无根本性分歧，"这些著作家们对实际的是非善恶多少达成了一致意见。他们对道德内容不表示异议，对其有关权利、职责和责任等等实际上是什么的第一原理不表示异议"②。但另一方面，由于从道德自治所引出问题的困难性，人们对于如何建立这些规则，却存在着根本性的分歧，并由之形成了不同的道德哲学派别。关于这些道德哲学派别，一些论者将之划分为四种③，但亦有人试图进一步将之归结为意志主义与理性主义两

① 罗尔斯：《道德哲学史讲义》，张国清译，上海：上海三联书店，2003 年，第 14-15 页。
② 罗尔斯：《道德哲学史讲义》，第 15 页。
③ 如罗尔斯便将之划分为四个学派：自然法学派，包括苏亚雷斯、格老秀斯、洛克等；道德感性学派，包括沙夫茨伯里、哈奇森、休谟等；德意志学派，包括莱布尼茨、沃尔夫、康德、黑格尔等；理性直观学派，包括克拉克、里德等。（罗尔斯：《道德哲学史讲义》，张国清译，上海：上海三联书店，2003 年，第 14 页）他的学生科尔斯戈德则对之有所改进，并将现代道德哲学划分为唯意志论（包括霍布斯、普芬道夫等），实在论（包括克拉克、摩尔等），反思性认可论（包括哈奇森、休谟等），康德、罗尔斯的"自律"论等四个派别。（科尔斯戈德：《规范性的来源》，杨顺利译，上海：上海译文出版社，2010 年，第 20-21 页）前一种划分将莱布尼茨、沃尔夫与康德、黑格尔一股脑儿划拨笼统的"德意志学派"之中，显然是有问题的，而后一种划分则大大地消除了罗尔斯划分中的疏漏。

种进路①，以及对两种进路的康德式超越。

由于意志主义与理性主义均未能合理地解决上述问题，因而"这两个传统在一定程度上都不让人满意"，这便引出了康德式超越的必要性。康德的"根本目的就旨在调和两个不同的思想传统……一方面是批判意志论的经验主义理解，另一方面是批判自然法的理性主义理解"②。但康德所要做的却不是简单的调和，而是要通过这样一种"调和"或者说辩证法，将意志理性化，从而从根基上论证道德自律，排除他律的道德哲学。康德"对传统意义上的理智与意志理论进行根本意义上的改造，从而将意志论传统与理性主义传统在一个更为一般的框架中整合起来。这种整合在其道德哲学层面表现为一种意志的理性化趋向，即将意志设定为一种摆脱自然因果性的能力，从而使意志脱离一种（尤其是在霍布斯那里表现出来的）经验主义的意志观念——即把意志等同于欲望"③。

关于自律与他律，康德写道："如果意志除了在其准则对它自己的普遍立法的适合性以外，在任何别的地方，从而，如果它走出自身之外，在它的任何一个客体的性状中，寻求这个应当规定意志的法则，那么任何时候都会冒出他律来。在这种情况下就不是意志给自己立法，而是客体通过它对意志的关系给意志立法。这种关系，不管它基于爱好还是基于理性的表象，都只是让假言命令成为可能：我应当做某件事情，是因为我想要某种别的东西。相反，道德的、因而定言的命令是：即使我不想要任何别的东西，我也应当如此这般地行动"④。依照这一道德的自律与他律的区分，非自律的道德便不是道德的，而一种非自律的道德哲学便也并非真正的道德哲学。因此，无论是莱布尼茨、克拉克理性主义直观论的至善论，还是休谟、哈奇森等人的情感主义的功利论，都是他律的道德哲学理论，都并

① 如施尼温德便依照意志主义与理性主义两种进路安排其论述结构（施尼温德：《自律的发明：近代道德哲学史》，张志平译，上海：上海三联书店，2012 年，第 8-14 页）；吴彦则直接指出了意志论与理性主义的对立及康德对两者的综合是理解康德法哲学之框架："我所设定的理解框架就是源自中世纪后期的一个争论：意志论与理性主义的争论。"（吴彦：《康德法律哲学的两种阐释路向：起源与基础》，载邓正来主编：《复旦政治哲学评论》，上海：上海人民出版社，2010 年，第 176 页）。若从贯穿于西方历史中的希腊文化传统与希伯来文化传统的内在张力——理性主义与意志论之间的张力便是其根本体现——来看，这当是一个更具解释力的理解框架。

② 吴彦：《康德法律哲学的两种阐释路向：起源与基础》，载邓正来主编：《复旦政治哲学评论》，上海：上海人民出版社，2010 年，第 176-179 页。

③ 吴彦：《康德法律哲学的两种阐释路向：起源与基础》，第 179 页。

④ 康德：《道德形而上学奠基》，杨云飞译，北京：人民出版社，2013 年，第 80 页。

非真正意义上的道德哲学。毫无疑问,康德这一标准所依据的是其关于现代性道德生活的理解。在某种意义上我们似乎可以说,只是到了康德哲学中,才真正首次证成了现代道德哲学所追寻的最高目标的道德自律。

当然,尽管康德被科尔斯戈德视为现代道德哲学发展进程中的顶峰,但其道德哲学是否证成了严格意义上的自律论,人们也是有疑问的。其中关键在于,康德是通过将意志理性化而超越传统的意志主义与理性主义两大传统的,但将意志理性化,却不可避免地会导致某种超出意志论原则的东西。这便是一些研究者所指出的康德论证中两种原则之间的张力问题。马尔霍兰指出:"康德政治哲学中的这个问题可以被视为存在于自然法原则同自由原则、契约主义之间的紧张。我试图表明,尽管康德想要尽最大可能地维护自由的理念,但最终却不得不选择自然法证明,而非契约主义的证明。"①而契约主义原则与自然法原则之间的紧张,正是意志主义传统与理性主义传统之间紧张的一种体现。这一贯穿西方文化的紧张,虽几经变迁,但并未被彻底消除。马尔霍兰的意思是说,即便在康德道德哲学中,也未能将意志主义与理性主义逻辑一贯地统一起来。而其他的康德研究者在此问题上也往往默认了这一点。如20世纪最重要的康德主义者罗尔斯在论及与意志主义同理性主义的紧张相关的正当或权利的优先性问题时,曾指出:"我们务必小心翼翼地理解'权利的优先性'的意义。其意思并非指康德道德学说不包括善的观念,也不意指被使用的那些观念通过某种方式推论于一个以前的具体的权利概念"。"关于权利的优先性的一个重要见解是,权利和善是互补的:权利的优先性并不否认这一点。要是没有一个或多个关于善的观念,那么任何一个道德学说都将一事无成"。②墨菲也认为:"在设定道德正当性之标准时,我们必须将如下目的视为每个人之自由行动的约束条件:(1)自由(作为理性目的),(2)幸福和完善(作为人性的两个本质性目的)。"③但若就此认为,在康德那里,权利优先能够包容"权利和善是互补的"这样的规定,则恐怕是走得太远了。毫无疑问,如墨菲所言,在康德那里,由于引入了"人的本质性目的"而需要预设一种自然目的论,即设定"人就是创造在这个尘世上的最终目的,因为人是尘世唯一能够给自己形成一个关于目的的概念,并能够通过自己的理性把合目的地

①　马尔霍兰:《康德的权利体系》,赵明等译,北京:商务印书馆,2011年,第152页。
②　罗尔斯:《道德哲学史讲义》,第313页。
③　墨菲:《康德:权力哲学》,吴彦译,北京:中国法制出版社,2010年,第103页。

形成的诸般事物的集合体变成一个目的系统的存在者"①，且"这种与道德相关的'自然中的法'观念就是被视为一个过程的'法'；即旨在促进作为自然之最终目的的人类的发展"②。然而，这种"自然中的目的论法则"在康德那里只是一种"好像"，是一种理念性的东西，它对于现实的意志只是一种起调节性作用的东西，而非科学的事实，因而这种自然目的论本身只是一种绝对命令得以应用的"自然的框架"。

在现代道德哲学本质上是道德自律的哲学的意义上，如果要使马克思主义道德哲学在现代意义上得以可能，或者说，如果我们要建构一种适合于现代社会的马克思主义道德哲学的话，那么，它必定只能是一种自律论的道德哲学。由此，不仅那种基于经济基础对于上层建筑的决定性原则而建立的道德哲学理论，而且那种基于集体功利原则建立的道德哲学都是他律论的，从而也都是离开了马克思的基本哲学观念的。但在这样一种关于现代道德哲学的理解框架中，任何一种道德哲学便都必须以某种方式对于道德主体与道德原则之关系给出某种解决方案。马克思主义道德哲学自然亦必须提出自己的解决方案。而对于任何一种解决方案而言，首要的问题便是理论的出发点问题。

在对马克思哲学的传统阐释中，人们往往不假思索地将其出发点理解为某种总体性的东西，进而将其道德哲学或伦理学亦建立在这种总体性的出发点上。毫无疑问，基于这种出发点的阐释方式是能够容易地得出某种人们所欲得出的道德哲学结论的，但在理论上却是没有任何根据的。按照马克思的基本观念，任何道德生活方式都必然是与构成社会生活之基础的生产方式相适应的。现代生产方式的根本特点是与古代自然经济截然不同的市场经济，而市场经济所导致的一个根本性的社会后果是传统的共同体生活不再可能，社会生活的个体化成为一种趋势。对此，马克思写道："我们越往前追溯历史，个人，从而也是进行生产的个人，就越表现为不独立，从属于一个较大的整体：最初还是十分自然地在家庭和扩大成为氏族的家庭中；后来是在由氏族间的冲突和融合而产生的各种形式的公社中。只有到十八世纪，在'市民社会'中，社会联系的各种形式，对个人说来，才只是表现为达到他私人目的的手段，才表现为外在的必然性。""但是，产

---

① 《康德著作全集》第 5 卷，北京：中国人民大学出版社，2007 年，第 444 页。
② 墨菲：《康德：权利哲学》，第 91 页。

生这种孤立个人的观点的时代，正是具有迄今为止最发达的社会关系（从这种观点看来是一般关系）的时代。人是最名副其实的政治动物，不仅是一种合群的动物，而且是只有在社会中才能独立的动物。"①然而，马克思的后一段话往往并非像人们所理解的那样，是要肯定现代社会中人们之间比古代社会具有更多的共同体性质的关联，而是对现代社会中人们之间社会关系的存在方式与古代社会作了一种客观的对比。在古代人们之间的社会关系是一种"人的依赖关系"，而现代社会中人们之间的关系则是一种"以物的依赖性为基础的人的独立性"。这种"物的依赖性"便是"社会联系的物化"。这种转变得以发生的根源在于："每个个人以物的形式占有社会权力。如果你从物那里夺去这种社会权力，那你就必须赋予人以支配人的这种权力"②。而正是这种作为"历史的产物"的"物的联系"③，才使得现代社会中的人表现出一种与古代社会中的人不同的个人的独立性来。但这种"物的联系"并不意味着这种联系本身能构成一个类似于传统共同体那样的使得传统的道德生活得以可能的共同体，而只是指明了一个事实，那就是借助于市场交换的间接性的"物的联系"取代了直接性的"人的依赖关系"。在马克思看来，那种试图回到古代共同体的想法，纯属脱离时代的幻想。如果我们看一看马克思对这两种不同的社会联系方式的评价，便会很清楚马克思的价值取向何在："毫无疑问，这种物的联系比单个人之间没有联系要好，或者比只是以血缘关系和以统治服从关系为基础的地方性联系要好"④。而且，马克思所设想的未来的理想社会也是一种"自由人的联合体"⑤，即"在控制了自己的生存条件和社会全体成员的生存条件的革命的无产者的集体中……在这个集体中个人是作为个人参加的。它是个人的这样一种联合（自然是以当时已经发达的生产力为基础的），这种联合把个人的自由发展和运动的条件置于他们的控制之下"⑥。显然，"自由人

---

① 《马克思恩格斯全集》第46卷（上），第21页。

② 《马克思恩格斯全集》第46卷（上），第104、106页。

③ 《马克思恩格斯全集》第46卷（上），第104页。

④ 《马克思恩格斯全集》第46卷（上），第108页。

⑤ 这一表述见《马克思恩格斯全集》第23卷，北京：人民出版社，1972年，第95页。类似的表述则是《共产党宣言》中那句著名的话："代替那存在着阶级和阶级对立的资产阶级旧社会的，将是这样一个联合体，在那里，每个人的自由发展是一切人的自由发展的条件。"（《马克思恩格斯选集》第1卷，北京：人民出版社，1995年，第294页）。

⑥ 《马克思恩格斯全集》第3卷，北京：人民出版社，1960年，第84-85页。

的联合体"与直接的人的依赖关系不同，它是那种基于个人独立性而在现代社会条件下的联合。

这样一来，如果我们认为马克思主义道德哲学是一种适合于现代社会的道德哲学，而非超时代的，且马克思主义道德哲学必须与马克思关于现代社会的认识相一致的话，那么，任何关于马克思主义道德哲学的建构，便亦必须从个体的人出发。当然，马克思所设想的作为其理论出发点之"现实的前提"的个人是具备了丰富的社会关系的"现实的个人"，而非抽象的鲁滨逊式的个人。因而在马克思主义道德哲学中作为出发点的便绝非古代社会那种凌驾于个人之上的整体。因此，那种试图从马克思关于人的本质是一切社会关系总和的论述去否定马克思出发点是"现实的个人"的论点，从根本上说是远离了马克思的基本观念的。与之相关，那种直接从作为社会存在的经济基础推导出作为社会意识形态的道德观念的理论方式，其错误不仅在于预设了历史决定论的前提，从而使得道德生活以及道德哲学不再可能，而且还在于其从根本上对于马克思关于从"现实中的个人"出发的基本方法论的否认，而这使得马克思主义道德哲学不再可能是关于现代社会的，从而也不再可能是适于现代社会的。就此而言，前马克思主义者麦金太尔在成为社群主义之后反过来批评马克思主义的说法便在某种意义上是有道理的："马克思主义本身所患的严重且危险的道德贫困症，既是因为它背离了自由主义，同样又是因为它承继了自由主义的个人主义。"①说马克思主义背离了自由主义，这自然没错，说它承继了自由主义的个人主义，在某种程度上也是对的，但认为"马克思主义的道德上的缺陷与失败源于它——和自由主义的个人主义一样——在一定程度上体现了独特的现代的和现代化中的世界的精神气质；而恰恰是对这种精神气质的大部分内容的拒斥，将为我们提供一种从合理性与道德上都可辩护的立场，我们以此去判断和行动，而且依据它去评价各种对立、异质且竞相要求我们信奉的道德体系"②，则大错。这是因为麦金太尔后来的社群主义立场，作为一种揭示现代社会种种问题的现代性批判，以使人们警觉现代性的弊端则可，但要作为一种解决现代性问题的"药方"，通过复兴古代的德性论来解决现代性问题，则显然是脱离了时代。

① 麦金太尔：《追寻美德——伦理理论研究》，"序言"，第 2 页。
② 麦金太尔：《追寻美德——伦理理论研究》，"序言"，第 2 页。

　　如果马克思主义道德哲学也必须从个人出发去说明道德原则或建构道德原则，那么，它可能以何种方式进行这种建构呢？诚然，马克思并未具体地进行过这种建构，但这并不排斥我们可以依据马克思的基本哲学观念去推断一种合乎情理的建构。如果我们所推断的建构是基于马克思的基本哲学观念的，那么，这种建构的结果虽然并非马克思本人的构想，但却毫无疑问应该是属于马克思主义道德哲学的。

　　马克思哲学的出发点是"现实的个人"或"现实中的个人"。所谓"现实中的个人"，便是"从事活动的，进行物质生产的，因而是在一定的物质的、不受他们任意支配的界限、前提和条件下活动着的"。"这种观点表明，人创造环境，同样，环境也创造人"。①马克思的基本观念是，一方面，人是受到一定的物质条件限制的，另一方面，人又是在这种受限制的条件下能动地活动着的。请注意马克思关于"现实的个人"是"在一定的物质的、不受他们任意支配的界限、前提和条件下活动着的"这一表述②。"活动着的"，这里意味着人是能动的行为主体，是作为能够开启一个因果链条的主体而存在的，从而他的行动是能够自行决定的。但作为一种理性的动物或能反思的动物，他又必须为自己的行动提供适当的理由，而不能仅凭感受性而行动。这行动的理由，便是其行动的准则或者规范。但人并非孤立的个体，而是一种社会性存在，因而其行动的准则或规范，又须与他人达成共识，从而成为普遍性的规范，即成为一种"原则"或"规律"。如果这种作为其行动准则的规范性原则是行动主体自己设定或建构的，那么，这里所说的遵循道德规范而行动，便是一种康德意义上的"自律"，而非"他律"。

　　从人是一种能动的存在者出发，还只是证成道德自律的必要条件，而非充分条件。而从前述现代道德哲学，特别是康德哲学在论证道德自律的逻辑要求来看，要在马克思哲学的基本原则上证成这种道德自律论，亦须建立某种意义上的目的论。人们一般认为目的论是唯心主义的，因而在马克思那里不可能存在一种目的论。但如果不是作为普遍的目的论，而是限

　　①《马克思恩格斯选集》第1卷，北京：人民出版社，1995年，第71-72、92页。
　　② 这里引用的是1995年版的《马克思恩格斯选集》的中译文，而1960年版的《马克思恩格斯全集》以及1972年版的《马克思恩格斯选集》的中译文则是："在一定的物质的、不受他们任意支配的界限、前提和条件下能动地表现自己的"。（《马克思恩格斯全集》第3卷，北京：人民出版社，1960年，第29页；《马克思恩格斯选集》第1卷，北京：人民出版社，1972年，第29-30页）译文的关键是"活动着的"一词，根据《现代汉语词典》中"活动"一词的释义，以及"活动"一词在德汉两种语言中含义的差异，旧版翻译为"能动地表现自己"，当能更好地传达马克思原文的意思。

于人类活动的历史领域的话，目的论就并非只能是唯心主义专有的，也可以有唯物主义的目的论。而且，如果我们仔细考察马克思著作的话，就会发现，其中确实包含着一种目的论思想。最为明确的是马克思在《资本论》第三卷论述必然王国和自由王国时说过的两句话："事实上，自由王国只是在由必需和外在目的规定要做的劳动终止的地方才开始"；"在这个必然王国的彼岸，作为目的本身的人类能力的发展，真正的自由王国，就开始了"。在这两段话中，特别值得注意的是这两个短语："外在目的"和"作为目的本身的人类能力的发展"。这两句话所表达的意思，如果其后面没有一种目的论思想支撑的话，那么是无法理解的。因而，毫无疑问，马克思那里也是有一种目的论思想的。只是马克思的目的论既与亚里士多德的实体性目的论不同，亦与康德的形式性目的论不同，它是一种基于物质生产实践的唯物主义目的论，或者说实践性目的论。①

如果比照康德对于道德自律论的建构，我们从人的能动性出发，将之作为一种建构性原则，并将"作为目的本身的人类能力的发展"的实践目的论作为一种调节性原则，就能够在马克思哲学的基本原则基础上，超越意志主义与理性主义的对立，证成一种马克思主义的道德自律论②。

三、从历史唯物主义的前提性
看马克思主义道德哲学何以可能

至此，我们只是将基于个人的自律作为建构马克思主义道德哲学的条件。但这样建构起来的道德哲学理论仍然只是一种一般意义上适合于现代社会的自律的道德理论，这种理论还不能区别于其他现代道德哲学理论，至少还不能区别于康德的道德哲学理论。因此，我们还必须继续前进，探寻真正属于马克思的那种独特的现代道德哲学建构方式。为此，我们便必

---

① 关于"马克思历史观的'目的论'特征的问题"，马尔库什的说法可资参考。他说："人类历史发展却首先以这一事实为特征：它的基础适于作为环境的'自然界'处于一种变化的、日益拓展的动态相互作用中。正是由于这个原因，这种发展的一般趋势和'内在目的'不是呈现为对某种不可避免的、预先决定的终极状态和'命中注定的结局'（例如熵的最大化和有机体的死亡）的逐次近似，而是呈现为一种原则上不受限制的进步趋势。"（马尔库什：《马克思主义与人类学》，李斌玉等译，哈尔滨：黑龙江大学出版社 2011 年，第 89、95-96 页）

② 为避免重复，将在第三部分阐释马克思主义道德自律论的基本要点。

须回到马克思的历史唯物主义。因为正是历史唯物主义基本原则的前提性，才规定了马克思主义道德哲学区别于其他任何一种道德哲学的独特性。由于我们已阐明马克思主义道德哲学的自律论性质，这使得它既区别于功利论，也区别于包括黑格尔道德学说在内的至善论①，那么，只要我们说明了马克思与康德道德哲学之间的区别，也就在原则上表明了马克思主义道德哲学的独特性。

但将历史唯物主义作为前提，便涉及作为一种决定论的历史唯物主义与作为一种非决定论的道德哲学的关系问题。在第一部分，我们曾得出结论，决定论只属于思维构造起来用于把握实在的理论世界，而实在世界并非是完全决定论的，从而以一种"兼容论"的方式解决了决定论与自由意志的关系问题。但将决定论与自由意志分割在理论世界与实践世界两边，并不意味着这两个方面是全然隔绝、没有关联的。关于这种关联，笔者在另文有过较详细的讨论，马克思对于人类社会生活的考察，与康德类似，包含着行动者与旁观者或者说"事先"与"事后"双重视角，即实践中的当事人或行动者的"事前"视角与科学或理论研究中的观察者或旁观者的"事后"视角。因此，我们不能把历史唯物主义仅仅限于基于旁观者"事后"视角而得出的客体性的历史规律论维度，而是同时也包含着基于行动者"事前"视角而得出的主体性的价值论的维度。于是，在历史唯物主义中，包含着由双重视角所形成的双重体系。一方面是基于历史中的行动者视角所构成的价值论体系，可称之为历史价值论；另一方面则是基于旁观者视角所构成的历史规律论体系。但这历史规律论与历史价值论的双重体系也不是说二者是完全并列，互不相干，且没有联系的。而是说，一方面，二者是各自成体系的，即在各自体系内部是不能羼杂对方的原理的；但另一方面，二者之间又是互为前提的。一方面，历史规律论之中隐含着价值原则，但这种价值原则是其前提，而不是其体系中的原理；另一方面，价值论之中亦隐含着历史规律论的原则，但这种原则也只是前提性限制，而非体系中的原理。换言之，这双重视角之间的关联不能被理解为旧形而上学的那种建构性的关联，而只

---

① 笔者以为，黑格尔的道德哲学是一种将古代的至善论与康德的义务论结合起来的企图，但基于其绝对精神之单一视角的形而上学设定，从根本上说还是至善论的，至多也只能说是一种试图将义务论纳入其中的辩证的至善论。

能是一种"范导性"或"调节性"的关联^①。这种双重视角之间或者说理论理性与实践理性之间的调节性关联，在康德主义的道德哲学家那里自然也是被认可的。如罗尔斯则指出："实践理性在如下意义上假定了理论理性：绝对命令程序以为，一个已经确立起来的关于世界的常识信念和知识背景是理所当然的。"^②

这样一来，建构一种马克思主义的道德哲学的首要问题，便是基于历史唯物主义所设定的作为出发点的"活动着的"个人，如何能够获得或建构起一种普遍性的行动规范。这里的"建构"一语包含着双重含义：一方面，它意指"活动着的"个人对于自身行动规范的建构；另一方面则指道德哲学对于这种"活动着的"个人实践中的建构在理论上建构，亦即理论重构。就后一方面而言，可以说道德哲学并不发明某种道德原则，而只是将社会中存在的道德原则以理论的方式表达出来。这一点与麦金太尔关于亚里士多德对于道德生活同道德哲学的关系的观念是一致的："亚里士多德并不认为自己是在发明一种美德理论，而只是明确表述了一种隐含在有教养的雅典人的思想、言谈与行为中的美德观点……因此，一种哲学的美德理论是这样一种理论，其主题已经隐含在前哲学的理论之中，并且为当时最优秀的美德实践所预设。"^③相应地，康德关于我们对道德法则的意识的"理性事实"^④观念也指明："关于人既是合理而理性的又是自由而平等的这个观念蕴含于我们的日常道德意识中，这是一个理性事实。"^⑤因而，在康德这里，道德哲学亦是对于我们的日常道德意识的一种理论建构。在此问题上，马克思主义道德哲学也不例外，它并不是要发明某种道德原则，而只是对于隐含在现代社会中并为人们所实践的道德原则，借助于理论反思而加以系统化的阐释。

就此而言，科尔斯戈德关于现代道德哲学发展的"反思性认可"说，颇为适合于我们的方法论原则，故可借用来建构马克思主义道德哲学。如前所述，科尔斯戈德将现代道德哲学划分为唯意志论、实在论、反思性认

---

① 王南湜：《决定论、自由与规范——价值论的历史唯物主义视域》，《哲学研究》2013 年第4 期。

② 罗尔斯：《道德哲学史讲义》，第 295 页。

③ 麦金太尔：《追寻美德——伦理理论研究》，第 186 页。

④ 康德：《实践理性批判》，韩水法译，北京：商务印书馆，1999 年，第 32、44 页。

⑤ 罗尔斯：《道德哲学史讲义》，第 322 页。

可论、自律论四个派别，其独到之处在于，他并未将"反思性认可论"仅限于其所列举的休谟、哈奇森等人的道德哲学，而是在行文中将"反思性认可"观念贯穿于对上述四个派别的论述中，即从"反思性认可"视角，探讨上述道德哲学派别在理论上的得失。这些派别当然都有其合理之处，亦有其问题，而后来的理论则从新的立场提供了某种更好的解决方式。但这一进程在康德的"自律"观念中，则达到了一种理论的完备化形态："现代以降，对规范性的每一种说明都是在对以前解释的回应中发展起来的，有时候甚至还是对前一种理论批评的产物，更经常的是，前一个理论的某些含义常常在后一个那里得到了更好的解释与发挥……康德对义务的说明是这个历史进程的顶峰"①。这样，"反思性认可"便既是一种用于说明道德规范之建立的方法，亦是一种建构道德哲学理论的方法。故亦可将之视为对于罗尔斯之建构正义理论的"反思平衡"方法论的发挥。当然，要将这一"反思性认可"方法用于马克思主义道德哲学之建构，我们还必须依据马克思之不同于康德哲学的基本观念对其予以限定。

　　与我们这里所讨论的问题相关，马克思哲学与康德哲学的最根本的不同，在于两人实践概念的不同，从而两人所理解的道德生活世界概念也便大不相同。马克思思想中的"实践"，首先是改造世界的物质生产活动，而康德哲学则与之不同。与马克思一样，康德也是强调实践理性对于理论理性的优越性的，而且正是康德首先提出了这一原则。但是，康德是将实践概念划分为截然不同的两类的，他指出："哲学被划分为在原则上完全不同的两个部分，即作为自然哲学的理论部分和作为道德哲学的实践部分（因为理性根据自由概念所作的实践立法就是这样被称呼的），这是有道理的。但迄今为止，在以这些术语来划分不同的原则、又以这些原则来划分哲学方面，流行着一种很大的误用：由于人们把按照自然概念的实践和按照自由概念的实践等同起来，这样就在理论哲学和实践哲学这些相同的名称下进行了一种划分，通过这种划分事实上什么也没有划分出来（因为这两部分可以拥有同一些原则）。"②显然，康德所说的两种实践，一种是亚里士多德意义上涉及主体之间关系的实践，另一种则是涉及主客体之间的关系，是亚里士多德意义上的"创制""制作"或"生产"。这后一种实践是所谓

---

① 科尔斯戈德：《规范性的来源》，杨顺利译，上海：上海译文出版社，2010年，第21页。
② 康德：《判断力批判》，邓晓芒译，北京：人民出版社，2002年，第5-6页。

的"技术上实践"，在康德看来"必须只被算作对理论哲学的补充"。这也就是说，基于"自在之物"与现象的划分，这两种实践之与实在或"绝对物"的关系也是截然不同的。借用莱维评论马克思《关于费尔巴哈的提纲》的话来说，这两种实践之中，只有那"按照自由概念的实践"才能够参加到"绝对物"中去，而那种"按照自然概念的实践"即马克思理论中的物质生产活动，则只有自然的或现象的意义。[①]显然，这后一点与上述马克思哲学的观念恰恰相反。

此外，康德哲学关于道德实践具有本体的意义，能够参加到"绝对物"中去之观念，尽管马克思不会予以否认，但对其实在性却是基于十分不同的原则去理解的。因为既然在马克思哲学中物质生产或生产实践具有首要的地位和实在性，那么，康德意义上的涉及主体间关系的道德实践作为广义的物质生产活动的社会形式方面，自然也具有其实在性。而这又进一步意味着，康德式的现象与自在之物的划分，在马克思哲学中不会得到完全的肯定，而只能被部分地、有限度地予以接受。换言之，在康德哲学中被截然分割的现象与自在之物，在马克思哲学中却只有相对的分离。而且这种分离虽然仍对应于理论与实践的相对分离，但其含义却大不相同：物质生产活动与广义理解的道德实践或生产关系实践一起被归属于实在性之列，而与单纯的理论活动相对待或相对分离。进而，同属于实在性的实践包括生产实践与广义道德实践两个方面，其中一个方面被视为物质生产的"质料"方面，另一个方面则被视为生产的社会"形式"方面。而此二者作为"质料"与"形式"，意味着社会实践的这两个方面亦是相对待或相对分离的。于是，康德哲学中生产实践与道德实践基于现象与自在之物之分别的截然分离，在马克思哲学中便只成了"质料"与"形式"的相对分离。

马克思哲学与康德哲学的这一根本性不同，具有十分深刻的意蕴，它所带来的理论上的逻辑后承在极大程度上改变了康德哲学对于自由的刻画。这一逻辑后承包括三个相互关联的方面。

其一是物质生产实践的实在性意味着与康德哲学不同，即便在这一活

---

① 莱维在论及马克思《关于费尔巴哈的提纲》时写道："马克思的思想是这样的：正像同我们表象相符合的是我们之外的实在的客体一样，同我们的现象的活动相符合的是我们之外的实在的活动、物的活动。从这个意义上来讲，人类不仅通过理论认识而且还通过实践活动参加到绝对物中去；这样，整个人类活动就获得了一种使它可以同理论并驾齐驱的价值和尊严。"（转引自《列宁选集》第2卷，北京：人民出版社，1995年，第80页）

动领域，人类活动也在某种意义上是一种自由的活动，即赋予对象以合目的性形式的活动，而这又意味着，作为人类活动之对象的客观实在，亦并非如康德哲学中的现象界一样是一必然性王国，而至少是在某种程度上非决定论性的。在马克思哲学中，构成决定论的必然性王国的，只是作为对于实在世界之观念把握的理论世界。这一理论世界，大致上相当于康德的现象界。但由于这一理论世界只是理论思维对于实在世界的一种把握方式，因而作为对于世界之把握的理论世界的决定论性并不能等同于实在世界的决定论性。当然，马克思在《资本论》手稿中认为，这一活动领域的自由只是一种有限的自由，甚至在某种意义上仍是一个必然王国，但无论如何，人类在这一领域中仍享有某种程度的自由，否则的话，通过物质活动而改变世界便是不可能的。

其二是与上述问题相关，在康德哲学中"按照自由概念的实践"，在马克思哲学中，由于这一活动领域被视为物质生产活动的社会形式，因而便不能不受到这种活动的"质料"方面的制约，因而亦非全然自由的活动，而是受到某种限制的自由活动。这种制约或限制，虽非自然因果性般的决定，但亦意味着道德实践并非能全然脱离现实的物质生活方式而成为天马行空般的纯然自律。

其三是与康德基于一种目的论的调节性观念把历史设想为一种进步的过程不同，在马克思这里，历史是一个为生产力的发展所推动的辩证发展过程，而且这个过程基于生产方式的变迁而分为若干阶段，基于不同的生产方式，人们的生活方式，特别是人与人之间的社会关系也大不相同，从而这些不同的生产方式以及生活方式对于人的自由的限制也便各不相同。这种基于生产方式的不同而对于人的自由的限制方式的不同，对于我们理解马克思的自由观，从而理解或建构马克思主义道德哲学有着根本性的意义。

在大致勾画了马克思与康德哲学之基本观念的差别之后，我们可进一步基于这些差别来阐发建构马克思主义道德哲学之"反思性认可"的具体方式。对于马克思主义哲学而言，这"反思性认可"首先便意味着，在一定的生产方式条件下，与之相应的社会关系中的人们的生活已然存在，生活于这种社会中的个人当其行动之时，由于并不像在动物那里那样，仅存在着支配其行为的自然规律，而是在某种程度上是自由的，因而他就必须自己为自己建立某种法则，并依照这种法则去规范自己的行为，只有这样，才会使得这一定的社会生活成为可能。但人既然在某种程度上是自由的，且他要创造的是某种规范自身行动的具有普遍性的法则，便需要为这种创造提供一个具有普遍性的根据或理由，以便这些法则能具有一种类似于自然法则的形式。这种反思可能在两个层面上进行。一个层面是社会生活之现实存在对于个体行动方式的要求，即个体反思到如果要使这种社会生活在庸常的现实性水平上能够存在的话，每一个社会成员所必须遵循的一般性规则是什么。另一个层面是个体不满足于设想这种庸常的社会生活，而借助于想象力，设想在一种理想状态下，社会生活要能够存在的话，每个社会成员所必须遵循的规则是什么。前一层面的反思所得出的可以说是社会生活得以可能的最低限度的规范，后一层面的反思所得出的则是理想社会的规范。这便是康德所说的人为自己"立法"。遵守这种自我所立之法，便是道德的"自律"。

在康德道德哲学中，由于其强调人是目的本身只是为了证成自由的优先性，对应于亚里士多德的实体性目的论，其目的论就只是一种形式性目的论，因而，这种强调自由价值的优先性的目的论，就如罗尔斯所描述的那样，支持一种较强意义上的自由主义的权利对于善的优先性。与之相对照，马克思主义道德哲学却由于强调人的天赋能力的自由发展，是一种基于现实生活的实践性目的论，这赋予了其目的王国理论中人的本质性目的以更多的分量。但尽管如此，马克思主义道德哲学作为一种自律的现代道德哲学，却不可能像古代道德哲学的至善论那样，以人的完善为基本原则去规定人的自由。因此，马克思主义道德哲学便既与完善论不同，亦与自由主义不同。由于既主张自律原则，又比自由主义更强调人的自由发展的目的论约束作用，因而马克思主义道德哲学可以说是一种较弱意义上的权利优先论。

进而言之，基于历史唯物主义之一般原理，马克思主义道德哲学与康德道德哲学不同，还体现在它关于道德生活方式以及道德哲学观念的历史性观念上面。历史唯物主义认为，由于不同的生产方式以及社会生活方式对人的自由的限制方式的不同，因而在不同的历史条件下，人们据以反思社会生活的方式也各不相同。大致说来，可以将进入文明时代以来的人类生产方式划分为基于农业生产的自然经济与基于工业生产的市场经济两种类型。基于这两种生产方式人们的生活方式或实践方式也可以划分为两大类型。实践方式亦即"做"的方式。"做"有两个方面：一是"做事"，涉及人与物的关系；二是"做人"，涉及人与人之间的关系。做事的产物为物品，而做人的产物则为社会交往关系或社会组织。进入文明时代以来，在最基本的层面上，人类有两种可能的"做"或实践的方式：一是有机性或笼统性之做，二是无机性或构造性之做。有机性地做事之典型是农业生产，做人之典型则是基于自然血缘关系或拟血缘关系的共同体交往，概言之，就是以自然经济为基础的实践方式。在这种做事方式中，如在农耕和畜牧生产中，人的活动一般并不改变对象本身，并不创造出某种植物或动物，而是顺应对象的存在规律，从外部予以照料、改善。而在这种做人方式中，人的非选择性就更为显著了。一个人所生活于其中的全部社会关系，对于个人而言，通常都是既不可选择，又不可能改变的。一切似乎都具有一种现成性、永恒性，甚至神圣性，从而也就具有一种不可移易性。在这种情况下，人生活于其中的世界对人而言便只能显现为一种现成的存在，即一种超乎人力的、不可改变的"实体"。无机性地或构造性地做事之典型是工业生产，做人之典型则是基于自觉的利益关系的联合体交往，概言之，也就是以工商或市场经济为基础的实践方式。在这种做事方式中，人的活动不仅触及了对象自身，而且一般地按照人的目的重新构造了对象。在工业生产中，人的活动不再是辅助性的，而是根本性的、主导性的。在农业和畜牧业中，即便没有人的参与，植物和动物照样能够生长，尽管效果会有所不同；而在工业中，若没有人的设计、控制和参与，则生产一般地不可能。伴随工业生产的能动性、人为性，人们的社会关系也成为人为的或人造的。市场经济破坏了传统社会中视为神圣的一切社会关系和社会组织，而代之以出于利益关系和基于契约关系的市民社会。而建基于市民社会基础之上的民主政治，亦不过是市场经济在政治领域的翻版而已。与自然经济社会中基本社会组织基于血缘、地缘等自然性的资源不同，市场社会中的基本社会组织如公司、工会、政府等，都具有明显的人造性和可改变性。在这种情况下，人生活于其中的世界对人而言不可避免地显现为一种人为的、构成性之存在，即作为活动主体之产物的存在。

在传统社会和现代社会中，由于反思所由以进行的生活方式的极大不同，人们的道德反思方式及其结果也会是极其不同的。在非市场经济的古代社会中，由于无论在人与自然关系中，还是在人与人的社会关系中，都是一种笼统的有机性之实践或做，且在这一社会中，全部社会关系都如同永恒的自然世界那般对人表现为一种超乎人力的不可移易的先在的现成之物，因而自然便会以这种现成性为前提，从而构想其正常存在的规范条件。同时，又由于传统社会中个人身份等级的先赋性和稳定性，即每一个体皆有由出生就赋有的身份、地位、生活方式等，以及个人活动范围的有限性，即生活于所谓"熟人社会"之中，因而这种道德规范在不同身份等级的人群和不同的社会群体中便往往是各不相同的。在这种情况下，道德反思便既无必要亦无可能上升到普适的道德法则之程度，而往往只能以不同等级中成员个人德性条目的方式出现。这最为典型地体现于柏拉图《理想国》中关于生产者、护卫者和统治者三个不同等级所要求的相应的不同德性的规定上，即生产者的节制德性、护卫者的勇敢德性和统治者的智慧德性。

而在市场经济的现代社会中，由于在人与自然以及人与人之间的关系中，都是一种构造性的无机之实践或做，传统的社会纽带不复存在，个体的身份、地位等不再表现为先赋和稳定不变，于是，人们只能基于平等的个体存在而构想群体生活得以可能的道德规范；且由于活动范围日益扩展，人们已处在一种"陌生人社会"之中，因而这种情况下那种针对不同的人群规定各不相同的德性条目的方式便不再可能，而只能是构想群体生活得以可能的普适性的道德法则。其典范便是康德的绝对命令："你要仅仅按照你同时也能够愿意它成为一条普遍法则的那个准则去行动。"①

基于历史唯物主义对于道德反思方式从传统社会到现代社会的这种转换的阐释，表明马克思主义道德哲学认为道德规范从而道德观念都具有一种历史性。但这种历史性最为深层的基础在于生产方式的历史性变迁，是一种虽然随着生产方式的变迁而变迁，但在一定生产方式条件下却会保持着稳定性的历史性，而不是如麦金太尔所理解的那种空无所依的泛泛的历史性。对道德规范的这种历史性理解，是与康德道德哲学的那种非历史性大不相同的。就此而言，马克思主义道德哲学也可以说是一种历史化了的康德道德哲学。

马克思与康德道德哲学上更为根本的区别则在于，根据历史唯物主义，特别是根据马克思的政治经济学批判理论，资本主义的高度发展，最终必然会导致这一生产方式的一种内在的不可能性，而这就为建立一种新的生

---

① 康德：《道德形而上学奠基》，第 52 页。

产方式以及新的社会生活方式开放了现实的可能性。^①于是，马克思主义道德哲学对于现实道德生活的反思便不可避免地包含着对于这种未来可能的社会生活方式的反思。在马克思生活的时代，由于社会主义并未现实地存在，因而这种反思便只能是基于资本主义社会生活的反思。在马克思本人那里，曾经有过片断性的反思。比较重要的有《资本论》中关于自由人联合体的讨论，《哥达纲领批判》中关于共产主义两个发展阶段的讨论。在《资本论》中，马克思写道："设想有一个自由人联合体，他们用公共的生产资料进行劳动，并且自觉地把他们许多个人劳动力当作一个社会劳动力来使用。在那里，鲁滨逊的劳动的一切规定又重演了，不过不是在个人身上，而是在社会范围内重演。鲁滨逊的一切产品只是他个人的产品，因而直接是他的使用物品。这个联合体的总产品是社会的。而另一部分则作为生活资料由联合体成员消费。因此，这一部分要在他们之间进行分配。这种分配的方式会随着社会生产机体本身的特殊方式和随着生产者的相应的历史发展程度而改变。仅仅为了同商品生产进行对比，我们假定，每个生产者在生活资料中得到的份额是由他的劳动时间决定的。这样，劳动时间就会起双重作用。劳动时间的社会的有计划的分配，调节着各种劳动职能同各种需要的适当的比例。另一方面，劳动时间又是计量生产者个人在共同劳动中所占份额的尺度，因而也是计量生产者个人在共同产品的个人消费部分中所占份额的尺度。"^②在这里，马克思显然对未来社会中分配正义的基本原则和尺度进行了某种反思。

而在《哥达纲领批判》中，马克思则进一步把未来理想社会划分为两个阶段：第一阶段和高级阶段。在第一阶段中，消除了生产资料的私有制，但还保留按劳分配这一形式平等的资产阶级权利；而在财富极大涌流的高级阶段中，则废除了这一形式平等的权利，而实行实质平等的按需分配。^③按马克思的设想，在共产主义第一阶段实行按劳分配，这可以说是出于对洛克劳动创造权利原则的预设。否则，何以要按劳分配。马克思承认权利

---

① 人们通常认为马克思论证了从资本主义发展到社会主义的必然性，但这种理解是不正确的。马克思在《资本论》中只是论证了资本主义发展的结果是这一生产方式不再可能继续下去，从而有可能在资本主义所取得的高度发展的生产力基础上去建立新的理想社会，而并未论证社会主义会以自然必然性的方式到来。关于这一问题，可参见拙作《剩余价值、全球化与资本主义——基于改进卢森堡"资本积累论"的视角》（《中国社会科学》2012 年第 12 期）中的有关讨论。

② 《马克思恩格斯全集》第 23 卷，第 95-96 页。

③ 《马克思恩格斯选集》第 3 卷，第 304-306 页。

原则仍是该社会的基本原则。按照这一原则，按劳分配的社会主义社会在价值原则上得以成立。这一权利原则在此意义上是洛克式的资本主义与社会主义共同享有的价值原则，并且在某种意义上，只有在社会主义社会中，这一价值原则才能够得到真正完全的贯彻。就此而言，共产主义的第一阶段或通常所说的社会主义，可以说是作为对于资本主义扬弃的市场经济社会的最高阶段。对于剥削的批判，也正是基于劳动创造权利这一价值原则的。换言之，共产主义第一阶段或社会主义社会仍是属于与资本主义同类的社会，所不同的只是劳动价值原则或权利原则得到了最为彻底的贯彻。马克思虽然承认自我所有权，这与罗尔斯不同①，但亦与左翼自由至上主义不同。他虽在某种意义上接受了洛克的劳动创造权利的说法，但却并未停留于洛克对人的理解上，而是如前所述又从亚里士多德等人那里汲取了目的论思想，但不是亚里士多德意义上的那种作为解释世界的科学知识的目的论，而是类似于康德的那种作为人基于其自由本性而悬设的目的论。而且正是以这种人的完满或自我实现作为最高价值原则，马克思才得以进而批判资本主义并论证共产主义的可欲性。这便是马克思对于现代社会反思中关于未来社会道德规范之初步设想。这一设想显然与康德的道德哲学大不相同。

至此，我们根据马克思的基本哲学观念对现代社会之道德规范之可能性进行了构想，这些构想不仅已表明了可以之为基本框架去建构一种道德哲学理论，而且亦展现出了马克思主义道德哲学与其他各种道德哲学的实质性区别。可以说，我们已初步论证了一种独特的马克思主义道德哲学是何以可能的。

（本文原载于《天津社会科学》2015 年第 1 期）

---

① 罗尔斯的有关论点以及他对马克思相关论点的评论，参见罗尔斯：《政治哲学史讲义》，杨通进译，北京：中国社会科学出版社，2011 年，第 367-368 页。

儒家伦理与近代日本

王中田

作为东方文化传统及人文精神之主流的儒家思想，在近 20 多年来，由于多元化的经济发展现实冲破了以西方为唯一模式的那个陈旧观念，自然科学理论的发展也导向于东方式思维，整个世界出现了一种新的趋势，即一种思想大转折，海内外学者把研究的重点转向了古老东方的儒家思想，试图作出新的阐释，为现代社会提供点什么，特别是东亚经济的崛起，"儒家资本主义"的出现，有识之士似乎更感到用这古老的思想既能解决西方的危机，又能摆脱东方的落后。正是在这样的文化背景下，学者们把目光转向了东方。本文试图考察儒家伦理在近代日本的命运，从中寻找我们今天所需要的有益的历史的启示。

以 1868 年的明治时代开始为标志，日本步入了近代社会，而在这之前，是日本封建制的末期，即德川幕府统治的时代。仿佛是儒家伦理和封建社会结下了不解之缘，此时，儒家伦理获得了殊荣，有着一个非常骄傲或者说是光辉灿烂的时代、儒家伦理思想在日本社会（无论是上层社会还是平民百姓）占统治地位，成为日本人主导的价值观念。

桑原武夫先生曾说过："日本文化无疑是由中国文化的卤汁点成的。"早在公元前 3 世纪左右，日本通过朝鲜半岛（也有小部分是通过南方的中南半岛）接受了中国的农耕技术，成为农业社会。而汉字大约在 3 世纪中叶，即曹魏时期传到了位于九州的女王卑弥呼的倭国（邪马台），至于在后来被被视为日本诸邦国的共主天皇宝正宗的大和朝廷使用，则是在 5 世纪的 20 年代（相当于东晋末年，刘宋初年），这时的履中天皇设置了记事的史官。到推古天皇时（593—628 年，相当于隋文帝开皇十三年至唐太宗贞观二年），日本朝廷书写日语时，普遍使用汉字，并运用省略汉字笔画和采取偏旁的方法，先后造出了片假名（正写字母）和平假名（草写字母），从而确立了从那时一直沿用至今的汉字与假名间杂使用的日本书写系统。儒家文化开始影响日本，不仅从语言文字上，而且还从思想意识、价值观念上：在应神帝十五年（公元 284 年，即晋武帝太康五年），日本从百济征聘博士王仁，他携去《论语》十卷，《千文字》一卷；到继体帝七至十年（公元 513—516 年，即南梁武帝天监年间），百济又派遣博士段杨尔、汉安茂赴日本带去了《礼》《乐》《书》《论语》和《孝经》五种儒家经典。

接受了中国的儒家文化，间接地促成了大化革新（645—649）的圣德太子（他在大化革新前 24 年死去），颇精于中国的经史、诸子之学。他在 604 年起草的《十七条宪法》，所引用的成语、典故除了出自上述的诸书外，还广泛涉及《孟子》《管子》《中庸》《左传》《庄子》《史记》等书。在这种文化背景下进行的大化革新，在政权设置、土地分配、赋税征收、考选任官和设置学校等众多方面，很大程度上都是仿照唐制。至此，可看作儒家思想传入日本后出现的第一个高峰。

到了德川幕府统治时期，将军家康祖孙三代都大力扶持林罗山（1583—1657）的朱子学派。他们把一些自然现象与人类社会规范合而为一，如用天地上下的关系证明等级制度的合理，主张以"五伦道德为贯通人类一切社会关系的永恒不变的真理，从而把当时的封建社会的人与人之间的关系和社会秩序加以绝对化"。后来出现的古学派，也与朱子学派有共同之处，即尊崇中国儒学，主张以研究中国原始经济以阐明孔孟真意，首先从理论根据上打开缺口。

以上事实都说明，儒家伦理思想在德川幕府时代，即日本封建社会末期，已经占据统治地位，成为日本人主导的价值观念，影响到社会生活的方方面面，这也是儒学传入日本的第二个高峰。儒家伦理思想与日本的封建专制政治结合在一起，既巩固了德川幕府的统治，也使这种统治走向极端化。所以，以明治维新为开端的近代社会一开始就在思想意识领域里将儒家伦理思想作为了批判的对象。

明治维新之后，西方文化大量地、全方位地涌进日本，在广泛的受容、激烈的冲击之后，日本知识界所面临的一个重要课题就是启蒙思想与传统观念相矛盾，儒家伦理思想作为日本武士阶层以及社会各阶层人民的生活典范遇到了挑战。移植西方的伦理思想，意味着使日本的传统思想和外来的意识形态相结合，而这一结合是以对传统思想的批判为开端的，这样才能产生一种新的综合性东西。这也就成了明治时期的启蒙思想家的共同研究课题。

　　著名的启蒙思想家西周（1829—1897）在《明六杂志》上连载了"人生三宝说"的思想，即站在西方功利主义的立场上，探究人生的目的就是"最大多数人的最大幸福"，"人生三宝"即健康、知识、富有。同时，对儒家伦理思想进行了激烈的批判。他认为，儒家伦理思想中的君臣之间、父子之间的关系是纵的方面，没有并行的关系，提倡横的关系即平等的关系，也就是宣传新道德的思想，从而把人间的忠义、孝悌等观念换成人类的自由、平等、博爱，并强调自主独立的精神。这是 18 世纪启蒙主义的遗产，站在启蒙主义的立场上，批判儒家伦理。无疑，日本近代启蒙思想家使用的武器是先进的，也就是用资产阶级的伦理思想取代儒家的伦理思想，反映了明治初年资产阶级的功利主义，享乐主义，利己主义，以及要求自由、平等、个性解放的反封建意识。但是，他又在《东京师范学校的论道德学一科的设置》一书中说，道德教化不是像火车、轮船那样新发明的东西，新的东西完全能取代旧的，应该是和西方伦理思想的对照，取长补短，综合统一，使日本的道德思想能与西方的思想有机地统一起来，建设日本的新道德世界。这反映了启蒙思想家的内心矛盾。

　　另一个著名的思想家福泽谕吉（1834—1901）虽然更倾向于西方思想，对儒家思想的批判更激烈，但后来在启蒙思想与传统观念之间仍然复归于后者。他不仅看到了西方各国的工业生产、机械设备、物质生活，还了解了西方的议会和政党，认为民主政治的思想、理论和制度，才是西方文明的核心，因此他比提倡"东洋道德，西洋艺术"的佐久间象山前进了一大步，反对维护东方的封建道德，主张从精神上理解和接受西方近代文明。他在《劝学篇》中说："在亚洲各国称国君为民之父母，称人民为臣子或赤子，称政府的工作为牧民之职，真是无理之极"，"天不生人上之人，也不生人下之人"，激烈地抨击了封建等级制度，批判了忠臣、孝悌观念，强调个人的独立自尊，"个人可以独立，一家可以独立，国家也就可以独立了"。而个人追求独立的途径，就是"专心致力于接近世间一般日用的实学"，从而成为生活的强者。他认为："人类的学问是日新月异的，……（而儒者）只是叹息自己的学圣人而不及圣人而已。所以儒教在后世愈传愈坏，逐渐降低了人的智德，……造成社会停滞不前的一种因素。"（《文明论概略》第五卷）他批评儒家"不思及进步，如一切工业制作，举皆认为下等社会之事而放弃之"（《时事小言》第 13 页）。他还尖锐地揭露儒学维护封建专制

政治的特点，认为封建时代的"政府本来就含有专制的因素"，而作为"半
政治的学问"的儒学，更"促进了这个因素的发展并加以润色"，因此儒学
是"与'人民同权'相敌对的学问"（《文明论概略》第五卷）。

　　启蒙思想家以西方思想为武器，大力传播西方的功利主义、社会契约
论、进化论，向西方一边倒，儒家伦理思想被斥为"虚学"，是无用之学，
是于事无补的学问。应当指出的是，他的确看到了儒家伦理思想所存在的
弊端，这也是儒家思想陷入困境的根本原因。但他想完全抛弃自己文化传
统中的根深蒂固的思想，也是不可能的，更不可能用西方思想完全取而代
之。特别是在社会发生变革，价值观念开始转换之际，简单地否定传统思
想只能造成虚无主义的横行和混乱状态的出现。有的学者曾把明治维新初
期的情况概括为一句话："十年无道德可言。"这段历史非常像雅各布、布
克哈特在《意大利文艺复兴时期的文化》一书第六篇第一章中所描写的道
德的堕落的情况：个人主义横行，传统思想被彻底否定，新的价值观念、
新的道德标准亟待建立。

　　明治初期，儒家伦理思想被彻底否定了，处于悲剧的局面。这可以看
作是儒家伦理在近代日本发展的第一阶段。那么，难道儒家伦理的结局只
能是如此吗？答案应该是否定的。对于一种具有深厚的文化背景，包容性
很强的思想来说，历史的转机正在等待着它，社会也正在需要它。果然，
到了 19 世纪 70 年代中期，当自由民权运动出现高潮时，当时的日本政府
逐渐复活了儒家思想。

　　复活儒家思想的总先锋是天皇侍讲元田永孚（1818—1891）。他于 1879
年公布了一个提案，认为明治维新 12 年来，日本虽然取得了很大成就，但
是出现了品德恶化和道德紊乱形象，原因就在于不少人只注重知识才气和
文明开化，抛弃了日本固有文化和中国文化，造成了对至关重要的仁义忠
孝思想的极度轻视。为此，他主张根据祖宗的训典，弘扬仁义忠孝的道德
规范，并认为"道德之学必以孔子为主"，在此前提下，其他"各科之学"
可以根据个人所长任其自学。元田的思想，显然只停留在幕末"东洋道德，
西洋艺术"的层次上，只是简单地复活儒家伦理思想。

　　而在西方思想和儒家思想的结合上做出努力的是西村茂树（1828—
1902）。作为近代儒教主义（或称混合儒教主义）的代表人物，他的主要著
作是《日本道德论》（1887），此书是针对欧化主义的倾向，说明在社会发
生变革之时国民道德的确立是当务之急。他认为，道德不只是人心、风俗

的问题，而且是国家之根本，"国家的盛衰治乱，不外是人心的聚散离合"，"人心腐败涣散，人民主张个人私见，不顾国家大计，都足以使其国家灭亡"，为了"保持本国之独立，发扬国威于外国"，就必须加强"道德之教"。在他看来，为"拯救民心之颓败，治疗风俗的恶坏"，必须依靠道德学。法律不过是"治国平天下的机器"，而道德学才是"治国平天下的精神"。为了确保日本对内的统一和对外的独立，"除了发扬智仁勇，即道德以外没有其他办法"。他尖锐地指出，国家的盛衰完全是由人民的道德决定的，明治维新后的状况是政府没有一定的国教；民间没有足以收揽全国人心的道德，使得民心没有一定的方向；一些学者对道德加以任意诽谤和愚弄，致使人心患病，出现了像自由民权运动那样的民心轻薄浮躁的毛病，酿成了精神危机，因此必须强调"道德之教"。而"道德之教"的主要内容应该是儒学，即儒家伦理思想。因为儒学的根本是"忠孝之教"，这对于"维护万世一系的天皇，端正君臣的地位，美化国民的风俗，不是其他诸教所能及"；而且，儒教"以五伦为着眼点，从致知、格物起，一直到诚意、正心、修身、齐家、治国、平天下止"，凡是"关于现世的事物"，一切天下的教法都被网罗。因此，他主张以"儒教为本帮道德的基础"。但是，他同时认为，与西洋哲学相比，儒学理论上欠精密；教授是消极的，缺乏进取之心；尊卑不平等，又有男尊女卑；尚古精神有太过的倾向。所以，仅有儒家还是不够的，应用西方哲学来补充。他主要推崇西方的实证论和功利主义。这样他就把东西方思想结合起来，为儒家伦理思想的发展赋予了新的内涵，也使儒家伦理在近代日本的命运出现了新的转机，由简单的复活到与西方思想的集合，形成了"混合儒教主义"。他在内容和方法上是运用近代的、合理的、开明的哲学原理和道德规范，对儒家思想和西方哲学均有所扬弃，从而完成了从古典儒教主义到近代儒教主义的发展变化。

与西村茂树的思想倾向基本一致，并有所发展的是井上哲次郎（1825—1944），他在《国民道德概论》一书中全面阐释了国家主义和儒教主义的伦理。此书原为其受文部省之命令，在日本师范学校修身教师讲习会上演讲的讲稿，被作为国家的道德论的权威著作，渗透于国民教育的各个方面。他认为国民道德的内容包括：日本固有的精神即日本的民族精神、儒教、佛教和西方文明四个方面。其中，日本民族精神是国民道德的精神，是国民道德的精神和灵魂；儒教和佛教虽是外来的东西，但是长期以来已被日本文化同化，已被日本国民吸收为国民道德的内容；西方文明的内容很庞杂，包括宗教、哲学、科学等，对于日本民族来说是异质的东西，但却又有很大的影响力。鉴于日本对于儒、佛吸收同化的历史经验，他断言西方文明也要被日本吸收。井上对日本当时的社会道德现状的分析是比较客观、中肯的，也是比较全面的，从中也反映了他对日本文化的吸收能力、包容能力的信心。他强调指出国民道德是日本"国民特有的道德"，国民道德教育在整个国民教育中占有特殊的地位，它比对国民的其他教育（如科学教育）更为重要；并论述了国民道德与一般伦理学是互补的关系、理论与应用的关系（见《国民道德概论》第2—31页），国民道德与一般道德即人道的关系（见上书第317—322页）。他还批判了启蒙思想家（如福泽谕吉）宣传的"独立自尊"思想，在绝对的意义上来说是行不通的，必须以"服从"的观念加以补充。他还尖锐地指出了学院派伦理学理论的缺点（如中岛力造），即只介绍了西洋的一般的普遍的伦理，忽视了东方的特殊的差别的方面，而主张"把东西方伦理打成一片"。由此看来，他的道德论是具有理想主义和精神主义特点的，以传统的神、儒、佛三道加上西方的伦理思想服务于绝对主义的"国民道德论"。

西村茂树和井上哲次郎的伦理思想没有也不可能摆脱政治层面的束缚，目的是为政治服务，适应当时的社会政治的需要，实用性较强，这也是儒家伦理思想的特点。这种不足，后来被西田几多郎（1870—1945）纠正过来。

西田融会贯通东西方哲学思想，提出了建立在"纯粹经验"上的善，使日本伦理思想的发展由实用化走向理论化。"纯粹经验"是西田哲学的根本概念。从这一概念出发，他认为真正的实在是一种"主客合一""物我相忘"的境界，这一观点明显地带着西方哲学和东方佛教思想的痕迹。他认为善只能从意识的要求来说明，而不能从外界来说明。真理的标准归根结底在于意识的内在必然性，行为价值的确定在于作为意识根本的先天要求。在我们完满地实现了这种要求，即实现了我们的理想时，其行为就被当作善而受到赞美，相反时就被当作恶而受到责难。所以善就是意志的发展完成。他指出，有很多道德学家忽视了这一活动方面，说什么义务或法则，一味地把压抑自己的要求和束缚活动当作善的本性，他们之所以陷入歧途，是由于不理解活动的真正意义，不懂得抑制较小的要求是为了非追求不可的更大的要求。道德义务或法则，其价值不在义务、法则本身，而是基于人的要求产生的。很明显，西田用西方哲学中的主体意识、主体精神批判和抨击儒家伦理思想从社会群体的角度压抑、束缚个人的正当要求的弊端，并弘扬具有东、西方色彩的"自我意识"。这种批判要比明治初期的启蒙思想家对儒家思想的批判深刻得多，更具有理性化。他认为，在自我的内在要求中，自我的最大要求是意志的根本统一力，即人格的要求，所以人格的实现是绝对的善，就是认识真正的自我。我们真正的自我是宇宙的本性，如能认识真正的自我，那就不仅符合人类一般的善，而且与宇宙的本体融合并与神意相符合。至此，西田完成了对伦理学理论的形而上学的探讨，被后来的研究者们认为是"具有独创性的体系"。应该指出的是，这种纯理论、思辨性的探讨除了其公认的学术价值在学术界产生影响外，对人们的实际生活很难产生太大的影响，理论只有与社会生活实际相联系，才能产生更大的精神力量。

在我看来，理论、思想的产生，应该是学术价值与应用价值的统一体。后来出现的和辻伦理思想正是具有这样的特点。

和辻哲郎（1889—1960）是在日本伦理思想史上留下了划时代的功绩、作出巨大贡献的思想家。他集东西方伦理思想之大成，既重视西方的主体性伦理思想，也重视儒家的建立在人伦关系之上的伦理学说，建立了系统的"人学伦理学体系"。可以说，他的伦理思想既是对近代日本伦理思想的总结，也开启了现代日本伦理学理论的发展。日本学者在《近代日本的伦理思想》一书中给他以高度的评价，称他为"伟大的文化学者"。

和辻认为，在他之前，伦理学从来都是对个人自觉行为规范的考察，而很少从社会的广阔范围来研究。西方近代以来的以个人主义为核心的伦理思想有其局限性，人类存在的理想状态也不可能在个人的存在中获得。这个观点在其《作为人学的伦理学》一书中展开，在其三卷本的《伦理学》一书中作了全面、系统的阐述。他自称其伦理学为"人学"，赋予人以特殊的含义，认为"所谓人是社会，同时又是该社会中的人；因此，它不单是人，同时也不单是社会，在这里可以看出人的二重性格的辩证统一"（《和辻哲郎全集》第 10 卷，第 17 页）。所谓人类是指生活在世界之中、和世界共存的人，不仅是人的共存也不仅是社会的存在。要把人和社会、世界结合起来研究。他针对明治维新以来的西方个人主义的泛滥，强调人的社会性，强调人是社会的存在物，并且重视儒家伦理思想中的人伦关系理论，认为人不是超越人与人之间关系的存在物，人生是从人与人之间的关系开始的。他把人与人、人与社会结合起来考察，无疑是正确的。

同时，他也充分地肯定在社会生活中人作为主体性的存在，充分肯定人的主体地位，这又继承和发扬了西方自文艺复兴以来的思想。他认为，存在的"存"是对亡而言的，就是存续，就是主体的自我保持；"在"是对去而言的，即主体在某个方面。因此，存在无非是人的时间性和空间性二者的结合。在这个结合中产生的无非是行为。信用、真实、善恶、罪过和良心等伦理学上的基本概念，都应当从人的行为的立场上加以阐述。

他还具体地考察了人伦关系，认为社会是一个人伦组织的结构，其《伦理学》第三章就是专门研究"人伦组织"的。最小的人伦组织是"夫妻"，然后扩大到家族、亲属、地域、文化、国家，国家是作为人类应有状态的自觉的结合体，是建立在人伦关系之上的人伦组织。这和黑格尔殊途同归，国家是最高的伦理观念，这也和儒家思想相一致，国家，国是由家所组成的，家国不分，国是大家，家是小家。

和辻哲郎的人学伦理学的历史功绩就在于：它既重视西方伦理思想中的主体性思想，又肯定儒家伦理思想中的人伦关系的理论。正是在这个意义上，我们说他的伦理思想是集东西方伦理思想之大成，是对近代日本伦理思想发展的总结，也是对儒家伦理思想的有价值部分的肯定。

以上我们考察了儒家伦理思想在近代日本的命运。从中我们可以看到，儒家伦理思想经历了否定、肯定这样的两个阶段，即由明治初期的否定时期到后来的逐步肯定时期。我认为，明治初期启蒙思想家对儒家伦理思想的批判主要是基于情绪上的，而缺乏较为明智的、全面的思考，试图从根本上否定但实际上又不可能。

那么，儒家伦理思想在近代日本所经历的曲折过程，给我们提供了哪些有益的历史启示？作为一个现代的有理性的中国人，我们深受儒家文化传统的熏陶，应该从中吸取哪些经验和教训？在告别20世纪，走向新世纪的时候，我们应该作出怎样的选择？我想提出以下三点作为进一步的思考。

首先，儒家伦理思想作为东方文化的深层，已经深入人心，不但孕育了中华民族文化，而且还影响了朝鲜半岛、日本列岛以及越南、新加坡等地，构成了东亚文明的深层结构。源远流长的历史，不断吸收、融合的能力，使它具有顽强的生命力，历尽磨难，饱经沧桑，而仍然具有进一步发展的潜能；在不同的历史时期，不同国度中，适应着不同的政治形势，以自己的价值观念影响着人们，以浓厚的人文精神感召着人们。尽管统治者曾不同程度地利用它，以为巩固自己的统治服务，但普通百姓则为它的富有人情色彩的实际应用能力所吸引，以此为基础，构建新的人伦关系。在东方文化的背景下，走向 21 世纪的人们，不可能和我们自己的过去一刀两断，只有在自己的文化传统上不断努力，不断发展，才是有希望的。因此，我们对儒家伦理思想不能持简单的否定的态度，更不应该否定它。否定它，就是否定我们自己。历史也已经证明，否定它，只不过是暂时的，当我们在无所适从的时候，又会想到它。

其次，儒家伦理思想必须随着时代的变化而被赋予新的内涵。思想是发展着的，思想的生命力在于思想的发展。儒家伦理思想也是在不断发展的，先秦的儒学是具有人学特点的，包含着浓厚的人文精神，而两汉的儒学是某种程度的政治化的儒学。到了宋明时代，儒学又被称为宋明理学，即儒学是以理学的形式出现的。进入 20 世纪，面对着西方文化的冲击和挑战，现代新儒学形成。有识之士试图在现代的意义上，对儒家思想作出新的阐释，以适应现代化进程的需要。以上都说明，儒家伦理思想必须不断被赋予新的内涵，这样才能跟上社会发展变革的步伐。日本近代儒教主义的出现，已经为儒家伦理思想的变化作出了比较有益的尝试。

最后，儒家伦理必须摆脱政治层面的束缚，应用在人伦关系、日常生活中。历史上儒学出现悲剧的情况的一个很重要的原因就是儒家伦理被统治者所利用，和政治结合在一起，变成专制政治的工具。在五伦关系中，只注重了君臣关系一伦。如汉代的"三纲五常"的出现，宋明理学中禁欲主义及对封建统治的维护，日本德川时代的封建等级关系与朱子学的结合，近代日本对忠君观念的大力提倡，都突出地表现为儒家伦理与专制政治的结合。这不但败坏了儒家伦理思想在其早期的人文色彩、人道精神，而且一次又一次地使儒家伦理思想陷入困境。因此，儒家伦理作为人伦之理，应该应用在人伦关系之中，应用在人们的日常生活中，具体指导人们的实际生活，特别是要强调五伦关系中的朋友一伦，以此为准则建立良好的人际关系，纠正现代社会中出现的病态现象，如价值观念的失落，家庭的解体，只注重金钱、地位、物质享受、吸毒、犯罪等。为了克服现代化与西化带来的道德危机，我们应该重新理解儒家伦理思想，并进一步地发展、弘扬传统的美德，使社会的发展向着健康的方向努力。

20 世纪已经只剩下了最后的 10 年，作为跨世纪的一代学子，在世纪之交，我们应该做些什么？毫无疑问的是，我们将反思历史，关注现实，设计未来，寻找一条新的文明的路径。我们的努力不是凭空的，而是以光辉灿烂的中国文化为基础，进一步弘扬光大，在文化的冲突、融合中寻求最佳的发展方向。个人的能力是微薄的，但我们将为此而努力，"为天地立心，为生民立命，为往圣继绝学，为万世开太平"，"尽吾志而未能至也，可以无悔矣"。这就是一代学子的社会责任和历史使命。

附记：

　　本文是为"国家孔孟思想与中国文化前途研讨会"（1990 年 6 月，美国·洛杉矶）而准备的论文，中文稿发表在台湾东海大学出版的《中国文化月刊》第 133 期（1990 年 11 月出版）；日文稿发表在《日本思想史》（季刊，第 36 期，1990 年 12 月，日本·东京）。

　　（本文节选于王中田：《当代日本伦理学》，长春：吉林大学出版社，1991年第 1 版）

西西弗及其他

——对于"超越性"的一种文化反思

钱 捷

L'absurde est essentiellement un divorce.
L'Etranger[①]

一

1942 年伽缪（A. Camus）写了两本书：《局外人》（*L'Etranger*）和《西西弗的神话》（*Le Mythe de Sisyphe*）。其中都用到 l'absurde 或 l'absurdité 这个概念。特别是在《西西弗的神话》中，它几乎可说是一个中心的概念。在对伽缪作品的汉译中，一般都以"荒谬"一词来翻译这两个法文词或表达这个概念。然而我以为，将它们译为"背理"或"背谬"更为确切。因为它们之所指，谬则谬矣，"荒"则未必。[②]

正是这个概念，对于伽缪来说，是理解人的生存之境乃至于人的生存意义的关键。让我们来看他是如何说的：

这里……有一些树，我熟悉它们粗糙的树皮，还有这水，我感觉到它的味道。这草的香味，这些星星，这黑夜，这些使心灵舒展畅快

---

① "背谬本质上是一种离异。"（《局外人》）下文将表明，这是一种上帝与人的离异，从此后人就在这种无奈的背谬感中一次次地点燃心中怀乡的希望之火。

② 我们将能理解，如果以另一个法文词汇来诠释它，这个词应是 paradoxe。因为"背谬"所指的，是人类一种与生俱来的矛盾和困境，然而它却是绝非荒诞的真实。

的夜晚，我怎么能否认这个我体验着其权能和力量的世界呢？但是，这大地的全部科学知识不会提供给我任何东西以使我确信这个世界是属于我的。科学啊，您向我描述这个世界并且教我将它分门别类。您历数了它的规律，在求知的渴望中，我赞同它们是真实的。最后，您教导我将这个奇幻无穷的宇宙还原为小小的原子，并把原子还原为电子。这一切都对，我等待您继续下去。但是，您对我谈起一个不可见的行星状系统，其中电子因引力而绕着一个核旋转。您用想象的图像向我解释这个世界。于是我明白您已经来到了一个诗的世界：而我永远不会认识这个诗的世界。我是否有时间为此而恼怒呢？您已经改变了您的理论。于是，应该告知我一切的科学最终陷于假设，清楚明白的理知沦入隐喻之中，而这种不确定性则化为艺术作品。为什么我曾需要花费那么多的力气呢？这些山丘柔和的曲线和夜晚放在跳动的胸口上的手教会我更多的东西。我于是又回到了我的开端。我知道，如果说我能通过科学来把握和归纳这些现象，我却不能同样地来理解这个世界。①

我们看着一个真实的、活生生的世界，但是我们却不能理解它。我们在理解的道路上朝向它勇敢前进，但是每一次，在取得了长足的进展之后，它的秘密离我们还是那样的遥远，以至于我们的理智好像只是在原地兜着圈子。并且，当这理解的目光转向我们自身时，背谬的意味就更加浓郁了。

如果我试图把握这个为我所确信的"我"，如果我试图给它下定义并要概述它，那就只会有一股水流从我手指间流过。我能依次描画它能够表现出的，以及人们赋予它的一切面貌：教养、出身、热烈或宁静、崇高或卑劣。但人们并不把这些面貌相加起来。这颗心就是我的心，但我却总不能定义它。我对我的存在的确信和我企图提供给这种确信的内容之间存在着不可逾越的鸿沟。我对我自身将永远是陌生的。在心理学中就像在逻辑学中一样，有事实，但却没有真理。"认识你自己"，苏格拉底的这句话……表明着一种怀乡症（nostalgie），同时也

---

① 加缪：《西西弗的神话》，杜小真译，北京：生活·读书·新知三联书店，1998 年，第 22-23 页。

表明一种无知……①

这是一种无法克服的"无知"，这种无知使我们感到自己被抛离了人性和真理的故乡。这种被抛离的感觉愈是强烈，在我们心灵深处便愈是有了一种挥之不去的怀乡之情。这个背谬正表明了一个关于人的存在的基本事实，即他的有限性和他对于完满的欲求之间的矛盾。这种对于完满的欲求是人无法抗拒的。它来自作为精神存在的人的原初根据。上帝按照他自己的形象造人这个隐喻表明了这一根据——那"上帝之城"就是真正的家园，就是真理和崇高、完满和无限的所在。在很多时候，人的这种有限性被视为理性的无能。相应地，那种企图摆脱无能达到完满的激情就被称为非理性的。而上述背谬存在本身，显然就是这种非理性在人类意识中的合法性的根据。

> 从思想被意识到的那一刻起，背谬就成为一种激情，一种在所有激情中最令人心碎的激情。但是，知晓人是否能怀着他的诸种激情生活，知晓人是否能接受这些激情的深刻法则——它们在激活心灵的同时也在灼烧着它——这就是全部问题之所在。……毋宁承认那些从荒漠里诞生出来的主题和冲动。……今天，所有的人都知道这些主题与冲动。而过去，总是要有一些人来为非理性的权利辩护。人们可以称之为被屈辱的思想的那种传统的生命力从来没有终止。理性主义对它进行的如此之多的批判已经到了无以复加的地步。然而在我们今天的时代，这些背谬的体系又见兴起，它们想方设法要摔倒理性，好像它们真就总是领先一筹似的。但这并不证明理性的有效，亦不证明其未来之生机。在历史的层面上，这两种态度各自的顽强，表明了人——他在其对统一性的诉求和能够具有的被困在高墙之中的清楚意识之间心力交瘁——的那种最基本的情感。②

所以，背谬便是人的存在的真实状况。背谬感便是人对于自身存在的最直观的反省。更加"形而上学"地说，背谬就是人的存在的定义。伽缪所说的那种人的"最基本的情感"，便是由人的背谬的存在自发地产生的，就像那笼罩在沸腾的温泉上空的蒸气一般。然而最重要的，则是他因此而

---

① 加缪：《西西弗的神话》，杜小真译，第22页。
② 加缪：《西西弗的神话》，第25-26页。

认识到人的生存、人的生命的意义与价值。伽缪从"自杀"这样一种虽然不能说普遍但却极具代表性的生存现象谈起。

> 经历一种体验，一种命运，其实就是全然接受它。然而，如果人们并不想方设法在自我面前维持这种被意识揭示的背谬，那在知道命运是背谬的之后就不会去经历这命运。否认他所经历的对立中的任何一项，就是逃避这种对立。取消意识的反抗，就是回避问题。永恒的革命之主题于是便置身于个体的经验之中。生活着，就是使背谬活着。而要使背谬活着，首先就要正视它。……这里，人们可以知道背谬的经验在哪一点上远离了自杀。人们可能会认为，自杀是在反抗之后发生的。这种看法是错误的。因为自杀并不体现反抗的逻辑结果。由于自杀采取的是默许的态度，它恰恰是反抗的反面。……自杀以其固有的方式消解背谬。它把背谬带进同一死亡之中。①

然而，伽缪接着说，"我知道，背谬……是不能被消解的"。自杀否定了人的肉体之存在，但却不能否定人的存在本身——背谬。因此，摆脱背谬的唯一可能，恰恰是彻底地经历背谬。（"生活着，就是使背谬活着。而要使背谬活着，首先就要正视它"）而经历背谬，便是在人的有限性与完满的理念之张力中生活，是在这种有限性中对于完满的不懈追求。这，便是伽缪所说的"反抗"。

> 自杀是一种轻视自己的态度。背谬的人不得不穷尽一切，并且自我耗尽。背谬则是他最极端的紧张状态，他坚持不懈地独立支持着这种紧张状态，因为他知道，他以这日复一日的意识和反抗证实了他唯一的真理——较量。②

因此，面对人生，面对背谬，伽缪的立场不是放弃和逃避，而是反抗。他讴歌反抗：

> 这种反抗赋予生命以价值。它贯穿一个存在的整个过程，是它恢复了这存在的崇高。对于一个未被蒙蔽的人来说，最壮丽的场景莫过于智慧与那要胜过他的现实之间的搏斗。人维护自尊的场面是惊心动

---

① 加缪：《西西弗的神话》，第61-62页。
② 加缪：《西西弗的神话》，第63页。

魄的。任何诋毁对之都无济于事。这种精神为己自定的纪律，这种全然是铸造出来的意志、这种针锋相对，都具有某种强力和特异。若贬低那以其无情造成了人的崇高的现实，便是贬低人自身。[①]

……我就这样从背谬中推导出三个结果：我的反抗、我的自由和我的激情。仅凭借意识的赌注，我就把那邀我死亡的东西变为生活的法则——我拒绝自杀。[②]

正是这种对于反抗的选择，让伽缪认同了西西弗。在他看来，在西西弗的那种对于无法摆脱的命运的抗争中，恰恰肯定了人的存在的价值，恰恰体现了生存的意义，恰恰产生了一种生动地表现了人生意义与价值的美。所以他在《西西弗的神话》的最后写道："西西弗是幸福的。"这些让我想起了吴天明的电影《老井》。在那里，主人公孙旺泉继承祖辈几代人的遗愿，立志在严重缺水的家乡凿井，虽屡败而终不改其志。他选择的是一条与自然和命运抗争的人生道路。剧情在深爱着他的巧英终于不堪忍受失败的绝望而离开他远走他乡的时候达到高潮，因为这更让我们在孙旺泉的行为中感受到一种已经超越了具体功利的、抗争本身的形上意义。存在与审美的关系也因此在这里被揭示了：这种反抗正是悲剧美的实质。不能不承认，这种美源自人的生命力，体现了生命的价值。

二

在西方文化中，上述关于背谬，关于生存的价值和意义等问题与他们的基督教传统有着深刻的渊源。上帝创造了人，真正的故乡便处在朝向上帝的接近之途的终点。上帝是人的精神最后的眷恋。但是，人生的问题始终是：如何摆脱自身的有限性？柏拉图的《理想国》、奥古斯丁的《上帝之城》、莱布尼茨的《神正论》、克尔凯郭尔的《恐惧与战栗》、海德格尔的《存在与时间》，都是对于这一永恒疑难的直接追究。我们看到，伽缪的论述也是浸透了这种文化传统的。伽缪通过对雅斯贝尔斯的引述表明了这一点。

---

① 加缪：《西西弗的神话》，第62-63页。
② 加缪：《西西弗的神话》，第73页。

在没有任何证明的情况下，他[雅斯贝尔斯]就自己确定了这种原则，他一下子同时肯定了超越物、经验的本体（l'être）和生命的超人意义。他说："以超出任何解释与可能的说明的方式，失败并未指示虚无，而是指示了超越性的本体。"通过人类信仰的盲目活动，这个本体一下子便解释了一切，雅斯贝尔斯把它定义为"普遍与特殊之间不可思议的统一"。于是，背谬就变成上帝（从这个词的最广义上说），而这种理知上的无能则变为照亮一切的本体。没有任何东西可使这种推理合乎逻辑。我可以把它称作一种飞跃（le saut）。然而，矛盾的是，对于雅斯贝尔斯无限地坚持不懈地主张对于超越者的经验是不可能实现的这一点，人们倒能够理解。这是因为，这种接近越是不可企及，这种断定越是显得徒劳，对他来说那个超越者就越是真实，因为他用于肯定它的热情恰恰同他的解释能力和世界的、经验的非理性之间的差距成正比。这样看来，雅斯贝尔斯要摧毁理性偏见的热情因为他要用更彻底的方式来解释世界而变得更加强烈。这位鼓吹受辱思想的传教士将在受尽凌辱之后找到本体在其最深处再生的根据。[①]

显然，"超越"在人的本体论意义上成为与"背谬"互为镜像或"一物之两面"的概念。背谬之为背谬正在于人的有限性遭遇了超越于有限的本体。后者不是别的，正是无限者或上帝。所有关于上帝存在的证明，本体论证明、宇宙论证明……都有一个共同之处，那就是表明了人心中有一个他无法企及的存在。[②]人类在其有限性中所作的永无休止的挣扎，在哲人的眼中，只是为了证明上帝的存在，为了体悟那无限的本体。所谓"背谬就变成上帝"，"理知的无能则变成照亮一切的本体"说的正是这个。如果人没有了背谬的生活，没有了对于背谬的体验，也就失去了心中的无限和超越的观念；这与说如果人心中没有无限和超越的观念，也就不会有那种背谬感，乃是同一个意思。

这里要注意的是，在上面的引文中，"背谬就变成上帝"后有一个括弧："（从这个词的最广义上说）"。它暗指这里所说的上帝，其概念有一个演化

---

① 加缪：《西西弗的神话》，第38页。
② 例如所谓上帝存在的本体论证明：我清楚地知道我心中有一个无限完美的概念，这个概念当然不可能是任何一种世间俗物的本质，它只能是上帝的本质。有这完美本质的上帝必然存在。因为，否则它就不是完美的了。

的过程。在这个过程中上帝从一种人格的造物主的形象转变为爱因斯坦所说的那种"斯宾诺莎的上帝"。这种转化的历史可以追溯到早期的教父哲学那里。中世纪经院哲学令人窒息的烦琐论证实际上为这个转化准备了催化剂。而这个转化的真正到来,却是在笛卡尔的"名义神学"中。这个术语la theologie blanche 是当代法国哲学家马里翁(J-L, Marion)用以称呼笛卡尔哲学的。它想要表明的是,笛卡尔哲学中的上帝概念,已经不再是"黑暗年代"结束以前的上帝概念了。这种新的上帝概念是自然秩序、道德理念和崇高的美的新三位一体。(但是我们在经院哲学家关于上帝存在的本体论证明中难道不是多少已经看出这种新概念的端倪了吗?)大家或许同意,康德曾给出了一个无论在形式还是在内容上都最能够表现这个新三位一体的哲学系统。

更为有趣的是,现代科学正是在这个上帝概念的转化过程中,作为这种转化的一个结果而产生的。哲学家怀特海十分清楚地看到了这一点。他认为今天成为自然科学的支柱概念的"自然律"概念,其形成就在很大的程度上得益于基督教的上帝概念。然而,康德的分析对今天我们的讨论仍然是最富启发性的。在他那里,怀特海所说的表现在人的自然律信念中的上帝概念其实只是一种"合目的性"的理念。这个理念只是一种精神的范导,一种信念,它并不具有所谓(对于经验或自然的)构成性。实际地作为现代科学之基础的自然律概念中还应包含一些构成性的内容,如因果、量和实体等观念。这样一些东西,便是他称为知性的纯粹概念或范畴的东西。这样,康德便作出了一个非常重要的区分,即知性和理性的区分。知性的纯粹概念能够与感性的材料结合,形成我们的经验,首先是科学的经验。自然不是别的,正是可能的科学经验的总体。理性的理念并不能与感性材料结合,它作为一种信念,引导人的理智使用知性去构成这个经验的总体。因此,理性时刻引导着我们的精神,但它只是在经验的总体中才有其现实性。这样一个总体,对于任何具体的人或人群来说,都是一个极限。它存在于人的理智活动中,却不实现为任何一个具体的理智活动的结果。在这里,我们可以更加清楚地看到前面讲述的那个背谬性:转化后的上帝概念在这里成为一种理念,一种信念。它依然代表着完美。但任何人类的理解活动都是有限的和不完备的。于是,人的有限性和(人心中)上帝的无限性的对立现在表现为知性与理性之间的对立。显然，前面被伽缪分别称为理性与非理性的东西，在康德的系统中，正对应着知性与理性。这样说来，"非理性"不是别的，正是作为知性的极限的理性本身。这样我们就不难理解伽缪的话了："雅斯贝尔斯要摧毁理性偏见的热情，因为他要用更彻底的方式来解释世界而变得更加强烈。这位鼓吹受辱思想的传教士将在受尽凌辱之后找到本体在其最深处再生的根据。"那个处于偏见中的理性最好理解为康德前的（如笛卡尔、莱布尼茨和斯宾诺莎的）理性——知性，而雅斯贝尔斯要更彻底地解释世界所不得不凭借的则必然是作为这样的理性之极限的理性。本体能够再生的根据仅仅在于，在旧有的前康德的理性与其极限之间的张力中所显现出的各种背谬，不是作为极限的上帝本身的背谬，而是人的背谬，是人的知性的有限能力面对着自身的极限所表现出的背谬。这就是背谬的"本体论意义"。

在这个意义上，现代性终于得到了奠基。首先，正如我们所说的，现代科学就是这样产生的。在获取科学经验，构成自然图景的过程中，人类凭借其有限知性勇敢地、坚忍不拔和富于热情地在完美理念的范导下无限地行进着。康德、皮尔士、波普尔告诉我们这是一个溯因的过程。这个过程中的任何具体的一步，都没有绝对真理的地位，因为绝对真理本身是超越的，是上帝的居所。其次，现代民主意识产生了。既然绝对的真理是超越的，是上帝的特权，那么，面对这个超越的存在或本体，人与人本质上是平等的。任何人都只有追求真理的权利，而无垄断真理的权利。

显然，如此被奠基的现代性先天地含有人的有限性与上帝的超越性的矛盾。现代性在这个矛盾中孕育，同时又将这个矛盾发展到前所未有的形态。后现代思想家德里达在埋首沉思 15 年之后①终于对人类至今所创造的文本的此岸性有了一个彻底的认识——毋宁说是一种深深的绝望：这些文本的超验在场必须被解构。唯一真实的只是构成物的瓦解与重建的无穷反复，以及这样一种无穷反复所留下的"痕迹"。毫无疑问，解构的学说乃是

---

① 指从他 1953 年写作第一本书《胡塞尔哲学中的发生问题》到标志他的"解构主义"学说诞生的 1967 年，在那一年里他出版了三本书：《书与差异》《语声与现象》《论书写学》。而这期间他却只出版了一本对胡塞尔《几何学的起源》的译著（1962 年）。

又一种关于西西弗的故事。①

可见，无论是现代性的产生还是今天对于它的批判，都在这样一个背谬之中得到了完全的反映。而这个背谬自身却又是人的有限性对于上帝的超越性的折射的结果。伽缪通过背谬告诉我们的，正是整个西方文明的秘密。

三

对照地看，中国文化的传统却因为没有那样一种超越性的概念而缺乏背谬意识。今天我们不少的学者乐于沾沾自喜地说，相对于西方文化中的天人对立、主客对立等等，中国传统文化的特质正在于天人合一和主客融合。这恰恰表明，上面我们看到的作为西方文化的真正隐秘的本质的背谬意识，在中国传统文化中一直是一个缺位的因素。

我们指出过，这种背谬意识根本上源于某种超越性的观念。这种观念当然在人类的生存中有其根据，早期人类的多神论在万物有灵论的意识中所构成的正是某种由于对命运的莫测感，对自然力量的慑服等等所导致的一种"准超越的"观念。这一点无论在西方或是在东方都是一样的。问题在于在接下来的文明演进中，中国人对于自身存在的反省中未能有过一个像西方的中世纪那样的时代，这个时代将早期的宗教中一神教的超越思想加以提升并使之系统化、理论化。特别是在这个提升的过程中，西方人的思维方式中逻辑的、日后称为知性的各种因素得到了充分的发展。这些就为我们前面指出的近代以来西方理性的发展提供了基础。在中国，实际发生的事情是：一方面，通过古代思想家们的工作，早期的宗教意识逐渐为"子不语怪力乱神""未知生，焉知死"的重人事、重此岸的儒家思想和"道法自然""无极而太极"的道家自然演化观所取代，结果不能有超越观念的

———————————

① 因此，"解构"并非如它的中国接受者往往容易误解的那样是"否定的"或是"破坏"。真正属于德里达的解构主义在解构历史上和现实中的形而上学的同时，表现出一种深深的形而上学眷恋[参见拙文《永远的"延异"》，载《当代》（台湾）2005 年第 1 期]。值得回味的是，当上述误读发生的时候，那种为不能达到真理和完满而痛苦的西西弗悲情，便转化为因为否定真理的存在而自慰式地消解了人与上帝、人类的有限性与人所追求的完满之间的差距而产生的陶醉感。于是，"解构"的这些诠释者所解构的恰恰是这里所说的"背谬"和背谬感——"悲情西西弗"被喜剧性地演绎成了一出荒诞剧（或者说被荒诞地演绎成了一出喜剧）的主人公。

产生；另一方面，在民间，盛行着一种几乎完全是"实用主义"①的多神崇拜。这样的多神崇拜中亦无法像经过中世纪锻造的基督教神学观念那样产生一种完满的、能够成为诸知性观念的范导原则的超越意识。

中国传统文化中"儒道互补"和学界与民间互补这样一种双重互补终于形成了一个"超稳定的"文化或精神结构，它对于外来的文化因素具有很强的"包摄性"。佛教在中国的传入就是一个极好的例子。传入中国后的佛教，一方面受儒道，特别是后者的影响，形成了禅宗这样一种极富中国特色的佛教派别②，另一方面则在民间形成了香火寺院的景观。

所有这些，都导致了在中国人的传统观念中背谬意识的缺乏。所以，中国人的人性是圆融乐感的。在艺术中，这种精神特征表现出悲剧意识的相对缺乏。如果再考虑到其他一些相关的知性成分在这种精神中的缺乏，还可以进一步理解何以在音乐中，传统中国人强调对单调音律的感悟而陋于乐器、音律的组合；何以在造型艺术中，起作用的是散漫的对立统一原则而不是几何规范原则；如此等等。如果我们将西西弗这样一个神话的人物作为西方文化的象征，则我想，可以对应地以混沌作为中国传统文化的象征。

因此，实际的情况是，不是中国人的生活中没有冲突，没有对命运的悲叹，而是中国传统士大夫们没有对命运形成超越的认识。相反他们将人民对于命运的抗争或者窒息于"三纲五常"之中，或者消解于"难得"的"糊涂"之中，或者流失于对诸神灵保佑的耐心期待之中。

由于超越意识的缺乏，无法形成超越的真理概念。这就使得中国社会在最近四五百年中，恰恰在西方人由于超越性观念的演变而极大地发展了的两个方面——科学技术和社会民主化——大大地落后了。由于缺乏超越意识，在天人合一的观念中无法形成真正的自然律意识，甚至也缺乏对于自然和精神现象中的纯粹知识的探求之兴趣。这就造成了中国传统的"科学"其基本成分乃是一些未成系统的机巧或技能。③即使是在近一百多年

---

① 并非美国的 pragmatism 或 pragmaticism 那样的实用主义。

② 禅宗是难有超越性观念的，这极端地表现在"酒肉穿肠过，佛祖心中留"这类通俗化的表述中。另外，深受禅的影响的心学导致的"满街皆是圣贤"也是这样的例子。

③ 唯一有可能提供一种系统的自然知识的形而上学又恰恰是仅仅作为社会生活主导意识的儒家哲学的补充的道家哲学，它给出的是与现代科学十分不同的一种概念模式。关于这个问题，只能另外讨论。

来，严峻的外部压力迫使我们引进西方科学技术的时候，以及伴随着这种引进而在本土发展科学技术的时候，我们也明显地表现出以"洋务运动"为标识的那种只看到科学技术的实用方面而对其形而上学基础，也就是科学精神保持盲目的特点。①

在社会民主化方面，由于超越意识的缺乏，没有形成在超越的真理面前人人平等的概念。这样，真理就成了大人之言，成了圣王之言，甚至沦落为物质利益之争夺的工具（这一点尤其表现在将阶级斗争的概念"绝对化"从而实际地否定了普遍真理存在的可能上面）。这里的问题无疑更加复杂，我们也不打算深入讨论。但有一个相关的有趣现象可以提一下。那就是中国人今天似乎特别容易接受一种多元真理甚至无真理的观点，这种观点被错误地理解为西方后现代主义的精神。其实，这是一种典型的跨文化误读。从现象本身来看，中国人今天之不信真理乃是当年过于迷信所谓的一句顶一万句的"真理"的一种心理反激。但是还应更深刻地看到，无论是今天对于真理概念的抛弃还是昨天对所谓"真理"的盲从，其本质都是一个，即没有"超越性"意识。因为当年的那种狂热与盲从其实是在"凡间"造神，根本谈不上任何的超越。由一个人（无论他是谁）来决定真理，与不信任何真理而只认眼下利益，不管是从认识论上来说，还是从社会心理学上说，根子都是一个：此岸重于彼岸，现实的利益（无论是打着个人利益的旗号还是团体利益的旗号）高于超越的精神。

因此，有无因为超越性的意识，或者说，有无因为超越性与人的有限性的张力而导致的背谬感，区分了中国传统文化和西方文化。我们说过，这种背谬感是从人类对于生存的种种压力的抗争中提升出来的。张艺谋借助其作品中的中国普通女性对于命运的那种无奈的抗争（秋菊不断上访，但终结的不是胜利而是一种新无奈——我们在她看到村长被传讯时脸上的表情可知这一点）其实多少已经表现出了这种背谬感。所以"老外们"喜欢这些东西。别以为他们只是喜欢中国的落后老土。他们喜欢这些艺术形象，是因为他们对之产生了对于背谬的共鸣。但是，中国传统文化对于生存抗争的理性提升毕竟没有达到、没有成就为背谬的观念，而是走到另一些道路上去了。在这些道路上，中国人从精神上消解了背谬。

关于背谬的上述思考，使我们加深了对于西方文化和中国传统文化的

---

① 钱捷：《为什么要研究科学思想史？》，《自然辩证法研究》2000 年第 2 期。

认识，但留下来一个问题，即从人类的终极幸福来说，是消解这样一个背谬的意识还是保持住它的好呢？这个事关人类未来的重大问题，我们当然不能在此有所定论。但我想，即使我们觉得还是消解的好，那也不能是如我们的传统文化的那般消解法。需要从中西文化乃至人类曾有的和现存的一切文化中提炼出一种全新的东西，它能够将超越性"拉到"人间，又同时保持住超越性的那种崇高，至上、普遍和完满。我想到一个词："境界"，或许从其中能够开出一条道路来。[1]

参考文献：

[1]加缪：《西西弗的神话》，杜小真译，上海：三联书店，1998 年。
[2]钱捷：《为什么要研究科学思想史？》，《自然辩证法研究》2000 年第 2 期。

（本文原载于《现代哲学》2006 年第 6 期）

---

① "境界"是一个十分中国的词，但在海德格尔的"无蔽"（άληθεια）、梅洛-庞蒂"肉体"（la chair）等概念中，我们多少能够看到一种沟通的可能性。然而在作这种联系的时候重要的无疑是谨防上面说到过的"跨文化误读"，因为听任甚至鼓吹这种误读必会败坏一切真正的跨文化交流。

道德哲学若干基础概念的复杂性

李 虎

道德哲学的基础概念近几十年来受到中外学界颇多关注，本文试图对道德哲学基础概念的复杂性、伦理学学科任务及所面对的历史性的课题、道德哲学与哲学本体论的概念关联进行了一些思想实验式的探测，试图寻求破解道德哲学以及伦理学①基础概念的复杂性、概念来源的文本牵涉的语境含混性造成的理论困境。

十年前笔者因为种种机缘转向西方伦理学研究教学时就发现，在汉语哲学语境中，"伦理"（具体的）、"道德"（抽象的）、"道德"、"伦常"、"伦理的"、"伦理学"、"道德哲学"这些基本术语存在不小的混乱，下面将基于一种实践理性的思想实验模式（戒烟模型）对道德哲学的基础概念的复杂性特征进行一些放大镜式的理论症候摹写以探测各种文本和理论分歧背后概念整合的可能方向，本文最后探讨了这种思想实验对于理论概念整合的谱系学方法的意义。

一、道德哲学的几个基本概念

本文先简述一个基本的思想史上的术语脉络，然后分析每个重要用语具体的混淆情况。

根据怀尔德的一篇论文②，近代以来，道德/伦常（moral）指善的规范结构，来源于 mores，是拉丁语对 ethos 的翻译。不过在古希腊语中 ethos

---

① 在大多语境下与前者是同义词，但本文考虑语境牵涉的关联度使用前者来引导概念的关联辨析。
② K. 怀尔德：《对伦理的现象学复原》，涤心译，《哲学研究》2005 年第 1 期。

并没有拉丁语境下加上去的"规范、应当"的意思，泛指习俗。如根据德语著作译者的一种说法，Sittlishkeit 与 Moralitat 相比，前者指习俗的道德，后者指良心的道德。①morality 也是来源于拉丁语习俗 mos/mores 的 moralis 抽象化为 moralitas 后的抽象名词。这样，道德（moral）与伦理（ethic）就开始有根本的范围上的差别，道德的概念仅仅针对习俗中具有主体选择特征的规范判断以及行动，这就区别于伦理判断和伦理理论中其他外在的社会规范，所以相应的道德哲学也区别于伦理学，并始终居于伦理学的核心。

　　国内的伦理学原理教材一般也包括了伦理规范的社会学乃至历史研究（比如"伦理史""儒家伦理""封建伦理"等）；×伦理学（如社会伦理学、经济伦理学、信息伦理学，或统称为应用伦理学）其实是对具体的道德规范（伦理）领域以及独立的德性领域的延伸。

　　德性（virtues）在古希腊语中隶属于伦理（ethos 生物的长久居留地）的范畴，指特定人的习惯的空间（areté）。笔者认为哈贝马斯的一种分析②更好地解释了这种德性—伦理概念何以在当代康德式伦理学极受追捧的氛围下反而更受重视并区别于近代基于（与"伦理的"相区别的）"道德的"③概念的伦理学框架。

　　如果怀尔德的观察是可靠的（本文并不想依据德文语境进行更多的探讨，仅以此观察作为问题的导引），黑格尔的社会伦理概念包含着对康德道德权利理论的批判（或误读），黑格尔实际上遵循了古希腊对于"生活整体的善"的概念，非常接近当代德性伦理学（如麦金泰尔为代表的）的伦理概念，伦理精神在黑格尔哲学形而上学的地位也得到德性伦理学的高度关注。在黑格尔那里，道德、权利只是抽象的主观意志，它必定要发展为伦理的具体性。这种理论文本语境上的分析尽管是很有启发的思想史实验，但伦理学的基础概念其实还面临着来自具体的道德规范理论类型学争论中产生的新问题。

---

　　① 黑格尔：《历史哲学》，王造时译，上海：上海书店出版社，2001 年，英译本序言，第 2 页。

　　② 哈贝马斯：《后民族结构》，曹卫东译，上海：上海人民出版社，2002 年，第 233 页。

　　③ "道德的（底）"与"道德"的区别缘由与后面牵涉的牟宗三等中国哲学的相关语境有关，在本文中仅视为理论常识背景作相应提示并未有机会深入展开。

二、规范伦理学的 N 个维度：未来可能的伦理学之展望

伦理学的基本概念是"正当"和"善"[①]，这两个词都是多义词，根据不同语境，如法律和社会科学等实证和规范科学领域，正当（right）可以翻译成正义、权利、正确，善（good）可以翻译为好，具有非道德意义上的用法，用来描述或标示一种行为的目的性和比较级的判断结构。"the good"更可以翻译为"善的东西"指行为的"目的"。即使有人否认善和正当这些价值词汇可以给出描述性定义，是纯粹直觉性的，但也会同意就道德理论而言，善的东西与正当的东西（如作为行为规范的制度本身）是可以进行描述的，有人甚至认为给出这种描述本身具有规范的事实性。

正当是说行为的正确与否，善是指行为符合结果或目的，两者结合起来的不同方式（维度一，用 1，2 表示）构成了我们见到的基本道德判断的类型，认为正当优先于善，一般认为是（t1）义务论——主张行为的好坏独立于行为的结果，目的不能证明手段正当；反之则是（t2b）目的论，认为目的决定手段正当，行为正确与否依据行为的目标来定。目的论主要有（t2a1）利己主义（egoism）、（t2a2）功利主义等结果论的目的论，认为行为好坏取决于个人或集体的快乐、效用或其他理性的目标的实现，还有非结果论的目的论，如（t2b）至善论，认为行为应该服务于目的，以往伦理学教材往往把德性论与至善论根据古典来源视为同一类型，但古典语境下（如亚里士多德和柏拉图），德性论的"目的"一般被认为是一种终极性的共同体的善，其保证诉诸于人对共同生活（如城邦）的终极目标的超验信仰。总之我们又发现了维度二：结果论和非结果论（用 a、b 表示）。如果按照两个维度来划分伦理领域，有四种可能伦理学可能存在，但我们目前熟知的仅有三种，t1b：义务论-非结果论（如康德）；t2b：目的论-非结果论（德性论，如亚里士多德）；t2a：目的论-结果论（利己主义、功利主义）。那么其他的理论是否存在呢？答案是肯定的，如罗尔斯的契约论既强调义

[①] 这里参照罗尔斯的观点，见罗尔斯：《正义论》，何怀宏等译，北京：中国社会科学出版社，1988年，第 21 页。罗尔斯在这里显然是在规范伦理学的语境下说的，事实上罗尔斯的《正义论》也导致了规范伦理学的复兴。

务论的自由原则，又主张分配正义要考虑后果的最大化（差别原则），应该是 t1a，而在强调目的论作为政治共识的后果论预期的当代政治哲学中经验-超验目的（形式—实质，特殊—普世……）叠加进来预示着新的 N 维度仍然存在，由于政治共识的耦合特征，基于混合理念的政治实践甚至是无限的。当然对于伦理学的基本理论目前可容纳的讨论范围，仅仅两个维度，就至少出现四种不同的伦理理论类型。

这是目前为止我们学到的最基本的伦理学理论，虽然 t1a 的理论并不是所有人认为应该存在的（现在主流的教材在划分伦理理论时一般只重点讨论功利论、康德义务论、亚里士多德德性论）。

但是有了政治哲学的参照，伦理学依靠目前的两个维度能够令人满意吗？

功利主义乃至后果论传统的"理性自利"的基本出发点的困难在帕菲特《理与人》中得到充分的展现，帕菲特甚至宣称未来可能的伦理学只有明了并克服存在于这个既有维度中的理论困难才有可能。解决帕菲特难题当然是极其复杂的，但是有一点人们不禁要问：是否存在第三维度的范畴以解决二维理性的困境？

这个第三维度其实还有很多备选方案，与政治哲学平行的，还有经验与非经验的维度等，甚至可以根据理论偏好无限扩展到 N 个维度，在这个无限扩展的实践理性维度空间中，伦理学也存在着无限扩展的领域的可能性。

三、当代道德哲学概念与实践理性概念的复杂性

当代道德哲学的境况从罗尔斯开始有了很大的改变，比如塞尔[①]就称：罗尔斯对于我们眼下讨论的重要之处，不在于他是否成功地为政治理论建立了新的基础，而在于他的研究使人们对政治哲学重新产生了兴趣，以及不久随之而来对传统的道德哲学问题兴趣的复兴，现在，这一领域已成为分析哲学的一个繁荣兴旺的分支。

在我看来，罗尔斯虽然拒绝过多地将道德哲学与分析哲学核心的意义

---

① J. R. 塞尔：《当代美国哲学》，崔树义译，《哲学译丛》2001 第 2 期。

理论以及本体论承诺牵涉，他的证明方法以及对康德实践理性学说的挖掘远远超越了伦理学的范围，称之为分析哲学的实践哲学转向亦不过分。道德哲学问题对于哲学总问题的重建具有显而易见的意义，但具体能走多远，则超出了伦理学原理的范围，似乎更适合作为一门分析形而上学具体探讨的主题，必须包括分析本体论与知识论、伦理学一个整合的实践哲学纲领，这也是本文所谓道德哲学复杂性概念的要旨。

根据这种"罗尔斯式康德主义"解释，康德的《道德形而上学原理》提出的绝对命令公式可视为实践的本体论域上的理性事实的描述性理论，一个道德概念的判决程序。①然而，这种意义上的幸福论、关于生活的最终目的理论还包括一个经验的关于善事物（goods）的描述理论。关于这一点，本文更倾向于展示一种相对于罗尔斯的先验论证的反思平衡程序关注政治共识形成语境不同的事实性形成处境，理由在于：假如我们有一个 N 维的伦理事实领域，而关于伦理事实的理论概念却只有一个连贯的解释，那我们就有足够的可能性、兴趣和强烈动机在一种可把握的思想实验般的真实的生存处境中描述出这个重要的事实性。因此，下述对这种处境的描述理论致力于生存意义的再编码技术和具有心理现实性的思想实验，力图克服解释性的、分析性的乃至拆构性的本真性伦理在无穷的文本演绎中容易滋生道德相对主义或者过于空泛限于各种"真诚性"的伪善断言。

下面我用一种事实有效（至少对于笔者而言）"生存意义-行动再编码"的概念及其生命实践来具体说明这个问题。

生存意义-行动再编码概念作者最早受到芬伯格《技术理性批判》②提出的关于克服技术异化的"代码重写"的思想的启发。首先将道德理性还原到行动哲学的一般层面进行分析并关注道德实践中选择分歧背后的异质性现实的概念。

道德实践基本特征的再编码理论的要点是：（1）不懈关注决定性的否定事实、细节。心理学家从不放过"异常"的细节，这是所谓弗洛伊德的

---

① 限于主题关注，这里没有展开对科斯嘉德、芭芭拉·赫尔曼、奥尼尔、赫费等对本文产生巨大影响的康德式伦理学的著作进行讨论。仅需指出，这些讨论大多与罗尔斯关于康德实践理性学说的契约论解释（见《正义论》40 节）保持诠释语境的连续性。

② 安德鲁·芬伯格：《技术批判理论》，韩连庆、曹观法译，北京：北京大学出版社，2005 年，如 230 页提到的对资本主义技术代码的政治重构。

"金规则"①。（2）通过反思平衡的、开放的、不断的对话过程对异质行为进行本质还原，直到找到否定性归因现实，排除否定行为试图伪造的虚假共同现实，通过差异的兑现定义新的联合现实，从而获得意义的增长和更稳固的行动促因。这里，关键是确立异质性现实内在于反思平衡的程序假定之中，Hill 称康德的人是目的原则就是指反思平衡程序的这一基本原则，通过宽容异质性达到对自我同一性的重新确认。②具体分析一下：面对异常，我的反思过程明显要面临一定的风险，如果他人行动的归因现实淹没了我的，我的行动就会失去原有的现实而成为顺从的现实，这非常有可能发生，而且也不一定是坏事。但这里必须强调中立的解释能力（坚持康德的普遍性原则的能力）是一个逐步积累的过程。在教育学意义上，这里似乎有一个策略选择问题，但自律的原则要求我们内在地根据理性道德的要求将这种策略的运用视为个人行动的自发性选择，只有很少情况下对此需要干预。一旦一个人决定行动，他按照实践理性的要求如何行动才是理性道德所要求的，而且社会共识本身内在于这种行动的现实构建过程中。这个理性权衡过程对于中国古代贤哲来讲就是人心惟危、道心惟危的状态，仁者只有勇于面对这种不确定性的挑战才能逐渐具备道德能力的增长，这包括着人格力量、理性解释现实的认知能力、造就新现实的实践能力的增长。道德行动的这种不确定的特征决定了道德哲学范畴与把握异质现实的一系列本体范畴的关联。

比如戒烟，首先描述一个可接受的无烟的现实，一旦确立了这个"无烟"的"现实"的目标，仁者应该在最初非常关注自己每个想吸烟的念头，对每个念头包含的自我否定的动机或他人偶发动机的最终的归因现实进行本质还原，通过逐渐积累、扩大对环境中、外界文化氛围中各种吸烟行为的事实性承诺的微观分析，在反思中不断寻找一个强有力的否定性原初事实作为吸烟行为的本质的合理的归因，当我们意识到这个否定事实与我所承诺的现实的区别，反而具备了隔离并免疫所有此类事实归因的能力，可

① 亚当·菲利普斯：《达尔文的蚯蚓》，王佐良、张海迪译，北京：作家出版社，2003 年，第 148 页。转引佛洛伊德的话："多年来我一直遵循着一条黄金规则，也就是说，无论什么时候我偶然发现了文献中的一个事实，一种新的观察记录或者思考，与我的一般成果相抵触，我都要无一例外地立即做好备忘录。"

② Thomas E., Hill Jr., *Assessing Moral Rules: Utilitarian And Kantian Perspectives*, Philosophical Issues, 15, Normativity, 2005.

以称这种免疫状态的确立就产生了对自我而言的更强有力的联合现实。每前进一步，控制能力和包容能力都会增长。这种个体本质还原的主观性不言而喻，但随着解释能力运用的不断扩展，被合并免疫的否定事实越多，大多数行动的动因的决定性因果联系被建立起来的结果就是一个与我的规范肯定性现实并存的多元事实性通过反思平衡构造建立起一种先验的统一性，所谓新现实，也就是纯粹的选择动机，不再依赖任何经验的条件的道德实在。德性的力量在于，就像细微的针线密集缝补产生的效果，数以万计的行为现实的本质还原-再编码将产生行动的稳定品格，最终在可能想到的任何情况下都能抵抗住诱惑。（由于确立了纯粹动机，反思平衡将超越个人狭隘的目标而成为类存在的目标，从而进入文化领域。这个过程就是自我在不同行动领域的运用、通过文化中理性事实的增长，最终扩展到整个共同体，并且会互相促进一种理性反思与对话的稳定的自由文化）

我再形象地描绘一下这个过程。

> 我看到吸烟行为 S1，我面临动机 M1 选择 1）吸烟，2）不吸烟；动机悬搁
> 主观地还原某个吸烟的归因现实，如：因为 A 苦恼，所以 A 吸烟
> 还原我的行动现实，如：我不苦恼，所以我不需要吸烟；（价值排斥状态）
> 或者，因为我或者 A 苦恼可以导致行动 x，或 y，或 z，……我满足至少一项，所以我选择 x，或 y，或 z，……我可以选择不吸烟。（进入反思平衡的开放的对话构造价值联合状态）
> 进一步构造联合的现实：A 也可以选择 x，或 y，或 z，……
> A 和我在此情景下都是自由选择的行动，A 选择吸烟与我选择不吸烟都是有价值的，A 行为的意义与我的行动的意义可以相加，故价值扩大
> 一系列类似行动 Sn 分析
> ……
> 最终：纯粹动机 Mn 的价值的实在性（"我不吸烟"）

应当指出，尽管人们进行了各种否决和辩论，行动现实（大多数人不吸烟的状态）仍然会貌似是一种惰性在维持着生命的轨迹。生命事实是一个概率的、不确定的演化过程，在何时发生突变有很大的偶然性。生命不

是多米诺骨牌，更像纠缠在一起的线结，偏离的力量除非在一个非常缓慢的过程中是很少能获得成功的。对于成功地戒烟，细节和决断性的体验是不可缺少的。同样，那些勇于面对生命的瞬间突变，不放过任何与人格整合性（integrity）不和谐的细节的人，才有可能通向最高的理智德性之路。

在这个戒烟模型描述的实践理性范例中，值得注意的还有对于康德的先验论证的一种延展解释：首先是行动中的实践命令在戒烟模型中呈现为个人意志间的任意联想式耦合在实践推理中的决定性意义，在"我不吸烟"与"他吸烟"构筑的联合理由现实中，行动的"应该"作为实践命令是一个析取式的联合现实的构筑，这既是非自然的直觉判断，具有先验论证欢迎的非自然属性和开放特征，又具有累加的偶然特征，然而一旦戒烟者对于"我不吸烟"形成了超验式的事实性认同的绝对性性格特质这种先验偶然性推理造成的假言判断却产生了实践必然性的后果，即戒烟的新现实。

这说明，实践理性的复杂性特征决定了道德哲学概念与本体论诸范畴的关联需要进一步的探讨，下面就来讨论这个问题。

四、道德哲学的谱系学困境与第一哲学

正是与前述的伦理学的 N 维之谜一致，思想史上的谱系学方法能够用来揭示道德哲学的困境。从字面上，谱系学是仿照生物学繁衍假设对错综复杂的概念演化关系进行初步的表面的基于含糊的接力关系的梳理，但也是一种基于历史事实性验证的某种理论框架的先验的实践合理性论证。如前所述，因为基于任意多样性延伸分支的谱系学在验证多维刻画的道德行为概念的一致性方面具有独特的思想实验功能，道德哲学前述概念的复杂特征特别适合这种方法，甚至是罗尔斯意义上反思平衡式的道德直觉诠释学证明的唯一方法。[①]然而本文试图指出：正是谱系学的分析可以发现现代道德哲学关注的所有重要问题全部都指向了原本作为第一哲学关注的本体论意义上的划界分析或实践哲学的概念逻辑构架。

最初呈现在近代道德哲学中的是自休谟起提出的事实与规范的区别，科学据说可以告诉我们事实是怎样的，道德则决定应该怎样。这导致一种

---

① 罗尔斯：《正义论》，何怀宏等译，北京：中国社会科学出版社，1988 年，第 18 页。

科学理性主义和道德情感主义（艾耶尔等逻辑经验主义者意义上）的并行存在相互补充：既然理性无法决定应该怎样，那么在规范问题上情感意志和直觉就是决定因素。人文学科与自然科学的区别也来源于此。实际上，对于近代的"道德"概念，有作者也指出：在英国和法国，"道德"常指一般的精神领域，表示与自然的、物理的领域相区别的人的特有的精神领域。在心理学产生之后人们又从人的心理、情感、理性、意志等精神特征上理解道德。①

然而亚里士多德的德性概念指出"德性则是选择的或包含选择的"（1106a）②状态，"是一种选择的品质"（1106b），但是选择的适度不完全是一个比例的中间概念，两种极端的中值仅适用于伦理德性（1106b），而不是理智德性，而且有的品质是不存在折中的（1107a）。适度其实"是逻各斯规定的"（1107a）。亚里士多德德性伦理学传统质询生命的目的和幸福的意义，是将形而上学的"沉思"③视为通达至善的途径。即使近代以后，很多哲学家也承认这种至高的超越论的价值理性架构存在。不过康德伦理学认为这和经验、科学理性又有所不同，叫实践理性，也区别于隶属于习俗空间的德性的概念。康德的实践理性的概念最初用来表达这个新的概念。这样在概念谱系上的结果是：道德哲学中原先两重的事实与规范的对立可以变为六重的，科学理性与实践理性、科学理性与实践非理性、实践理性与实践非理性、实践理性与科学非理性、科学理性与非科学理性、非科学理性与非实践理性。

法律与道德的关系又产生了新的问题，如果法律是社会现实的一部分，就存在法律与道德的冲突，如果法律作为实践理性的成分，就与科学理性产生冲突。法律实证主义与自然权利论的冲突表现为前者，至于法律与科学的冲突，表现为实证法学与法社会学及现实法学的冲突，在法学是否可以成为一种科学甚至社会科学是否可以采用与自然科学一样的研究方法的争论均来源于此。马克思主义的实践概念试图统一社会科学的科学性与阶级性，实质就是仰仗实践理性的概念绕过是与应当的科学与人文的冲突，但问题仍然存在，我们仍然在康德的出发点上。

---

① 宋希仁：《"道德"概念的历史回顾——读黑格尔〈法哲学原理〉随想》，《玉溪师范学院学报》2004年第4期。

② 亚里士多德：《尼各马可伦理学》，廖申白译，北京：商务印书馆，2003年，第44页。

③ 亚里士多德：《尼各马可伦理学》，第307页。

　　更糟糕的是，我们不要忘记还有德性与审美的对立，善和美从来就是分离的，并且还各自与其他的范畴（科学理性、实践理性）交叉对立。我们在康德那里同样得到一个复杂的"判断力"的概念，而在美的范畴里，存在着悠久的再现与表现的区分，这导致美的客观论与主观论、美的理念说与直觉说的六重对立，如科学美学与实践美学及表现美学的三重分立。可以发现，在美的问题上，所有前面出现过的各种对立都会发生，除了上述两种典型的对立外，还多了康德加上去的感性与理性的对立（不过这是美学还处于萌芽阶段被称为感性学时面对的主要问题）。

　　判断力批判试图解决的中介问题，远比康德设想的要复杂。这个中介问题，其实就是上述各个层面发生的种种冲突的问题。所以在这个意义上，广义的美学的范围已经涵盖了广义的政治哲学关于共识的理论（如阿伦特的解释[①]），所以有些人在康德的影响下因为中介问题似乎是美学的课题而扩大美学的范围、抬高美学的地位。当然中介问题根本上是哲学的基本课题，围绕前述冲突展开的附属问题还有很多，却很难视为美学问题。类似的问题也发生在将美视为规范实践从属于伦理领域。甚至科学也可以看作一种体制，结果科学理性问题也似乎可以归结到道德理性上面，那就是很流行的实用主义哲学的策略了。这样，只有理性（包括各种理性）和反理性最彻底了。

　　反理性的问题原先却是在信仰与理性这对更久远的对立范畴中就存在了。理性神学认为可以论证对上帝的信仰，神秘主义则否认理性的作用。所以回到神学问题，似乎解决了中介问题的归宿？但神圣领域与世俗领域的冲突又怎么办？这经常被视为一个社会哲学问题。意识形态批判作为广义的道德哲学在这种意义上充当了神学的作用，解决当代人迫切面对的自我与世俗社会的分裂局面下主体性的危机。面对世俗理性化下的现代性自我认同危机，文化冲突的问题也不可忽视，进一步扩大涵盖一种历史哲学。

　　上述这些问题似乎不可能在一个哲学分支领域涵盖得尽，只有前现代的传统道德哲学概念似乎才能涵盖这么广的范围，也说明亚当·斯密时代直到西季维克一个含糊的道德哲学概念（甚至大学教职）需要重新评估。

　　值得注意的是，成中英[②]认为牟宗三先生所阐发的"道德的形而上学"

---

　　① 汉娜·阿伦特：《康德政治哲学讲稿》，曹明等译，上海：上海人民出版社，2013年，第19页，《判断力批判》与康德对于"政治性"的晚年思想转向。

　　② 成中英：《本体与实践：牟宗三先生与康德哲学》，《中国哲学史》1997年第2期。

其实是实践本体论上的"道的形而上学",也不同于西文的 moral metaphysics,虽然牟宗三使用这个对应为英译。这也是从汉语语源上对道德哲学概念的一种还原,进一步印证了本文的观点,中国传统心性学的现代诠释,与分析哲学的晚近趋势不谋而合,值得深思。当然从文化历史角度解说这种共同性并非本文的任务,这仅仅表明一个破碎的无法解读的但具有共通性的道德哲学谱系传统的存在是对当代各种道德哲学以及伦理学相关学科划分的巨大嘲讽。麦金太尔的德性伦理学也认为:

> 我已指出,除非有一个目的(telos),一个借助构成整体生活的善(good),即把一个人的生活看成是一个统一体的善,而超越了实践的有限利益的目的,否则就将是这两种情形:某种破坏性的专横将侵犯道德生活;我们将不能够适当地说明某些德性的背景条件。……在一个人的全部生活中,除非有一整体生活的观念,一元的目的观念就无立脚之地。[①]

对于这种所谓的伦理学的形而上之维。笔者也曾经撰文[②]指出:

作为实体性导出构造的"形式""本质"的运思。作为灵魂的现实活动的最本己的目的和最高善的德性分析,恰如 Putnam 用"关于善的理论"所概括的,是希腊存在论或 P(柏拉图)和 A(亚里士多德)系统分析的真正终结,存在论可以在包含神学、自我学或灵魂论的形而上学这些几乎独立的领域与第二哲学相并存,但是"在先"。

(本文节选于汪行福、朱晓红、王新生、佘碧平编:《多维视角下的西方哲学——黄颂杰先生从教 55 周年师生文集》,上海:上海三联书店,2017年,第 303-313 页)

---

① 麦金太尔:《德性之后》,龚群等译,北京:中国社会科学出版社,1995 年,第 256 页。
② 李虎:《反柏拉图主义的界限:柏拉图、亚里士多德与古代"人的哲学"问题》,《开放时代》1997年第 5 期。

反思、情感与规范性

——从胡塞尔到萨特的价值现象学思路

钟汉川

在当代哲学话语中，阐明"什么是好的"这一话题受到了极大的关注。广为人知的是，美国哲学家科斯嘉（C. M. Korsgaard）将"好"这种价值判断回溯至规范性起源，并认为我们具有这些问题是因为"我们是能对自身应该相信什么、应该做什么进行反思的具有自身意识的理性动物"[1]，亦即规范性来源于心灵的反思结构。"什么是好的"（价值）以及"应当如何行动"（义务），这不是由知觉和欲望来确定的，而是退后一步回到人的自身心理活动能力上去，通过反思检测和理性（理由）辩护来阐明。这种规范性构想抛弃了自然主义和实在论的外在规范观念，坚持以康德哲学的方式从人类意识中寻找规范性来源，最终确认了近代启蒙运动以来所宣扬的人性价值。[2]那么在规范性来源上，是否只有科斯嘉提供的版本呢？具体而言，从反思出发说明规范性来源，是否仅以得到理由辩护为条件？我们认为，在现象学传统中，胡塞尔和萨特关于价值的哲学反思提供了一条探讨规范性来源的新路径。它同样是从人类反思意识出发的内在规范性，却通过某些情感因素揭示出来，这与建立在反思成功之上的理由规范迥然有别。为此，本文将依据胡塞尔和萨特的价值现象学的相关文本，深入考察被科斯嘉的理由规范忽略的知觉与反思的关系，重构反思活动得以进行的自我（行为者）概念，阐释前述的价值现象学文本中有关情感的规范性构想，如此为重新思考启蒙运动以来的近代价值观提供更广阔的空间。

---

[1] Korsgaard C. M., *The Sources of Normativity*, Cambridge: Cambridge University Press, 1996, p. 46.

[2] Korsgaard C. M., *The Sources of Normativity*, p. 122.

一、意识的结构与规范性

在现象学运动中，如马利根（K. Mulligan）所指出的，将情感和价值相结合，这源自布伦塔诺。[①]他首先将外在事物的考察回溯至人类心灵的意识活动，并区分表象、判断和情感这三类心理现象。它们都被视为以意向的特征指涉着外在世界，并以表象为基础明见地所予我们。他曾指出，我们接受或肯定某物却又同时将其看作错误的，这是不可能的；但常常可能这样：我们爱某物却又承认它不值得爱。[②]这里暗含了两个断言：其一，情感行为（"爱"）建立在表象行为（"肯定"）之上；其二，价值判断（"承认它不值得"）建立在情感行为之上。实际上，这就使情感与价值的关联依赖于表象。唯当情感现象具有明见的表象，即价值特性之时，才能进行价值分析。布伦塔诺的后继者冯·艾伦费尔斯（C. V. Ehrenfels）和迈农（A. Meinong）则以自然主义的方式发展了一门价值表象论，即唯有情感或欲求的对象才是可估价的对象。但这两种理论其实都依赖于表象对象，就此而言，它们并没有完全回溯至意识之内来考察情感与价值的关联。

胡塞尔在此基础上改造了上述心理现象的分类。他修正了布伦塔诺将意愿归属于情感现象的做法，把表象和判断都看作认知行为，如此区分出认知、情感和意愿这三类心理现象，并试图相应地确立理论学科、规范学科以及实践学科。但胡塞尔之所以被视为现象学的真正奠基者，则主要源自他将布伦塔诺心理的意识发展成先验的意识。他毫不讳言地称自己是布伦塔诺的学生，却将后者看作自然主义者。[③]因为，后者只是在表象中对观念对象作意向分析，却没有将它回溯为"主体上形成观念对象的意识"，也没有将意向性分析看作意义给予的现象分析。而胡塞尔的先验意识则回溯至意识"内在性中实行的、对所有范畴对象的统觉的最内在理解"，如此

---

① Mulligan, K., "Husserl on the 'logics' of valuing, values and norms", in B. Centi, G. Gigliotti eds., *Fenomenologia della Ragion Pratica. L'Etica di Edmund Husserl*, Naples: Bibliopolis, 2004, p. 180.

② Brentano, F., *The Origin of Our Knowledge of Right and Wrong*, trans. by R. M. Chisholm and E. H. Schneewind, London: Routledge, 2009, p. 11.

③ Husserl E., *Phänomenologische Psychologie. Vorlesungen Sommersemester. 1925*, hrsg. von W. Biemel, Netherlands: Martinus Nijhoff, 1968, S. 37.

建立起逻辑的、价值论的以及实践的最内在理解。[①]与此同时，这种意识作为一种意向，不仅指涉表象内容，还超越地意指意识的相关项，即给予其意义。因为，一切实在都通过"意义给予"而存在。[②]因此，这种意识是从行为（活动性）的角度来理解的，它先验地具有一种意义的给予-所予，或者构成-被构成的结构。换言之，意识行为总是具有其意向相关项，即观念内容，或者其意义，意识的意指（意义给予）总是有意指的充实或不充实（意义所予）。

对胡塞尔而言，彻底回溯至意识之内，就产生了第二意义上的自然。它与时空性的物理世界意义上的原初自然不同，没有了现象与存在的区分，摆脱了因果关系的束缚，而处在"单子式的"意识统一之中。[③]这意味着意识是先验的，意识行为总是所予我们观念内容，后者对意识行为来说具有先天的本质性或观念性。因此个体就处在所予的本质联系之中，本质及其联系的观念性对个体此在来说就是客观有效的[④]，即是规范的，而不是描述的。因此，规范性来源于意识所予的观念性，或者意识的自身所予性。

为此，胡塞尔指出了心理现象之内三类意识行为的规范，即所予的这些观念性：在认知中，与判断活动相应的是逻辑上的合理性和不合理性，与判断内容相应的是真理和错误；在情感之中，与评价活动相应的是价值论上的合理性和不合理性，与评价内容相应的是价值论谓词，即价值和无价值或者好和坏；在意愿中，与意愿活动相应的是实践上的合理性或不合理性，与意愿内容相应的是道德的善和恶。[⑤]但是，三类意识行为都是从给予-所予（构成-被构成）的结构中来说明规范化过程的，它体现了一种综合："将单纯意指显示、证明为得到充实的行为，即自身具有真理的行为

① Husserl E., *Phänomenologische Psychologie. Vorlesungen Sommersemester. 1925*, hrsg. von W. Biemel, S. 36.

② Husserl E., *Ideen zu einer reinen Phänomenologie und phänomenologischen Philosophie. Erstes Buch: Allgemeine Einführung in die reine Phänomenologie*, hrsg. von K. Schuhmann, Hague, Netherlands: Martinus Nijhoff, 1976, S. 120.

③ 胡塞尔：《文章与讲演（1911—1921 年）》，倪梁康译，载托马斯·奈农等编：《胡塞尔文集》（第七卷），北京：人民出版社，2009 年，第 32 页。

④ 胡塞尔：《文章与讲演（1911—1921 年）》，第 39 页。

⑤ Husserl E., *Vorlesungen über Ethik und Wertlehre 1908-1914*, hrsg. von U. Melle, Dordrecht, Netherlands: Kluwer Academic Publishers, 1988, S. 50.

之充实"①。也即三种意识行为中的规范并不是由意义的给予或所予的单个要素决定的，而是二者意向的统一。所以，这里的合理性（理由）并不如科斯嘉所认为的那样，是推理（反思）的成功，而是在于意指（意义给予）是否得到充实。正是基于此，《逻辑研究》第一研究第 32 节将意义的观念性（idealitaet）绝然地与规范上的观念性区别开来。前者作为种类上的观念统一，仅仅是意义的自身所予（被构成），不具有个体的实在性，因此也就不可能成为实践的理想。只有规范的观念性才具有实在性，才是个体在现实中可追求的对象，这正在于，这种观念性处在意义给予-所予的结构之中。在这个意义上，规范性意味着，前述的意识的观念性仍有一个身体性，还处在与心理-物理世界的联系之中。

通过将表象和判断扩展为认知行为，胡塞尔坚持了布伦塔诺前述的第一个断言，即情感行为奠基于认知行为。相应地在规范问题上，他坚持规范学科以理论学科为基础。②也就是说，理论认知中的逻辑形式发挥着规范性的作用。对于如何从正确地相信（信念），到不矛盾地判断，再到符合一致性规律地推理，意识在认知上都受制于形式逻辑规律的规范。但是，一个规范观念的有效性并不是绝然"自在的"有效性，而是就人类自身而言的。所以，对逻辑学本身而言并不存在规范的有效性。就此来看，这里的规范性显然是从第一人称视角出发的，也就是科斯嘉提到的规范性问题的第一个条件。③

这个第一人称视角不仅仅是个体上的，更为重要的是，胡塞尔还进一步在历史的精神形态或精神生活的统一上来理解规范性。他认为，意识行为的沉淀其实是个人习性的养成，如此形成教化和智慧的提升，达成共同体和时代的价值。换言之，一切历史之物都可以还原到单子式的意识统一体中，它不仅构成个体对自身历史的理解，也构成诸文化共同体之内和之间的理解。在他看来，这既拒绝了历史相对主义，也不预设历史进化论或决定论，却是"依据于带有绝对有效性要求的规范"。因为这样的精神生活是"一个意义所具有的各个内部自身要求的因素的统一"。④在此意义上，

---

① Husserl E., *Einleitung in die Ethik. Vorlesungen Sommersemester 1920 und 1924*, hrsg. von H. Peucker, Dordrecht, Netherlands: Kluwer Academic Publishers, 2004, S. 224.
② 胡塞尔：《逻辑研究》（第一卷），倪梁康译，上海：上海译文出版社，1994 年，第 40 页。
③ Korsgaard C. M., *The Sources of Normativity*, p. 16.
④ 参见胡塞尔：《文章与讲演（1911—1921 年）》，第 46 页。

传统逻辑学和现代科学也被视为有自身历史的起源。在《形式逻辑与先验逻辑》中，欧洲世界被认为处在"不可理解"的危机中，这正是由于传统逻辑学和科学（及其规范性）仅仅被看作绝对真理的"事实"，却失去了"自身规范化"的（意义给予-所予的）意识结构所导致的结果。鉴于此，胡塞尔的拯救方案是，通过意义的研究（besinnung）将理论构成物纳入活生生的意向行为中。

二、反思、情感与价值

　　胡塞尔通过第二类意识行为的规范将情感和价值结合起来。这种结合首先通过反思的体验转换特征来界定情感，再借助情感的意向性来阐明价值，即作为一种规范观念性的价值。

　　首先反思行为源于知觉行为中目光的转换，即"从对感性被给予之物的素朴朝向转回来"[1]，将知觉行为及其意识对象纳入反思的目光之中。通过现象学还原，胡塞尔将自然反思彻底回溯至纯粹的反思，即纯粹意识的无限领域，或者前述"单子式"的意识统一体。如此，反思活动的特点就在于一种体验转换，即"一个前所予的体验或体验材料（未被反思者），经验了向被反思的意识（或被意识者）的样式的某种转换"[2]。在此，反思所面对的并不是所予的对象，而是前所予的体验（及其材料）。它通过反思意识将未被反思者转化成被意识者。由此，任何意识行为在原则上都朝向内在知觉或内在滞留的转换。[3]或者说，意识行为总是转向意向内容，意识的意指和充实（不充实）总是相伴出现的。概言之，反思意识实施的是从（实项的）体验流到（观念的）本质类型的转换。反思活动将连续的意识体验转化成离散的、可供表述的观念物。但将实项材料"运作"为观念意识，这必然有一个意识的综合者和被综合者，或者说意识

---

　　[1] 参见胡塞尔：《文章与讲演（1911—1921年）》，第219页。

　　[2] Husserl E., *Ideen zu einer reinen Phänomenologie und phänomenologischen Philosophie. Erstes Buch: Allgemeine Einführung in die reine Phänomenologie*, hrsg. von K. Schuhmann, Hague, S. 166.

　　[3] Husserl E., *Ideen zu einer reinen Phänomenologie und phänomenologischen Philosophie. Zweites Buch: Phänomenologische Untersuchungen zur Konstitution*, hrsg. von M. Biemel, Hague, Netherlands: Martinus Nijhoff, 1952, S. 14.

的意指活动与充实（不充实）这两方面。前者与自我相关，后者与知觉相关。

未被反思者能得到反思源于它已作为"背景"存在于反思活动中，即反思活动已设定了内在知觉或自身意识。①所以，一方面意识结构中存在着纯粹的自我极。它作为一个先验要素，与任何实在物或"存在者"截然有别，却"绝对不是永不能成为客体的主体"②，而是可自身把握、自身觉知，可在反思目光转换中被充分把握。如此，胡塞尔最终通过反思来理解"先验"自我。但另一方面，反思的体验转换又依赖于知觉。尽管他也强调想象中的反思，但知觉被看作反思的最终来源。意识的意指和充实，或给予和所予的意向统一，最终依赖的是知觉。因为在内时间意识中，滞留是反思的可能性条件，但胡塞尔否认想象材料的当下化可以成为反思的起点，直接成为滞留意识。因为，"相应的知觉或原印象先天必然地先行于滞留"③。当然，与休谟不同，胡塞尔认为，在反思意识中单纯地强调知觉的实显（印象）对认识的可靠性是错误的。因为，倘若如此，实质上就是"在回转目光时对作为'仍然'被意识者（直接滞留）的曾经存在加以怀疑"④。因此在胡塞尔看来，未被反思者和被意识者在知觉中是统一的，都是直观的源泉。事实上，这种看法预设了知觉对反思的透明性，它与前面的自我概念一同遭到了萨特的质疑。

如此，反思概念作为一种体验转换的两个特征就可以得到指明。其一是行为把握的特征。反思源于知觉，任何知觉活动都会向（内在反思）内容转换，并带有认知上的"客体具有"之信念。行为把握是对某物的"注意"，但还不是客体把握，而是设定着存在的信念。这种信念作为一种理论态度会出现在认知行为、评价行为和实践行为中，"属于每一个行为的本质"⑤。但与此同时，反思目光还从朝向客体的自然态度方向上回撤或回

---

① Husserl E., *Ideen zu einer reinen Phänomenologie und phänomenologischen Philosophie. Erstes Buch: Allgemeine Einführung in die reine Phänomenologie*, hrsg. von K. Schuhmann, Hague, S. 95.

② Husserl E., *Ideen zu einer reinen Phänomenologie und phänomenologischen Philosophie. Zweites Buch: Phänomenologische Untersuchungen zur Konstitution*, hrsg. von M. Biemel, Hague, S. 101.

③ 胡塞尔：《内时间意识现象学》，倪梁康译，北京：商务印书馆，2009 年，第 66 页。

④ Husserl E., *Ideen zu einer reinen Phänomenologie und phänomenologischen Philosophie. Erstes Buch: Allgemeine Einführung in die reine Phänomenologie*, hrsg. von K. Schuhmann, Hague, S. 169.

⑤ Husserl E., *Ideen zu einer reinen Phänomenologie und phänomenologischen Philosophie. Zweites Buch: Phänomenologische Untersuchungen zur Konstitution*, hrsg. von M. Biemel, Hague, S. 3，16.

避，转而指向意向体验本身。这里存在着不同（态度）转换的可能性。它会重新以理论态度、评价态度或实践态度来指向意向体验，如此构成相应类型的对象。这是就"客体"①把握而言的另一个转换特征，即意识的自发性及其被动状态"重复地"朝向同一客体。前一种转换属于所有意向行为，而后一种转换却会分异出不同的行为类型及其对象。当然，胡塞尔并不认为，所有的意向体验都是在态度上朝向对象的。纯想象作为中立化的意识就不进行存在设定，因此不具有意识的现实性。也就是说，只有在知觉基础上，反思所揭示的意识的结构才具有其现实性。意识的意指只有通过知觉行为才能得到充实或不充实，进而确立起其对象。其实就我们的思路来说，这意味着，反思的客体把握特征预设了反思的行为把握特征。我们从（情感）意识的意向及其相关项这两方面来看胡塞尔的规范性构想。

　　情感具有所指向的对象，这种看法从亚里士多德以来就不断被提及。胡塞尔显然认同这点并如此强烈指责，康德误解了情感领域，没有看到情感领域也有自身的先天法则，是一个真正的合理性领域。在他看来，这个误解其实源于从意识外部对情感进行的自然化解释，即对感性的感受不作任何真和假的感受区分。相反，他对情感（感受）作了规范的区分，即被动的感性感受和作为评价行为的感受行为的区分，或者说被动的感受与主动的感受的区分。前者是描述的，就像颜色等自然事物一样是认知理性的对象，这里没有意识的意指，如此也就无所谓真和假的感受，或者存在和不存在的感受之别。后者却是规范的，是评价理性的相关项，它意指着某物，是自身合理或不合理的，如此也就具有真和假的或者存在和不存在的区分。②显然，就后者而言，对情感的理解已是在意识的给予-所予结构之内进行的，即作为主动感受的评价行为已然具有行为把握的反思特征。因此，如果说前一种情感类型是感受状态或身体感受，那么后一类型则是理

---

　　① 客体（Objekt）和对象（Gegenstand）在胡塞尔的文本中并非一以贯之使用的。本文采纳保罗·利科的理解，即后者是知觉或表象的客体，而前者则是现象学上来理解的，是比前者更宽泛的意识相关项。（参见利科："法译本注释"，载胡塞尔：《纯粹现象学通论》，李幼蒸译，2014 年，北京：中国人民大学出版社，第 490 页）

　　② Husserl E., *Einleitung in die Ethik. Vorlesungen Sommersemester 1920 und 1924*, hrsg. von H. Peucker, Dordrecht, S. 181.

解的感受或感受朝向，它才是真正具有意向性特征的情感类型。

如此，胡塞尔追随布伦塔诺，将情感行为建立在认知行为之上，这在我们看来其实就意味着，情感意向之中的客体把握必须依赖于行为把握，必须在意向体验内容上作存在信念的设定之后，才朝向评价对象。值得注意的是，认知行为和情感的评价行为在此就被视为具有可类比性。前者以知觉为基础，但知觉是存在设定的行为，存在着单纯意指和确实把握的混杂，只有通过知觉进程才能加以充实或驳斥。同样情感的评价行为也是设定性的猜测行为，是真正的价值预期和价值把握的混杂，它设定了一个真或假的价值（价值或无价值），即一种价值意指，它"通过对知觉对象的透穿，通过对该对象持续的透彻感受来加以确认或否定"②。换言之，情感（感受）在意识的意向结构中是受到规范的。在感受意指的充实中起到规范化作用的是"价值在感受上的自身具有"③，即一种规范的观念性。这意味着情感领域自身是合理的，只要合乎法则（正确）地感受（意识给予），那么感受之物就必然合乎本质地所予。由此，情感就处在意识结构的规范化作用之中了。为了说明价值规范的观念性具有实在性，或者说它在意识中是可实现的，胡塞尔认为情感领域具有知觉的类似物，即价值知觉（wertnehmung）。知觉是信念领域的原初意识，是对象本身之中自我的原初在场（自身把握）；类似地，价值知觉就意味着，感受活动在情感领域处在客体"本身"的状态之下一同感受着，自我实存于这种感受之中，即自我在最佳意义上朝向评价对象。④概言之，意识的给予和所予是相即的，被意指之物完全是所予之物。当然，除了原初的价值意识，也存在着非原初的价值意识，或者说空的感受活动，这涉及价值感受的充实问题。胡塞尔认为，享受就是一种价值知觉，通过它就充实了空的感受活动。⑤为了考

① 主张情感的意向性并作这两种区分的，在胡塞尔之后不乏其人，比如莱纳赫（Adolf Reinach）、戈尔迪（Peter Goldie）和德拉蒙德（John Drummond）等。

② Husserl E., *Einleitung in die Ethik. Vorlesungen Sommersemester 1920 und 1924*, hrsg. von H. Peucker, Dordrecht, S. 223.

③ Husserl E., *Einleitung in die Ethik. Vorlesungen Sommersemester 1920 und 1924*, hrsg. von H. Peucker, Dordrecht, S. 223.

④ Husserl E., *Ideen zu einer reinen Phänomenologie und phänomenologischen Philosophie. Zweites Buch: Phänomenologische Untersuchungen zur Konstitution*, hrsg. von M. Biemel, Hague, S. 11.

⑤ Husserl E., *Ideen zu einer reinen Phänomenologie und phänomenologischen Philosophie. Zweites Buch: Phänomenologische Untersuchungen zur Konstitution*, hrsg. von M. Biemel, Hague, S. 9.

察价值意指的充实，他非常小心地考察价值的实在性问题。

胡塞尔首先（1）区分价值客体本身与评价对象。在情感评价行为中我们朝向被评价者，即评价对象，但并不把握它，而是把握到评价的意向客体，即价值客体本身。因为，从行为把握到客体把握的转换过程中，我们在情感评价中朝向的是评价对象，但被给予的是价值客体本身，即观念的价值事物，或者"价值在感受上的自身具有"。而评价对象则是"具有价值并且最终被设定为实存或非实存的对象"①，它包含了价值谓词。胡塞尔认为，在日常生活中我们接触到的主要是评价对象，而很少触及纯理论上的自然客体。不过，（2）这二者在他看来都是价值意识的基础，价值客体以及价值事态都以此为基础。他甚至认为，价值事态最终需要建立在不包含任何价值之物的对象和事态上。②当然，（3）价值客体本身也可成为理论行为的相关项，成为表象和判断的对象。比如，沉醉于一幅画的美，它所予我们的是美本身，但当以艺术批判的目光去作审美判断时，它就是以理论的态度进行价值把握，进而构成价值判断。不过，此时价值本身就被客体化为评价对象了。胡塞尔其实试图进行认识论和价值论的平行建构。前者区分命题以及充实它的事态或对象，后者也区分价值论命题以及充实它的价值事态或价值。如此建构一门与形式逻辑学平行的形式价值论。但显然，后者必然建立在价值感受之上，情感活动是价值客体性的来源。就此而言，胡塞尔坚持了布伦塔诺前述第二个断言。所以（4）价值意指，无论是价值判断还是空的（非原初的）价值感受，都需要在原初的价值知觉中得到充实。胡塞尔在此的思路仍依赖于知觉。因为，对知觉对象的透彻感受确认或反驳着价值意指，价值的规范化作用是通过价值知觉实现的；而产生价值感受乃至价值知觉的是（最初）知觉认识的激发，即情感动机来源于认识动机。比如，提琴的声音触发了人的愉悦感，进而所予人以美感本身。但实施着动机化作用的则是提琴结构的美、精致的形式，以及声音的媒介等这些个别性及其组合构成的"直观统一体"。

因此，这里实则有着深刻的矛盾：一方面，价值客体既是情感的相关项也是理智认识的相关项，这是行为把握向客体把握转换过程中分别以评价和理论态度朝向时所予的。另一方面，评价对象既作为实在对象实施动

---

① Husserl E., *Vorlesungen über Ethik und Wertlehre. 1908-1914*, hrsg. von U. Melle, Dordrecht, p. 89 note1.

② Husserl E., *Vorlesungen über Ethik und Wertlehre. 1908-1914*, hrsg. von U. Melle, Dordrecht, p. 256.

机引发，但又是直观的统一体。所以问题就是：（1）同一个价值客体如何在情感行为和认知行为的转换中保持同一？（2）评价对象如何既是实在对象又是直观统一体？如德拉蒙德所言，此种对立无法在任何意识行为中得到揭示，它是反直观的。[①]这里的内在矛盾使许多研究者在胡塞尔自身的理论框架内来修正其价值知觉理论。[②]

不过，影响更深远的是从外部对胡塞尔反思模式进行的批判。无论是舍勒的价值实在论还是海德格尔的价值虚无论，其实都在否定胡塞尔通过反思转换结构所建立的情感与价值的关联。这种关联在胡塞尔那里是通过对意识行为的正题化，即知觉对反思的透明性来实现的，同时它也预设了非正题的要素，即作为背景、前反思的自身意识和价值客体。但是，价值现象学从胡塞尔到萨特的转变则呈现了特别的发展，萨特对胡塞尔价值理论的内在批判，一方面回到了康德式的规范性思路上，另一方面，却又部分承纳了胡塞尔的规范性框架，即价值规范为意愿规范奠基，由此与胡塞尔一道证成了反思性情感的规范性。并且，它更全面地阐释了近代以来的人性价值。

三、基于虚无的意识结构

其实，萨特并不反对意识具有给予-所与的结构。但他认为，胡塞尔的反思理论依赖于知觉，这无法说明意识的结构。因为，知觉所达到的只是显现（在场）的意识内容，而意识所予的却是以显现系列的总体（所予和未所予、在场和缺席的总和）为前提的。如此，意识是对某物的意识，这意味着超越性是意识结构的构成要素。[③]所以，探讨意识的结构就需要超出当下的主观显现，走向无限的显现系列的整体。

当然，超出意识显现去探讨意识结构并不意味着以非意识视角为出发点。无论在任何意义上，萨特都不是实在论和自然主义的追随者。从当下

---

① Drummond J., "The intentional structure of emotions", in *Logical Analysis & History of Philosophy* 16，2013, p. 250.

② 比如，当代学者之中，德拉蒙德将胡塞尔的价值充实转变成意义充实的问题，而克罗韦尔（Steven Crowell）则在行动的意向性视角内来说明价值知觉的问题。

③ 萨特：《存在与虚无》，陈宣良等译，杜小真校，上海：三联书店，2007年，第20页。

显现的意识内容出发，存在两方面对反思意识的超越，并且它们是相互独立的领域。一方面是对象领域。作为显现系列的整体，它是"一种非意识的、超现象的存在"，或者说"对象的存在是纯粹的非存在"①，即一种欠缺。另一方面是自身意识的领域。它是非反思的、非位置的意识，内在地超越于意识的反思内容，而且使反思得以可能。也就是说，自我对自身，而不是对意识是内在的。②如此，对意识结构的揭示也不依赖于观念论的方式。就对象领域而言，萨特反对创世论，否认该领域的存在是上帝的创造。相反他坚持认为，存在是非人称上的，既非能动，也非被动。就自身意识的领域而言，萨特反对通过自身意识的内在性来定义存在。简言之，他拒绝去克服这两种超越要素，反而坚持一种无神论式的存在主义，即坚持存在本身是自在的。但是，自在存在对于其所揭示的意识结构来说则是非正题的，与之相对，意识则被看作自为存在，是时间性的存在。因此，这样的意识结构就不是以瞬时意识，而是以时间绵延中的意识为基础的，它作为正题出现，是以非正题的、意识之外的存在为根据的。就此而言，这种意识一开始就确立了在世存在的框架，而不是（他所批判的）胡塞尔从自我（自身）极出发、建立在知觉之上的意识路径。所以相应地，萨特认为自我是被构成的。

萨特并不否认存在着反思着的"自我"和被反思的"自我"，即在心理-物理上的和心理上的自我观念。在前者那里，我的实存是作为经验的、具有心理-物理性质的实体在意识中给予我的；在后者那里，我将我的反思状态归属于我。但是，他认为，如果在时间绵延中存在着统一自身的意识概念，即先验的自我，那么它"就像一个不透明的刀片割裂每一个意识"③，这就意味着意识的死亡。但是，若没有先验自我作为诸种意识的统一，又怎么认识到有一个反思活动是我的，怎么保证被反思的意识能够归诸为"我"呢？萨特的解释是，在未反思层面上，"自我"可看作与心理-物理的经验自我的关系中一个无限收缩的极点，就像三维之内的点一样；而在被反思层面，存在着先验意识对自我的构成。他说明了，自我是如何在先验意识中通过（却不依赖于）行为、性质和状态而得到构成的。它与过去的"我"没有关系，是诗意的创造，它不需要先前的知觉体验，是虚无中的创

---

① 萨特：《存在与虚无》，第19页。
② Sartre J.-P., *The Transcendence of the Ego*, trans. by A. Brown, London: Routledge, 2005, p. 21.
③ Sartre J.-P., *The Transcendence of the Ego*, trans. by A. Brown, p. 4.

造。①如此，向我产生出来的"体验"就是"一种降格的、被动的形式"，仅仅保留着对意识的自发性回忆，而不像在胡塞尔那里具有观念化的主动性。相反，真正的自发性是自我制造，综合地与异于自己的东西相联系，将暧昧性和被动性包含在变化中。当然，它属于先验意识，而不属于自我。不过在被构成的意义上，自我也有自发性。主词意义上的我是规范上的，它构成了价值规范的落脚点，与之对应的是宾词意义上的我，它是各种身体感受的被动状态的归属。

所以从根本上看，萨特的意识结构是基于虚无的。先验意识是无人称的意识，它"每一刻都向我们揭示从虚无开始的创造"②。自我不是意识的主人，它与意识行为和意识状态一样都是意识的对象。在实在论和观念论之间，萨特选择了从存在主义切入其意识分析。"世界没有创造'我'，'我'也没有创造世界，二者其实是绝对、无人称的意识的两个对象，这两个对象通过这种意识相互联系起来。"③但是，虚无从何而来呢？虚无不来自存在之前，也不来自存在之中，而是来自人的在世存在。萨特说明了人的意识生活从自身性和实在性之中放逐出来后的状况，那就是人与其实在相分离的可能性，即自由。人的自由是无所凭依的，因为意识的自发性其实是从虚无开始的命运。那么，如何去领会（把握）人的这种自由处境？揭示这种在世存在，显然不能从理智认识的思路出发，萨特在此借助了一种特殊的情感。

四、焦虑的所予性：自由作为价值

萨特的情感方案一方面否定了胡塞尔反思意识中的行为把握特征，而坚持认为情感源于在世界之中的存在；但另一方面他又借用了反思的第二个转换特征，即用情感是意识行为的转换（回指）这个特征来说明一种情感的意向性。这种说明区分了萨特所认定的两类情感，它们与这两类意识回转相对应：一类是从自然世界观到对世界的构成的回转，另一类是从对世界的非反思的构成到对自身的反思性把握的回转。我们先看第一类

---

① Sartre J.-P., *The Transcendence of the Ego*, trans. by A. Brown, p. 18f.

② Sartre J.-P., *The Transcendence of the Ego*, trans. by A. Brown, p. 27.

③ Sartre J.-P., *The Transcendence of the Ego*, trans. by A. Brown, p. 29.

情感。

　　萨特反对胡塞尔从内在反思行为出发来说明情感。他认为，情感一开始就是处在与世界的意识关联之中。当我们在现实行动中受阻，在决定论面前碰壁时，我们就会试图以新的态度去看待世界，以"神奇的"方式来进行"世界的转换"。①比如，伸手去摘葡萄，但够不着，我说葡萄太酸了，在此"我神奇地给予葡萄以我所意欲的性质"。而情感就是"我们相信的魔术"。如其所是地显示的自然世界就被"神奇地"转换成了世界对我的意义。通过这个转换，世界（作为对象）对于意识的超越性被内化到对新意识的构成中。但对象的超越性并没有被克服，因为在情感之中，是意识通过改变自身来实现对世界及其对象的新的把握，是意识"用自身最内在的东西——即它对自身毫无距离的在场以及它对世界的观点——构成了这个新世界"②。但是，这种意识转换特征其实预设了两点：一是对自身非正题的意识，二是被自身信念所束缚。萨特认为这种情感是不真诚的，因为它是通过身体而不是通过意识介入世界的。要摆脱自身信念的陷阱，就要是从反思上把握世界，将世界本身揭示为神奇的，而不仅仅是被我们神奇地构成的。那么，这一方面就意味着将世界对象的超越性纳入反思意识之中；但另一方面又并非要回到意识自身性上，回到胡塞尔反思概念的行为转换特征上。如此，就需要从第一类情感即对世界非反思的构成过渡到第二类情感，即对自身反思的把握。

　　情感的本质在萨特看来就在于身体的二重性：身体既是世界之中的对象，又是"由意识所直接经历的东西"。③如果说以前者为基础的情感是第一类，那么后者所产生的则是第二类情感。它们类似于胡塞尔区分的被动感受和主动感受，或者身体感受和理解的感受。只有后者才具有真正的情感意向，才能揭示出意识的结构。因为，第一类情感所构成的只是世界作为对象的意义，我的身体被动地感受着世界。恐惧、忧郁等诸种情感都属于此，它们是非反思的。第二类情感才构成我在世存在的意义，揭示出"人的实在性与世界的关系总体"④，它们是反思性的。萨特认为，这种特殊

----

　　① Sartre J.-P., *The Emotions: Outline of a Theory*, trans. by B. Frechtman, New York: Carol Publishing Group, 1993, p. 58.

　　② Sartre J.-P., *The Emotions: Outline of a Theory*, trans. by B. Frechtman, p. 76.

　　③ Sartre J.-P., *The Emotions: Outline of a Theory*, trans. by B. Frechtman, p. 75.

　　④ Sartre J.-P., *The Emotions: Outline of a Theory*, trans. by B. Frechtman, p. 93.

的情感就是焦虑。焦虑是对自我反思的把握。不过，在时间绵延的意识中，人总是与其自身拉开距离，也就是说，自我总是从意识的存在之中脱离自身，它不是滞留意识或体验的依靠，反倒成了一种要求，如此对自我的把握才变成焦虑。因为，它所领会到的是虚无，即意识的结构。它是半透明的自为存在。但与此同时，对虚无的领会使得人意识到，人是自由的，因为他不是自我，而是自我的在场，不是其所是，而是其虚无（欠缺），即一种是其所不是的自为存在。显然，萨特认为，焦虑这种情感仍具有意义的给予-所予的结构。它反思地把握着自我，意识到我是自由的，或者说，焦虑意指着我的自由。同时在反思的客体（自我作为对象）把握的转换之中，自我所予（被构成）的是我在世存在的意义。①但如此一来，意义给予（构成）就不是在（胡塞尔那里的）意识显现的充实之下，而是在虚无（欠缺）之下得到确认的。同样地，萨特也在欠缺的意义上来说明情感与价值的关联。

萨特把价值看作"存在的欠缺之意义"，或者说"一切欠缺的被欠缺者"②，即前述的"我在世存在的意义"。如在胡塞尔那里，情感（作为评价行为）指向评价对象，所予的却是价值客体。萨特的价值概念也同样具有非正题的、前反思的维度。如此，它也超越于意识，具有一种观念性（ideality）。③不过，他认为，价值亦有其实在的基础，因为它和自为是共实体性的，而且"价值是自为应该是的存在"。④正是在此意义上，塞巴斯蒂安·加德纳（Sebastian Gardner）将萨特的价值概念看作主体上实行规范力的东西。⑤但是，这并不意味着价值是以自为（作为意识）为基础的。因为，自为是自身虚无的基础，它不能变成存在的基础。在此，就像胡塞尔将价值规范的实在性建立在评价对象上一样，萨特也把价值的基础建立在焦虑的相关项，即我的自由之上，自由是价值的唯一基础。⑥在焦虑反思地把握到自我（客体把握）时，价值就作为我在世存在的意义显示出来。

---

① 萨特：《存在与虚无》，第 71 页。

② 萨特：《存在与虚无》，第 132 页以下。

③ Sartre J.-P., *Being and Nothingness*, trans. by H. E. Barnes, London: Routledge, 1989, p. 38.

④ Sartre J.-P., *Being and Nothingness*, trans. by H. E. Barnes, p. 94.

⑤ Gardner S., *Sartre's Being and Nothingness: A Reader's Guide*, London: Continuum International Publishing Group, 2009, p. 104.

⑥ 萨特：《存在与虚无》，第 69 页。

如此，自我是自为的欠缺者；而价值就是自我所欠缺者，并构成后者的基础。在焦虑之中，自我的构成也意味着我在世存在的意义被揭示出来。后者作为价值规范着自我的构成。换言之，主词我在我的自由之内受价值规范。相应地，日常的价值则是在我在世存在的意义这个原始价值之下获得的，是世内存在的价值。但它最终依赖于自我的构成，"我作为诸价值赖以存在的存在，是无可辩解的"①。就此而言，萨特的思路其实又回到了康德，他们都认为"人的行动不接受任何外来的规则，但服从意识强加于自身的规范"②。

萨特的价值现象学在胡塞尔的基础上所展现的价值规范之思路，最终依据的是从意识的虚无（欠缺）而不是充实来理解情感的意向性。焦虑虽被他视为在日常生活中非常稀少，却是先验意识之中构成自我规范的前提。对自我（作为对象）的反思把握产生焦虑是因为，它领会到意识的虚无；我的自由之所以感到焦虑是因为，它成为诸价值的基础而自己却欠缺基础；我在价值抉择的时候还会面临伦理性的焦虑，因为价值总是揭示为一种欠缺，一种自由的要求。如此，萨特的思路当然可以这么理解：焦虑意指（构成）着我的自由，而所予（被构成）的却是作为一种观念性的价值，进而价值揭示自我的构成，被构成的我则阐释着在世界之中各种价值标准的来源。但如此一来，把我的自由视为情感的相关项，其所具有的实在性，或者萨特所说的事实性，恰恰在先确定了其给予-所予的意识结构已是在世存在的，而不以认识行为作为前提。

五、规范性条件与人性价值

科斯嘉曾提到规范性的三个条件，即第一人称视角、透明性和同一性意识。③从胡塞尔到萨特的价值现象学思路满足第一个条件，但对作为其

---

① 萨特：《存在与虚无》，第 69 页。

② Carr D., "Transcendental and empirical subjectivity: The self in the transcendental tradition", in *The New Husserl: A Critical Reader*, Bloomington: Indiana University Press, 2003, p. 194; cf. Gardner, S., Sartre's Being and Nothingness: A Reader's Guide, p. 193f.

③ Korsgaard C. M., *The Sources of Normativity*, p. 16f.

基础的后两个条件则提出了质疑。胡塞尔的反思概念预设了知觉的透明性以及对自身意识的依赖性，并且强调最佳意义上实行的行为在意愿行为和行动中[①]，就此而言，它仍处在科斯嘉所宣称的理性自律的康德传统之中。但同时需要看到的是，胡塞尔和萨特的规范性构想显然都建立在意向性哲学上，都通过给予-所予的意识结构切入第一人称视角。因此，他们通过情感的意向性来说明人性的价值，这从根本上构成了与科斯嘉的如下差异。

首先，与科斯嘉建立在推理成功（证成和确证）上的反思概念截然有别，他们都相信在先验意识中通过情感行为的给予（构成），价值（价值特性）会作为一种观念性所予我们（被构成）。从胡塞尔到萨特的价值现象学思路表明，价值规范性不一定以透明性为条件，但它必然是可理解的，是意义赋予和意义所予的统一；即便是世界的隐匿和神秘也不排除其价值，在人类意识之内都是有意义的。

其次，胡塞尔和萨特都坚持区分评价活动和意愿活动，或者说，坚持价值论对伦理学的奠基。胡塞尔认为，正确的意愿取决于正确的评价，人类的实践行动由情感所激发。消除了来自人类内心的感受，所有伦理概念都将失去意义。[②]也就是说，第二类的价值规范为第三类的意愿规范奠基。萨特显然接受了这条思路，据此他才在《存在与虚无》结尾处预告要完成一门伦理学，以使得价值选择在自由价值的规范下得以可能，并向道德主体揭示出来。在此意义上，康德的绝对命令则被视为忽略了评价与意愿之间的规范化过程，从而消解了评价活动。

最后，有别于科斯嘉将价值规范性奠基于自身认同（同一性）的意识上，胡塞尔和萨特则以情感的意向性来确立价值的规范性。当然，胡塞尔的规范性构想是以理性为动机的，正确的评价之动机来自正确的认识，但是他看出理性价值来源于情感[③]，价值客体本身规范着评价行为，并构成正确意愿的基础。萨特接受了这种情感意向性并加以彻底化，如此抛弃了前者以信念的存在设定为前提的情感框架，将在世存在本身就视为具有情感的。这种情感即焦虑构成了自我理解的基础。在此意义上，尽管在萨特

---

① Husserl E., *Ideen zu einer reinen Phänomenologie und phänomenologischen Philosophie. Zweites Buch: Phänomenologische Untersuchungen zur Konstitution*, hrsg. von M. Biemel, Hague, S. 10.

② Husserl E., *Einleitung in die Ethik. Vorlesungen Sommersemester 1920 und 1924*, hrsg. von H. Peucker, Dordrecht, Netherlands: Kluwer Academic Publishers, 2004, p. 147.

③ Husserl E., *Vorlesungen über Ethik und Wertlehre. 1908-1914*, hrsg. von U. Melle, Dordrecht, p. 69.

和科斯嘉看来规范性都源于自身，但对前者而言，这显然是基于情感而非理性。

科斯嘉的规范性构想假设了所有人在本质上都是理性的存在者，如此理由规范在反思的心灵之中必然起作用。但是从胡塞尔到萨特的价值现象学发展则在质疑甚至摧毁这个假设，并为情感争取独立地盘，以通过情感的意向性证成价值的规范性。胡塞尔看到了人类心灵之中理性（作为认知）和情感（作为评价）是两个不可还原的领域。因此，尽管知觉是任何反思的行为把握的前提，但是价值的客体把握则是理性价值的源泉，并构成意愿行为的动机和价值判断的基础。萨特更极端地看到，人可能是非理性的，世界也并非在知觉上通过反思透明地加以把握的，但人在情感上仍是可规范的；即便没有任何外在价值可据，人仍可自身规范，因为在焦虑之中对虚无的领会就是对自由的意识。自由作为价值构成了行动的基础，也是在行动之中承担责任的前提。这条思路并不是在对抗理性的意义上来说明情感的，而毋宁说它看到了情感和理性相互渗透的原初性，从而丰富了近代以来对人性价值的理解。在此意义上，胡塞尔所说的"在哲学思考中我们才是人性的守护者"[①]，就可以得到更恰当的阐释。

参考文献：

（一）中文文献

[1]胡塞尔：《逻辑研究》（第一卷），倪梁康译，上海：上海译文出版社，1994年。

[2]胡塞尔：《内时间意识现象学》，倪梁康译，上海：商务印书馆，2009年。

[3]胡塞尔：《文章与讲演（1911—1921年)》，倪梁康译，托马斯·奈农等编：《胡塞尔文集》（第七卷），北京：人民出版社，2009年。

[4]萨特：《存在与虚无》，陈宣良等译，杜小真校，上海：三联书店，2007年。

---

① Husserl E., *Die Krisis der europäischen Wissenschaften und die transzendentale Phänomenologie. Eine Einleitung in die phänomenologische Philosophie*, hrsg. von W. Biemel, Hague, Netherlands: Martinus Nijhoff, 1976, p. 15.

（二）外文文献

［1］Brentano, F., *The Origin of Our Knowledge of Right and Wrong,* trans. by R. M. Chisholm and E. H. Schneewind, London: Routledge, 2009.

［2］Carr, D., "Transcendental and empirical subjectivity: The self in the transcendental tradition," in *The New Husserl*: *A Critical Reader,* Bloomington: Indiana University Press, 2003.

［3］Drummond, J., "The intentional structure of emotions," in *Logical Analysis & History of Philosophy* 16, 2013.

［4］Gardner, S., *Sartre's Being and Nothingness. A Reader's Guide,* London: Continuum International Publishing Group, 2009.

［5］Husserl, E., *Ideen zu einer reinen Phänomenologie und phänomenologischen Philosophie. Zweites Buch*: *Phänomenologische Untersuchungen zur Konstitution,* hrsg. von M. Biemel, Hague, Netherlands: Martinus Nijhoff, 1952.

［6］Husserl, E., *Phänomenologische Psychologie. Vorlesungen Sommersemester. 1925,* hrsg. von W. Biemel, Netherlands: Martinus Nijhoff, 1968.

［7］Husserl, E., *Ideen zu einer reinen Phänomenologie und phänomenologischen Philosophie. Erstes Buch: Allgemeine Einführung in die reine Phänomenologie,* hrsg. von K. Schuhmann, Hague, Netherlands: Martinus Nijhoff, 1976.

［8］Husserl, E., *Die Krisis der europäischen Wissenschaften und die transzendentale Phänomenologie. Eine Einleitung in die phänomenologische Philosophie,* hrsg. von W. Biemel, Hague, Netherlands: Martinus Nijhoff, 1976.

［9］Husserl, E., *Vorlesungen über Ethik und Wertlehre.1908-1914,* hrsg. von U. Melle, Dordrecht, Netherlands: Kluwer Academic Publishers, 1988.

［10］Husserl, E., *Einleitung in die Ethik. Vorlesungen Sommersemester 1920 und 1924,* hrsg. von H. Peucker, Dordrecht, Netherlands: Kluwer Academic Publishers, 2004.

［11］Korsgaard, C. M., *The Sources of Normativity,* Cambridge: Cambridge University Press, 1996.

［12］Mulligan, K., "Husserl on the 'logics' of valuing, values and norms," in *Fenomenologia della Ragion Pratica. L'Etica di Edmund Husserl,* ed. by B. Centi and G. Gigliotti, Naples: Bibliopolis.

［13］Sartre, J.-P., *Being and Nothingness,* trans. by H. E. Barnes, London: Routledge, 2004,1989.

［14］Sartre, J.-P., *The Emotions: Outline of a Theory,* trans. by B. Frechtman, New York: Carol Publishing Group, 1993.

［15］Sartre, J.-P., *The Transcendence of the Ego,* trans. by A. Brown, London: Routledge, 2005.

（本文原载于《哲学研究》2018 年第 6 期）

列维纳斯的伦理—政治学

——从贝鲁特难民营大屠杀事件的电台讨论谈起

林建武

列维纳斯对伦理与政治关系的区分，对正义问题出场过程的分析，使得他能够在现实政治的层面上谈论"敌人"和"亲人"的同时还守住自己的伦理立场。当第三方进入我与他人面对面关系所带来的计量之中，伦理主体从某种无可置疑的"伦理决断"变成了需要探究的事实，启动智慧的"政治犹疑"。这种"犹疑"在一定程度上是符合伦理精神的，是"人质"身份在更为复杂的道德处境之中的另外一种担当。列维纳斯的政治决断依然是一种伦理精神照耀之下的政治决断，它是伦理精神在现实政治生活中的呈现，是列维纳斯伦理思考的"去乌托邦化"。基于这些判断，本文分析了列维纳斯关于巴勒斯坦人与以色列犹太人的冲突以及犹太复国主义的一些看法。笔者认为，列维纳斯的伦理—政治学打开了一种政治现实主义的可能性。

一、列维纳斯对贝鲁特难民营大屠杀的回应与后续批评

（一）贝鲁特难民营大屠杀事件与列维纳斯的电台回应

贝鲁特难民营大屠杀，又名萨布拉-夏蒂拉大屠杀（Sabra and Shatila massacre），是一场发生在 1982 年 9 月 16 日至 9 月 18 日的大屠杀，发生地点是黎巴嫩首都贝鲁特的萨布拉街区和邻近的夏蒂拉难民营，发动者是

黎巴嫩的基督教民兵组织。遇难人数在七百人以上[①]，绝大部分是巴勒斯坦人和黎巴嫩的什叶派穆斯林。这一事件与以色列的关联在于，当时的黎巴嫩首都贝鲁特已经被以色列军队包围，事件的起因是黎巴嫩民兵领导人巴希尔·杰马耶勒（Bashir Gemayel）在当选为黎巴嫩总统后于一次重要会议中被刺杀身亡，随后被称为长枪党的黎巴嫩基督教马龙派政党对此进行报复。以色列被认为默许、纵容了这一事件的发生，即，以色列国防军没有采取措施防止黎巴嫩民兵团体对巴勒斯坦人的大屠杀。1982 年 12 月 16 日，联合国代表大会谴责了这一屠杀事件并将其定性为种族清洗。

1982 年 9 月 28 日，马尔卡（Shlomo Malka）邀请列维纳斯与法国犹太哲学家芬基尔克劳（Alain Finkielkraut）参加了一场关于以色列和犹太人伦理问题的电台讨论，这场讨论引发了广泛的争议[②]。讨论开始，马尔卡直接就问："列维纳斯，首先，在贝鲁特难民营发生的事件上，以色列是无辜的还是有责任的？"[③]列维纳斯的回应是，这首先是一场灾难，毋庸置疑的灾难，"尽管在这里并没有罪过……紧紧抓住我们的乃是责任的荣耀"。按照列维纳斯的看法，责任是存在的，但是不是具体的责任尚不确定。不过，这种责任并不涉及任何具体的行动，让人觉得他似乎是在暗示，虽然以色列人有责任，但这种责任并不是对悲惨大屠杀事件具体的责任，亦非以色列人在事件之中所作所为的责任。这自然引起了不满。列维纳斯接着说，在任何责任面前，"自我"都是关切他人的，"自我"无法从这种为他人的责任之中挣脱。这种责任被看作"原初的责任，原初意义上为他人的责任"。在质疑者看来，当列维纳斯强调这种原初的责任时，似乎他是在逃避某种具体的责任。不过，列维纳斯并不觉得这种责任会让逃避成为可能，他的想法是，这种责任带来的效果是一样的，"并不会让你睡得更好一点"。

芬基尔克劳则引述了以色列官员的话："没有人能在道德上教导我们"，"没有人可以向我们说出更多的东西"。芬基尔克劳将其称为"无辜的诱

---

① 关于大屠杀的受害者数量争论很大，维基百科给出的数据是 460—3500 人之间。根据一份调查报告（*Commission of Inquiry into the Events at the Refugee Camps in Beirut, Final Report*）的说法，红十字会会员当时统计的是 328 具尸体，以色列国防军（I. D. F）情报来源称，受害者大概在 700—800 人之间。

② 具体的讨论文本发表于 *Les Nouveaux Cahiers*, vol. 18, no. 3 (1982), pp. 1-8 上，后以 "Ethics and Politics" 为题被收录于列维纳斯文集中 Seán Hand, eds., *The Levinas Reader*, Oxford: Basil Blackwell Ltd., 1989。

③ Seán Hand, *The Levinas Reader*, p. 290.

惑"，即，以色列人将因为自身过去的苦难而判定自己总是无辜的。针对这种"无辜的诱惑"，列维纳斯的回应是：事实上，大多数犹太人，从纳冯（Navon）总统开始，都对事件作出了直接的反应，这些人也是首先要求成立调查委员会的人。列维纳斯补充说，即使犹太人感到无辜，这种无辜并不意味着他们在良知上的"安然不动"，反而是一种责任的激发状态。我们会发现我们越是无辜，我们就越有责任。在笔者看来，芬基尔克劳和列维纳斯是在两个意义上言说"无辜"，芬基尔克劳谈论的是一种具体的责任感消失的无辜，而列维纳斯的无辜则意味着一种关于人的伦理存在状态上的"无辜"，在这种无辜之中，我们全部身心都做好了担负"荣誉的责任"的准备。不过，列维纳斯也承认"抨击一种'无辜的诱惑'"是必要的，毕竟，如果对自身"无辜"的判断意味着全部责任的消失，那它一定是应当被质疑的。

列维纳斯认为，犹太人在"无辜"和责任之间处于复杂状态。责任的无可挣脱意味着，即使我们判断自身为"无辜者"，责任也缠绕着我们。但在这种缠绕中，似乎出现了一些我们要去捍卫的亲近之人，我们的邻人。这是人质身份在现实世界的新情况，是伦理状态在现实中的另一种呈现。由此，列维纳斯指出："我将把这样一种捍卫称为一种政治，但这是一种在伦理意义上需要的政治。在伦理旁边，有政治的位置。"①这是一种新形态的政治的雏形。芬基尔克劳继续问道，如何看待用政治必要性来为大屠杀行为作合理化的辩护，毕竟存在着这样一种可能性：因为某种政治的需求，伦理的命令和道德的要求被遗忘了！列维纳斯回应说，"对于伦理而言，不幸的是，政治有自身合法性证明"②。这看似一个重大的"让步"，在许多人看来，这是将作为第一哲学的伦理学推入危险边缘的说法。但列维纳斯认为，政治的出现并不一定是对伦理的倒置与颠覆，而犹太复国主义的理想是可以获得伦理的合法性证明的。犹太复国主义的本质是给犹太人群体一个政治联合体，因为犹太人需要一个真正的国家；犹太国家的必要性是合乎伦理的，这源自一种捍卫我们邻人的伦理理想。此时，双方的问与答已经完全脱钩。芬基尔克劳询问的是犹太人对巴勒斯坦人的责任，而列维纳斯回答的则是犹太人对犹太人的责任，对犹太邻人的责任，以及犹太人

① Seán Hand, *The Levinas Reader*, p. 292.
② Seán Hand, *The Levinas Reader*, p. 292.

对神圣历史的责任。之后，列维纳斯提出了在这个电台访谈中最具有争议的判断之一："我的人民和我的亲人也是我的邻人！"①

　　回到政治问题上，芬基尔克劳认为，以色列用"国家理由"作为合法性证明，试图给出一种关于大屠杀的政治理由。列维纳斯的想法却是，大屠杀事件考验着每个人的道德责任（包括以色列和他的邻人）。在这一事件中，每一方都应带着责任入场，以色列和巴勒斯坦人都不例外。但犹太复国主义，以色列的国家角色，并不直接与此相关。这样的一个回答在当时的语境下确实很难为质疑者所接受。马尔卡直接问列维纳斯，作为一名关于他者的哲学家，列维纳斯是否认为，"以色列的他者难道不首先是巴勒斯坦人吗？"②对此，列维纳斯又作出一次引发更为剧烈反应的说明，在"我的人民和我的亲人也是我的邻人"的情况下，"如果你的邻人攻击另一个邻人，或者不公正地对待他，你能做什么？此时，他性就具有了另一种特征，在其中，我们能够找到一个敌人，或者至少我们遇到了这么一个问题，去搞清楚谁对谁错，谁是公正的，谁是不公正的。总是有人犯错的"③。讨论到此处偏离了方向，因为在列维纳斯的对话者看来，列维纳斯拒绝直接指控以色列的"罪行"而诉诸于荣耀的责任，伦理与政治之间的张力，邻人、他者与敌人的可能性，这些都大大贬损了他作为一个"为他者"有的哲学家对"他人"应有的关怀与对"暴力"的责难。列维纳斯则显得颇为委屈，因为，他只是针对一般的哲学问题发言，哲学家要介入现实政治的冲突是一件困难和危险重重的工作，而且，他也并不清楚在黎巴嫩到底发生了什么。最终，列维纳斯只能回到自身的立场上：伦理绝对不会是腐朽政治的良知保证，但"犹太复国主义构成了一个真正的弥赛亚要素，这存在于以色列和以色列日复一日的生活中。在艰苦的工作和日常的牺牲中"④。这是一种更现实，可能也更"伦理"的政治。不过，对于已经明确将以色列认定为战争中罪恶一方的对话者而言，所有这些都是列维纳斯的托词罢了。

---

① Seán Hand, *The Levinas Reader*, p. 292.
② Seán Hand, *The Levinas Reader*, p. 294.
③ Seán Hand, *The Levinas Reader*, p. 294. 对这段话的指责参见 Zahi Zalloua, "The Ethics of Trauma/The Trauma of Ethics", in *Terror: Theory and the Humanities*, London: Open Humanities Press, 2012, p. 28, note 15.
④ Seán Hand, *The Levinas Reader*, p. 295.

（二）对列维纳斯态度的批评

不少著名学者对列维纳斯在电台访谈中的态度提出非常严厉的指控。出身为犹太人的朱迪·巴特勒（Judith Butler）认为，列维纳斯在访谈时使用种族色彩的言辞以及政治层面上的狭隘情绪破坏了他思想原有的整体性，毕竟，这些与他的伦理学主张可能是不一致的。在巴特勒看来，巴勒斯坦人在列维纳斯那里是没有面容的，而这让列维纳斯的立场显得有些虚伪。当然，巴特勒从根本上拒斥犹太复国主义，她坚定地站在作为犹太复国主义支持者的列维纳斯的对立面。她说，所谓的没有面容，指的是其脆弱性不成为我们不能杀害他的责任之基础，也就是说，列维纳斯看到了巴勒斯坦人的脆弱性[1]，却没有为这种脆弱性赋予一种不可动摇的神圣性，因而也不能在巴勒斯坦人那里唤起某种"不可杀人"的神圣律令。蒂娜·钱特（Tina Chanter）也批评道："列维纳斯主义者没有注意到妇女和巴勒斯坦人，不承认他们的面容也要求伦理的回应。"[2]列维纳斯因而被定位为一个种族主义者和性别主义者，似乎他对真正弱势的人不赋予面容，因此，蒂娜·钱特认为列维纳斯走到了自己哲学立场的反面。

就访谈中的几个表述，比如对于敌人的说法，也有不少学者提出了严肃的批评。伯纳斯科尼（Robert Bernasconi）将列维纳斯的这个说法称为"丑闻"。因为似乎在列维纳斯那里，巴勒斯坦人成了以色列的敌人[3]。夏皮罗（Michael J. Shapiro）认为，列维纳斯将巴勒斯坦人当作"犯了错"的人是难以容忍的[4]。大卫·坎贝尔（David Campbell）则指出，列维纳斯以这样一种方式将巴勒斯坦人排除在我应当为之负责的他人之外是不正确的[5]。马丁·杰（Martin Jay）指责列维纳斯的关于敌人的说法是"冷漠的固执"，并且，这种冷漠破坏了他的整个哲学基础："他性的无限性，伦理命令的超

---

① 这一点是存在疑问的，因为列维纳斯总是强调以色列国家所处的位置上的尴尬，面对的敌意和犹太人的流离失所状态，似乎以色列和犹太人才是更脆弱的。

② Tina Chanter, "Hands That Give and Hands That Take", in Marinos Diamantides, eds., *Levinas, Law, Politics*, New York: Routledge-Cavendish, 2007, p. 76.

③ Robert Bernasconi, "Strangers and Slaves in the Land of Egypt: Levinas and the Politics of Otherness", in Asher Horowitz and Gad Horowitz eds., *Difficult Justice*, Toronto: University of Toronto Press, 2006, p. 247.

④ David Campbell, *Moral Spaces: Rethinking Ethics and World Politics*, Minneapolis: University of Minnesota Press, 1999, p. 68.

⑤ David Campbell, *Moral Spaces: Rethinking Ethics and World Politics*, p. 39.

越性，自我对他人人质一般的替换，被唐突地做了限制，这种来自被认可的亲属联盟给出的文化兼生物学限制。我们应当对一切他人都担负的伦理命令，与'那个人是谁'的存在论考虑相互冲突。"①马丁·杰认为，列维纳斯选择了犹太人，选择了以色列，但压制了其他的共同体，列维纳斯的这种选择只不过是基于文化和血缘的结果。

另一种对于列维纳斯与巴勒斯坦人问题较为温和的批评认为，列维纳斯至少不应当在这件事情上表现得如此沉默。有不少学者也尝试为列维纳斯的这种沉默给出了一些理由。凯吉尔（Howard Caygill）认为，列维纳斯的沉默是因为他无法对以色列的犹太人提出要求。凯吉尔认为，这种沉默类似于海德格尔在纳粹问题上的沉默②，这种沉默是复杂和矛盾的，但也不是不可理解的。巴特尼茨基（Leora Batnitzky）则认为事情可能没那么糟糕。毕竟列维纳斯并没有现实的"政治参与行为"，而且以色列的占领与纳粹大屠杀也不是一回事。不过，巴特尼茨基批评说，"列维纳斯和海德格尔一样，也分享了一种过分膨胀的关于政治可能性的看法，认为政治与哲学、哲学家直接相关"③，其中潜台词似乎是对列维纳斯参与政治的不解与痛心。问题是，在这种沉默当中，列维纳斯不断去强调的"荣耀的责任"又意味着什么？它真的仅仅只是为以色列和犹太人开脱的一个借口吗？要回答这些问题，我们有必要重新思考列维纳斯伦理、道德与政治思考之间的关系。

（三）政治事务中的犹疑：一种列维纳斯立场上的可能辩护

虽然批评之声不绝于耳，但也有不少人试图为列维纳斯的电台访谈作出辩护。有的学者明确指出，第一，当时对于列维纳斯来说，具体发生了什么，具体事实还不清楚；第二，他只能谈论更宽泛意义上的哲学问题；第三，列维纳斯对于责任与罪责之间的关系有自己独特的思考，他在访谈中进行了表述，但却引起了误解。④此一辩护意见的基本意思是，列维纳斯拒绝给出任何的决断，表现出来的犹疑，还是想要让政治参与者根据具

---

① Martin Jay, "Hostage philosophy: Levinas's Ethical Thought", *Tikkun*, vol. 31, no. 3 (2016), p. 87.

② Marinos Diamantides, eds., *Levinas, Law, Politics*, New York: Routledge-Cavendish, 2007, p. 159.

③ Leora Batnitzky, *Leo Strauss and Emmanuel Levinas*, Cambridge: Cambridge University Press, 2006, p. 161.

④ Oona Eisenstadt, Claire Elise Katz, "The Faceless Palestinian", *Telos*, no. 174 (Spring 2016), pp. 9-32.

体情形作出决定。笔者基本认同这样一个辩护路线，但有一些具体的细节可以作进一步的补充。

第一，具体复杂情形中的犹疑态度是合适的。列维纳斯对大屠杀事实可能是不清楚的，或者说，列维纳斯对于大屠杀的性质是不确定的。列维纳斯的电台访谈是在事件发生 10 天之后，实际上，大屠杀事件最终的定性是在当年 12 月联合国大会投票决议之后。至于责任方究竟是谁，也存在诸多争议，以色列国防部长沙龙（Ariel Sharon）允许右翼基督教民兵进入难民营，被以色列贝鲁特难民营屠杀事件委员会认定需要担负个人责任。当然，进一步的问题是，以色列政府作为一个整体应当负责吗？实施大屠杀的是黎巴嫩的长枪党成员，而据称，沙龙还严格要求长枪党不得伤害平民。另外，特拉维夫抗议者的存在是否可以否认谋杀中对以色列自认无辜的判定？因为正是这些抗议者，这些犹太人，要求以色列作出解释，成立了调查委员会。列维纳斯的不了解事实也体现在他的陈述中，"尽管罪责尚未明了，但责任的荣耀还是……先在于任何行动，我关心他人，我无论如何都无法从这一责任中解脱"[①]。鉴于电台访谈发生的时间，我们有理由相信，这种对于"罪责"的尚未明了是真实的。因此，列维纳斯试图给出一个他认为"已然明了"的说法，那就是犹太人的责任问题。按照列维纳斯的想法，无论如何，不管具体罪责是不是以色列应当承受的[②]，责任总是先在于无辜问题。列维纳斯面对的事实是，以色列政府是否有罪是不清楚的，对这一不清楚的事件明确地表达一种"谴责"，可能是难以接受的，毕竟，"我不是在以色列的犹太人"。这种难以接受，与替代在大屠杀之中被杀害者原谅屠杀者一样，都是不应当去做的"逾越"。

正是在这种难以"明了"的"犹疑"之中，列维纳斯才转而去讨论更一般的哲学问题。最终的争议变成了如下一个事实：列维纳斯的反对者认为，即使在"罪责尚未明了"的情况下，列维纳斯也应当表达对于以色列的谴责和对巴勒斯坦人的声援，因为巴勒斯坦人是以色列的他者，而以色列在政治版图中被认为是一个更强力的存在，作为他者的巴勒斯坦人则是脆弱的，合乎列维纳斯对于他者的定义。他们认为，基于列维纳斯的哲学立场，他必须在政治上作出这样的"决断"而不应当有一丝一毫的怀疑，

[①] Seán Hand, *The Levinas Reader*, p. 290.

[②] 这里指向的是具体责任，是关于行动与结果的具体讨论，而不是伦理学意义上的责任，不是我面对他人的"无限"责任，而是具体的政治行动中的责任，因而可以是有或者"无"的。

即使在他自己说明"尚未明了"的情况下也是如此。他们也因为列维纳斯没有作出这种类似今天政治正确意义上的"决断"而怀疑他的哲学立场："作为一个为他人的哲学家，你为何如此？"但是，对列维纳斯而言，这样的一种"犹疑"有着恰当的理由。毕竟，首先，事实尚不明确；其次，伦理与政治之间也是有差别的。我们在政治事务上的决断本就应当依赖于清晰的事实，而因事实不明带来的犹疑也无损于我们的伦理立场，因为后者远在前者之前发挥着作用。

第二，具体政治不能简单还原为伦理问题。政治事务中的他人是更多样、更复杂、更具体的人。他人是有行动意愿和内在欲求的存在者，他甚至会是邪恶和暴戾的。当他人被定位分类时，政治的情形就出现了，我们也就走出了作为第一哲学的伦理学。发生的事情是以色列和巴勒斯坦人之间的冲突，在不确定以色列是否犯下种族清洗的罪责，以及以色列的犹太人究竟是否需要对此负责的情况下，特殊的多个他人到场，政治就发生了。此时，自我与他人的面对面问题就进入另一层次，从而可能会让我们认为，"巴勒斯坦人并不是犹太人的他者"①。

第三，无辜者与责任方的复杂同构。在访谈中列维纳斯的批评者看来，在大屠杀事件中犹太人似乎是在"无辜感与责任感之间摇摆"的，这种摇摆没有正义性可言。但列维纳斯的想法却是，一个人可以是负责任者，也可以同时是无辜者。芬基尔克劳就认定，以色列是更强大军事力量的象征，因而它应当为手无寸铁的巴勒斯坦人担负责任，而且，在大屠杀事件中，它不可能是无辜的，无辜是"弱者""他人"的"特权"。然而，首先，列维纳斯并不认为以色列是强大的，以色列处于巴勒斯坦国家的包围之中，它并没有强大到总是成为迫害者。而且，因着土地的原因，以色列根本上是脆弱的。但这种脆弱性并没有卸除它担负道德责任的沉重束缚，以色列的人质身份将让作为无辜者的犹太人的责任成为可能。其次，列维纳斯并没有否认巴勒斯坦人作为无辜者与责任方的可能性，他不断强调的只是：以色列人没有看起来的那么充满力量，犹太复国主义本就意味着责任担负。因而，通过将以色列塑造为一个强权者，将犹太复国主义描述为一种霸权行径，来强化人们心目中巴勒斯坦人作为"弱者"与"脆弱者"的身份，

---

① Asher Horowitz, Gad Horowitz, eds., *Difficult Justice*, Toronto: University of Toronto Press, 2006, p. 248.

其可行性是值得怀疑的。当列维纳斯说，亲人和朋友也是我们的他人，也是要被负责时，他已经毫无禁忌地选择了自己的立场，选择了对犹太复国主义伦理责任的希望。

二、作为敌人的他人与作为敌人的巴勒斯坦人

要进一步明晰列维纳斯在电台访谈之中所表现出来的政治思想及其与他伦理立场的关联，我们需要对其中几个关键性概念作出进一步的梳理，确定其在列维纳斯整个哲学与政治思考中的位置，从而为获得一种更好的辩护或者批评提供起点。笔者认为，其中关键性的问题是他人的敌人化和犹太复国主义运动中以色列的责任问题。

（一）列维纳斯与巴勒斯坦人

在列维纳斯讨论巴勒斯坦人的不同文本中，我们需要搞清楚的关键点是，他究竟是以一名哲学家还是一名公开的犹太复国主义者的身份来谈论巴以关系的。伯尔纳斯科尼认为，尽管列维纳斯在他的犹太复国主义和关于巴勒斯坦人的论述中提出了他的政治看法，但实际上他在这个过程中还是使用了自己成熟的哲学术语[1]，即，他是一个为他人的哲学家。基于此，用他所使用的哲学术语来分析列维纳斯对巴勒斯坦人的看法是很自然的。有些学者对此有不同意见，比如乔森·卡洛（Jason Caro）认为当列维纳斯开始谈论政治主题时，尽管许多人会在此解读出列维纳斯政治思考对其哲学的偏离，他所使用的"所谓"哲学术语其实是颇为武断和随意的，他只是使用哲学术语来讨论政治问题而已。

笔者认为，情况恰好相反，大多数情况下列维纳斯在讨论巴勒斯坦人时都是从一个犹太复国主义运动支持者的立场出发的，只是对于列维纳斯而言，犹太复国主义运动本身就意味着以色列巨大的道德责任，而这种责任是他对他者哲学与犹太人历史使命综合考量的结果——甚至，多数时候，列维纳斯连这种"综合"也不需要，二者本就是一体的。一个更自然但也存在更大争议的结果是，巴勒斯坦人并不是列维纳斯思考他者的起点，真

[1] Robert Bernasconi, "Different Styles of Eschatology: Derrida's Take on Levinas' Political Messianism", *Research in Phenomenology*, vol. 28，(1998), pp. 3-19.

正的起点是那些在大屠杀之中被纳粹杀害的犹太人。

基于此，有些人会认为，列维纳斯在巴勒斯坦人问题上完全陷入片面对于以色列的祖护①。问题的关键是，这种"祖护"是什么性质的？其理由又是什么？在1979年的文章《政治在后》（*Politics After!*）中，列维纳斯明确指出："犹太人和阿拉伯人冲突的起源可以回溯到犹太复国主义。这种冲突因为如下情形而尖锐起来：以色列在一小片领土上建国，而这领土原先三千多年前就属于以色列的子孙们，犹太人共同体从来没有放弃过这片土地……但是这恰巧也发生在一小片其他人围绕着它居住的土地上，这一大片土地上都是伟大的阿拉伯人的，它们构成了一个整体。它们称自己为巴勒斯坦人。"②在政治描述中，列维纳斯并不首先把巴勒斯坦人当作一个个鲜活且具有面容的面对面之他人，而是作为一个"群体"，一个与犹太人区分开来的"群体"。这为巴勒斯坦人是否有面容的问题埋下了伏笔：群体是否抹杀了个人面容的独特性？可以确定的是，在列维纳斯那里，巴勒斯坦和以色列并不首先是个体与个体的关系。另外，"大片领土"，"伟大的阿拉伯民族"意味着，巴勒斯坦人并不是个体意义上的弱者。相反，在土地的意义上，以色列才是那真正的"弱者"：它位于各个名正言顺的国家中间，这些国家天然就是彼此的盟友，以色列是被这些国家的领土所包围的，"土地、土地、土地，一眼望去都是他人的土地"③。列维纳斯的这两个判断是可能将巴勒斯坦人作为犹太人之"敌人"的前提。在土地的意义上，作为整体的"巴勒斯坦人"成了一个更加强大的存在者，甚至获得了一种"总体化"的可能。问题是，这些前提是否为如下判断提供了理由：以色列人并不亏负阿拉伯人（巴勒斯坦人）巨大而不容推卸的责任，因为巴勒斯坦人可能成为以色列的敌人？

（二）成为敌人的他人与正义问题的产生

在政治上，有可能成为敌人的是什么人？到底什么时候敌人不是那个伦理中的他人而成为"敌对之人"？这是我们弄清列维纳斯对巴勒斯坦人

---

① 列维纳斯不一定会承认自己有这种"祖护"。实际上，他明确表示过，"阿拉伯难民所提出的对出生地的权利当然不应当被不公正地对待"（Emmanuel Levinas, *Difficult Freedom*, Baltimore: Johns Hopkins University Press, 1997, p. 131）。但是，列维纳斯对巴勒斯坦人的承认并不意味着，他重新让对巴勒斯坦人的伦理责任先在于对巴勒斯坦人的政治事务。

② Seán Hand, *The Levinas Reader*, p. 278.

③ Seán Hand, *The Levinas Reader*, p. 282.

的看法中不可忽视的关键一环，敌人成为敌人，是因为他从列维纳斯所说的责任之烦扰中被去除①。敌人不仅仅是那个攻击邻人的人，敌人是我的无限之责任对之"减轻"之人。这样的看法将敌人隔离于无限责任的伦理之外，因而对列维纳斯作为第一哲学的伦理学构成了威胁，这带来的后果，如大卫·坎贝尔（David Campbell）所说，最终从他性转化为敌人，让对他人的无限责任变少了②，量化、计算进入了责任的空间。这种转变就是列维纳斯政治关切的开端。如果说伦理的先在性意味着，"如果只有一个人，除了责任，我什么都没有"③，那第三方的存在却意味着正义对责任的可能溢出，意味着敌人的可能。不过，与纯粹的政治不同，敌人虽然不再是纯粹的伦理问题，但依然还是一个现实的"伦理问题"。正义之所以到来当然是伦理与政治双重作用的结果。敌人和正义所要求的公正意味着作为第一哲学的伦理学的责任概念发生了扭曲，此时，面对着现实生活中可能的敌人，

> 必须有公正，也就是说，必须有比较、共存、同时代性、聚集、秩序、话题化、诸脸的可见性，因而，也许有意向性和理解力，而在意向性和理解力之中，又必须有系统的可理解性，再进而，也必须有一种基于彼此平等的同在。④

在政治生活中，正义面对的不是一个他人而是多个他人，敌人的出现需要多个他人。正义问题让我们从伦理过渡到了政治；因而敌人根本上也是个政治问题。邻人与敌人之间的转化就依赖于这个"正义"。正义是几个邻人出现之后，我们的责任划界"去描述那对多个他人之责任的根本性纽带（纠结）"⑤。多个他人提出的正义要求，意味着我们不能仅仅给出作为人质的自身，担负责任了事，不能"劳一身"而永逸。敌人意味着责任计算中复杂性因子的出现：我们不仅面对不同的他人，且他人之间相互的争斗可能会在价值上区分开来，负价值进入伦理计算方程。我们对他人的责

---

① Emmanuel Levinas, *Basic Philosophical Writing*, Bloomington: Indiana University Press, 2008, p. 82.

② *Moral Spaces: Rethinking Ethics and World Politics*, p. 39.

③ Emmanuel Levinas, *Is it Righteous to Be?* Stanford: Stanford University Press, 2002, p. 166.

④ 列维纳斯：《另外于是，或，在超过是其所是之处》，伍晓明译，北京：北京大学出版社，2019年，第367页。

⑤ Emmanuel Levinas, *Alterity and Transcendence*, Columbia: Columbia University Press, 2000, pp. 142-143.

任在此被修正和更新：

> 从再现之中就产生了公正这一秩序，它缓和着或测量着我对另一者的替代，并且将己放还给计算/算计。公正要求着再现所具有的同时代性。近旁之人就因此而成为可见的，并且在被盯着看时将自身呈上。于是也就有了对于我的公正。①

责任有了边界，原先不可置疑的人质之责任被"我应该做什么呢？"替代。比较成为必须，计算的智慧带来的可理解性成为可能，他人不再绝对超越于自我，这为政治的到来打开了一种"平等"的空间。

现在的问题是，我们如何保证能够正确地认出敌人而不随意戕害他人，放任可能的仇恨意识，对一切人都实行"计量"的策略而彻底摒弃责任？这是我们思考列维纳斯在以色列和巴勒斯坦人问题时所能收获到的东西。巴勒斯坦人自然不是犹太人先天的敌人，列维纳斯也曾表示，"或许可以从穆斯林朋友那里学到绝对的慷慨"②，犹太人也需要穆斯林提供的智慧③。在这个意义上，没有永恒的敌人，也没有永恒的朋友，有的只是永恒的责任。在列维纳斯看来，对于以色列而言，部分巴勒斯坦人可能的敌人化乃是一个正义的事件，是一个政治中特殊的伦理事件。虽然列维纳斯明确地说明哪些巴勒斯坦人可能是以色列"合理"的敌人，凭着什么标准将他们看作敌人而不是他人，但我们可以从其政治思考中得出如此推论：由于巴以冲突的存在，由于以色列的神圣使命的存在，由于犹太人作为中东地区可能的脆弱者而存在，当犹太人可能受到部分巴勒斯坦人的攻击时，当这种攻击没有合适的理由时，"我们"、受攻击的犹太人和攻击者，就构成了一个存在着第三方的复杂政治关联。此时，让"我们"跳过"受攻击的犹太人"——他们可能是我们的邻人和亲人，是担负神圣使命的人——不顾他们可能处于其中的危险状态，而去担负对于攻击者的无限责任，就像我们将"纳粹"看作我们的他者而替奥斯维辛的受害者去谅解他们一样，都是在现实意义上对于"责任"概念的误用。问题的关键似乎落到了别处：

---

① 列维纳斯：《另外于是，或，在超过是其所是之处》，伍晓明译，北京：北京大学出版社，2019年，第370页。

② Emmanuel Levinas, *Difficult Freedom*, Baltimore: Johns Hopkins University Press, 1997, p. 264.

③ Emmanuel Levinas, *In the Time of the Nations*, Bloomington: Indiana University Press, 1994, pp. 100-103.

攻击者对于"犹太人"的攻击是否合理？犹太人的诉求和攻击者的诉求到底谁更应该被满足？此时，政治计量就取代了伦理责任。

（三）面对敌人与决断时刻：从伦理走向政治的可能与问题

列维纳斯政治哲学的风险在性质上与海德格尔是同质的，当他们都努力想要作出决断时，危险就相伴而来。在面对敌人时，列维纳斯的首要难题是如何从一种伦理的决断转换为一种政治的决断。这是伦理与政治的具体转换进程。这种转换的关键在于，要保证政治不是对责任荣耀的背弃，而是对后者的肯定。这个关键点似乎也是列维纳斯认为自身的政治思考在根本上区别于海德格尔的政治问题的根本所在，即，列维纳斯的政治是一种伦理光照之下的政治。这也可以被看作列维纳斯对指责他在以色列问题上丧失伦理立场的批评者的可能回应。另外，政治的现实性，第三方、正义和敌人与亲人的区分，确实也让列维纳斯从某种宗教迷狂式的伦理号召中获得某种挣脱出来的可能性，毕竟，现在要面对敌人。

如果说列维纳斯为他人的伦理责任本身是一种无可争议，不可摆脱的"决断"，即，我在与他人面对面之中坚定了自己的责任意识，明白了自己的"人质"身份，我们毫不犹豫地说出"您先请""我在这里"这样的担当；那么，当第三方进入我与他人面对面关系所带来的计量之中，我们必定陷入某种"犹疑"，这种犹疑是列维纳斯在贝鲁特大屠杀问题上所呈现出来的态度的一个侧面，也是他那些令人惊诧的表述——"作为亲人的邻人""作为敌人的他人"——背后的原因。因为有了更多的人，因为不同的他人之间可能发生的伤害和迫害，原先处于责任之中可以"一往无前""一股脑儿"的伦理主体从决断进入到"犹疑"之中：我应当为谁承当责任，应当为谁承当更多的责任，当某一个他人在伤害另一个他人时，我是否还可以负起责任地抽身于这种冲突之外而宣扬一种无差别的责任？

伦理主体从某种无可置疑的"伦理决断"变成了需要探究事实，启动智慧的"政治犹疑"。这种"犹疑"在一定程度上是符合伦理精神的，是"人质"身份在更为复杂的道德处境之中的另外一种担当，它不是对列维纳斯所谓的伦理精神的背离。当我们获得了某种知识，某种确定性，完成了计算和权衡之后，我们可能进入一种"政治决断"的状态中。这样的"政治决断"由于事实的不明、计量上的错误而导致某种误判是完全可能的，但这并不会动摇"政治决断"的意义，虽然存在着巨大的风险，存在着重新陷入总体化的风险，列维纳斯的这种政治决断依然是一种伦理精神照耀之下的政治决断，它是伦理精神在现实政治生活中的呈现，是列维纳斯伦理思考的"去乌托邦化"——列维纳斯的伦理学经常被批评为一种虚幻又过于严格的"乌托邦"理想——的结果。

列维纳斯的敌人不会变成"非人"。敌人还是"他人"。就算是敌人，列维纳斯的自我也不是对其全无责任[1]。巴勒斯坦人是敌人，但不是以色列可以无视的"敌人"，只是对敌人的责任已成为政治领域中的责任。政治领域的打开，敌人的到场意味着我们陷入第三方对我们伦理责任之冲击造成的犹疑困厄的状态之中，也意味着一种挣脱此种困厄状态的政治决断成为迫在眉睫之事。因为敌人是对邻人、对亲人的巨大威胁，是对原初伦理责任的巨大威胁。陷入一种"犹疑"而不作出政治上的决断，就是无视我们自身已经允诺过的"为他人的伦理责任"。政治决断的作出是为了避免犹疑对我们伦理责任的侵害。许多人担心，列维纳斯的很多主张可能在正义之中走向反面，又或者认为，列维纳斯的正义观念太过空泛，没有提供一个完整的论证路径和社会建构的可能模型，可能会带来很多的"不正义"。另外，在对第三方的权衡之中，人们的权衡标准也可能是任意、武断的。这是从犹疑进入政治决断之后的必然担忧。我们自然会问，列维纳斯为什么不选择继续犹疑？为什么不将所有的他人，无论是第三方还是敌人全部当作我们的责任对象呢？实际上，这才是一种偷懒和不负责任的做法，当亲人和邻人受到第三方的冲击，当现实的情形表明了冲突已经发生和蔓延，继续将自己裹在犹疑状态之中可能是安全的，但也是毫无担当的。问题在于，在对敌人的权衡与计量之中，是否存在因为敌人身份而将其固化为永恒敌对者，永恒憎恨对象的可能？或者说，是否应该为敌人能够重新变为他人保留一个通道？敌人是否可能成为相互的"世仇"而永无原谅的可能和责任的空间？

这一问题背后所隐含的乃是伦理责任与政治正义的性质差异，这种性质差异在两种"决断"模式的转化过程中显得颇为生硬，而列维纳斯似乎很难令人信服地证明这不同性质的决断模式其实是具有连续性的，是能够圆融地实现的，是每个人都可以作出的自然选择。这同时也是神圣国度和现实国度之转换中的困境，是以色列对人类的责任带来的困境：似乎只有

---

[1] Amanda Loumansky, "Levinas, Israel and the Call to Conscience", *Law and Critique*, vol. 16, no. 2 (2005), p. 191.

对相信以色列神圣使命的人才可以解决这个困境，就像只有对于相信无限伦理责任在先，且无限伦理责任主宰我们政治决断的人而言，政治决断才具有伦理意义。对于真正的敌人，对于并不认可伦理学乃是第一哲学的人，对于仇恨以色列的巴勒斯坦人而言，这一切是否具有意义是值得怀疑的。当然，这种怀疑并不意味着列维纳斯对以色列责任问题和某种先知政治学的思考就是没有价值的，毕竟，在其理论自身的逻辑中，以色列和现实政治似乎为自己找到了某种辩护的理由。

三、弥赛亚主义与另一种政治现实主义的可能性

（一）土地、流浪与失去家园的犹太人：政治上的脆弱与神圣

担负着为他人的责任的伦理主体需要生活在土地上，人质生长于土地之上，这是无条件之伦理要求的现实条件。对于列维纳斯而言，土地是犹太人的最为脆弱之处，丧失家园与不断流浪是犹太人脆弱性和神圣性的根源。在奥斯维辛之后，对土地的诉求似乎成了犹太民族认同和承担伦理使命的必要条件。没有土地——或者处于危机之中的土地——意味着，大屠杀的苦难将是超历史、超时间、不可终止的，随时可能重新降临到离散的犹太人头上，从这个角度来看，犹太人对土地的要求是一种政治需求，也是一种伦理需求，是犹太人能够牢记那巨大痛楚与迫害，并在大屠杀之后重新恢复自身历史使命的依托，是犹太人作为人类之"人质"身份的依托。在 1968 年的论文《空间不是一维的》中，列维纳斯解释道：

> 并非因为圣地采取了国家的形式，它就更接近弥赛亚的统治。而是因为，在那里定居的人想要抵抗政治的诱惑；因为这个在奥斯维辛之后被宣布的国家拥抱了先知的教诲；因为它产生了舍弃与自我牺牲。①

对先知教诲的拥抱，对自身作为全部人类之人质身份的确证，让犹太人的土地诉求获得了伦理上的确证可能。

因此，以色列国家的建立，在列维纳斯看来不仅仅是对犹太人长期以

---

① Levinas, *Difficult Freedom*, p. 263.

来流离失所生活的一种补偿，它更像是一个伦理的起点，是实现某种以色列人对于人类之人质责任的起点："从1948年以来，这些人就被敌人包围，他们依然被看作是有问题的，他们也卷入了现实的事件中，以便能够思考、创造、再造一个国家，这个国家能够实现先知的道德理念和和平的理念"①。列维纳斯认为，犹太人对这片土地的占有不是强取豪夺的结果，因而也不是伦理上的不义之举，他们不是因为拥有了这片土地而成为霸权主义者，成为巴勒斯坦人的敌人。相反，他们占有这片土地是神圣历史的要求，是伦理责任的要求，他们也没有因为占有这片祖先曾经居住的土地而在政治上"实力大增"，他们处在包围之中，在某种意义上他们将自己置身于更大的危险和更大的敌意之中（因为周围都是敌视者）。但是，一方面，奥斯维辛之后，建立以色列国家，为这些犹太人提供某种意义上的"家园"与庇护之所，这是对离散的犹太人，对可能的犹太受害者，对列维纳斯"亲人意义上的邻人"的责任的要求；另一方面，伴随着以色列国家的建立，原先犹太人在世界之中的少数派形象转变为一种以色列在中东政治版图中的少数派形象。但对于以色列这个少数派来说，犹太人是国家内部的多数派，这让以色列可以作为一个完整的，担负"人质"身份的伦理主体而呈现出来。这是伦理意义上的"人质"在现实政治生活中的呈现，但这种政治呈现必定对原先的"人质"责任有所修正。即使以色列是全人类的"人质"，也不一定意味着它要向全部的人献出自身，献出具体的犹太人。

当然，列维纳斯后期对军国主义的犹太复国主义有所批评。但那不是他心目中的经典传统的"犹太复国主义"②，对其而言，人比土地神圣，伦理胜过政治和国家。这无论如何都不是一种帝国主义的犹太复国主义，而是一种责任胜过权利、权力的犹太复国主义。这意味着，土地是责任的需要，要担负责任需要土地；但土地不是最终的归宿。重要的是，在涉及土地问题时，以色列的使命是否受到威胁？

摩根（Michael L. Morgan）认为，列维纳斯需要将犹太复国主义奠基在一种关于实现正义、人道社会之目标的先知视域中，在其中人们从事政治行动是为了通向正义③。但也正是因为这个目标，以色列不能全部给出自身。如果这个世界上只有两个人，那我们对于他人所担负的只是道德责

① Emmanuel Levinas, *Beyond the Verse*, Bloomington: Indiana University Press, 2007, p. 194.
② Howard Caygill, *Levinas and the Political*, New York: Routledge, 2002, p. 193.
③ Michael L. Morgan, *Discovering Levinas*, Cambridge: Cambridge University Press, 2007, p. 409.

任，但以色列的存在本就意味着世界上不只存在着"两个人"：以色列的存在是对于大屠杀受害者的允诺，是对于离散的犹太人的允诺，也是对于犹太人作为一个时间与空间意义上之整体的允诺。无论是犹太人数千年来的颠沛流离还是纳粹对于犹太人的残忍灭绝，都是对以色列国家建立并为犹太人提供可以安身之土地的热切召唤。对于以色列而言，失去家园的"脆弱性"已经给太多的犹太人，作为"他人"的犹太人带来了难以承受的灾难与苦楚。由于我们的邻人可能是我们的亲人，这些灾难和苦楚并不是犹太人，无论是生活在以色列的犹太人，还是列维纳斯自己这样的犹太人所能够忽视和承受的：活着的犹太人无法替在大屠杀之中死去的犹太人去原谅刽子手；活着的，在世界之上的其他犹太人也无法替以色列的犹太人去放弃以色列，去给出土地。就像摩根所说，"现代犹太复国主义应当尽最大可能保持伦理性，应当记住苦难深重的历史，特别是大屠杀残酷迫害之后它对于犹太人的意义与作用"[①]，这种"伦理性"的保持是政治视野之中的"伦理性"，是面对了第三方、第四方之后的"伦理性"，是一种审慎的"伦理性"。

（二）犹太复国主义与弥赛亚政治

至此，我们可以得出这样的结论：从根本上说，列维纳斯之所以坚持犹太复国主义，乃是基于一种伦理的立场，他认为以色列的建立标志着一个奠基在伦理义务之上的国家的生成。在 1951 年，列维纳斯就说，"以色列乃是实施犹太教社会法的最后机会"[②]。另外，列维纳斯还表示："正义乃是国家存在之理由，而这就是一种宗教。它预设了正义的更高层次的科学。以色列国家将是宗教性的，因为伟大之书的智慧是不可忘记的。"[③]所谓"正义的更高层次的科学"意味一种伦理神圣性的恢复。以色列这个国家的建立是一个政治事件，但也是一个预先被设定为正义的伦理事件。这一事件有赖于以色列所打开的某种先知政治，某种弥赛亚政治的可能。这种政治是伦理性的，是基于第一哲学的伦理学的政治。正是因为如此，以色列"意味着伦理责任在社会正义层面的实现"[④]。以色列因而是一个分裂的国家：一方面，在世俗意义上，它是一个被包围的国家，一个脆弱的，

---

① Morgan, *Discovering Levinas*, p. 408.

② Levinas, *Difficult Freedom*, p. 218.

③ Levinas, *Difficult Freedom*, p. 219.

④ Diamantides, ed., *Levinas, Law, Politics*, p. 95.

处于危险之中的国家；另一方面，它是一个承担着道德重担的神圣国家，一个充满荣光和责任的国家，一个国家层面的"人质"。

不过，或许人们会质疑，以色列对于列维纳斯而言可能意味着某个伦理义务的现实化，但那只是存在于某种对于神圣历史和先知政治的想象之中，以色列的现实化必定意味着其伦理基础的动摇与神圣性的中断。德里达就表示，列维纳斯的政治是在所谓的"凯撒国家"之外的，他的政治关涉的是"大卫之国"的弥赛亚政治①。德里达赞同列维纳斯对先知政治的解读，认为它是相对于现代政治的一种"溢出"，或许能够启迪一种更为根本的正义形式。对列维纳斯而言，以色列可能是普遍意义上的伦理政治的一个代表。因而，列维纳斯是以一种无限永恒的秩序来衡量以色列的。不过，有的学者认为，对于列维纳斯来说，以色列才是弥赛亚政治的唯一实现者②。但问题在于，这符合以色列的真实情况吗？或者说，这是以色列在其他国家和其他人民眼中的形象吗？巴勒斯坦人会如此看待以色列吗？

要回答这些问题，要回应列维纳斯的犹太复国主义立场在这里所面对的质疑，需要我们澄清先知政治和弥赛亚政治。先知政治来自列维纳斯对犹太人身份和犹太人世界历史处境的反思，其中的一个基本预设是，犹太人在世界历史中的特殊经历并不纯粹是偶然的特殊事件。凭此，犹太历史的神圣性进入普遍性之中。神圣历史在启示打开的伦理使命之中。这是"必须作出回应的那必要的时刻，就是永恒进入瞬间的时刻，这是启示的本质"③。先知政治学的工作就是启示，就是寻找这一必要的时刻，为这一时刻作出伦理上的证明。另外，先知政治，或者说弥赛亚政治，乃是一种"非政治的政治的可能性"。列维纳斯一再强调，一种真正的弥赛亚主义"将上帝的方法与人类联系起来，并以神圣的恩赐终结历史。犹太复国主义中真正的弥赛亚元素是以色列的日常生活本身"④。因此，犹太复国主义是历史必然性和国家权力的必然结果，也是犹太人伦理使命的必然结果。犹

---

① Jacques Derrida, *Adieu to Emmanuel Levinas*, Stanford: Stanford University Press, 1999, p. 81.

② Howard Caygill, *Levinas and the Political*, New York: Routledge, 2002, p. 194. 持有这种观点的也包括 Simon Critchley，参见"Five Problems in Levinas' View of Politics and the Sketch of a solution to them", in *Levinas, Law, Politics*, p. 174，以及 Gillian Rose, *The Broken Middle: Out of Our Ancient Past*, Hoboken: Wiley-Blackwell, 1992, p. 248。这些学者认为，列维纳斯对以色列所作所为的沉默与推脱说明他将犹太国家提升到了一个独一无二的地位。

③ Seán Hand, *The Levinas Reader*, p. 270.

④ Seán Hand, *The Levinas Reader*, p. 295.

太复国主义讨论的不是以色列应对邻人做什么，它是关于"犹太人的必要性，与邻人和平共处，不在政治结构中继续扮演少数派的必要性"①。

回到以色列所打开的政治图景之中，尽管以色列国的建立带来了各种冲突的现实，但对列维纳斯而言，以色列的伦理身份在理想状态中是要被肯定的。然而，以色列似乎也面临着重大的麻烦，如摩根所说，"列维纳斯可能将政治当作伦理弥赛亚主义的必须，而以色列将历史性地投身于创造一个公正的社会和政治秩序，然而，没有一个国家可以免于堕落或失败，以色列也会如此"②。不过，笔者认为这个麻烦并不致命，自我对他人的责任担负难道就一定预设了伦理主体的永不堕落？进而言之，堕落或失败的可能风险难道就意味着责任担负的毫无必要，或是虚伪造作？在列维纳斯那里，以色列作为国家的堕落与以色列的神圣使命并不相互冲突，难道不可以说，给予以色列某种神圣使命就是防止以色列堕落和免于失败的最好担保？普遍历史和神圣历史之间当然存在差异，但普遍历史的可能败坏无损于我们对神圣历史的渴求。以色列是一个现实的国家，也是一个超越的国家；现实的国家要保卫它的人民，要与周边国家互动，而超越的国家有自己的伦理任务。这是双重历史的打开，但无论如何，以色列要实现先知的允诺，担负道德的重任，它首先必须是一个拥有领土和人民的国家，"这是具体实现先知的道德法则，实现和平理想的国家"③。

（三）作为一种政治现实主义的列维纳斯伦理—政治学

实际上，列维纳斯以某种神圣性来缓解以色列在政治与伦理之间面对的巨大张力，受到不少学者的质疑。凯古尔认为，虽然列维纳斯的政治评述与他在第三方与他人之间所作的区分有关，但列维纳斯的观念作为一个整体反映了他只是将哲学、宗教、政治糅合起来。④这可能带来的一个后果是，列维纳斯为某种具体的政治生活，为以色列的存在以及巴以之间的冲突提供弥赛亚式治疗方法的尝试，会让他的政治思想在理论和现实层面上失去应有的价值。人们对于他在贝鲁特大屠杀立场上的质疑就是一个例证。巴特尼茨基认为，列维纳斯的政治观念所导致的结果是因为他没有一个连贯的政治理论，他总是将犹太教的政治维度奠基于某种自认为深刻的

---

① Levinas, *Beyond the Verse*, p. XVII.

② Morgan, *Discovering Levinas*, p. 406.

③ Levinas, *Beyond the Verse*, p. 193.

④ Batnitzky, *Leo Strauss and Emmanuel Levinas*, p. 159.

伦理性之上，奠基在某种神圣性之上，而这种混合只会破坏其思想的解释力和适用性。①按照列维纳斯的观点，从现实政治出发，巴以之间的关系应该"超越邻人之间单纯的和平，而成为一个友爱互助的社区"②。这是政治的理想状态，是伦理政治的最终实现，也是以色列最终对自己道德责任的完全担负的可能结果。然而，现实却是，"总有人是错的！"③在这个前提下，当列维纳斯面对贝鲁特大屠杀的境况时，由于具体情形的不明确，他所表现出来的含混、闪烁其词，对于某种更高程度的伦理责任的继续坚持，都是要提醒我们，在复杂的现实世界中，即使是担负责任，也要认真对待每一种不同的情形，看清楚谁是邻人，人们做了些什么，人们的关系是怎样的。

笔者将列维纳斯的这种取向称为一种特殊的政治现实主义，它可以以一种非常果决的方式拒斥当今流行的"政治正确"倾向。列维纳斯的政治思想，尤其是他关于犹太复国主义的思考，也能够和政治现实主义一样实现对于某种"政治正确"的拒斥。在当代政治现实主义代表人物伯纳德·威廉斯（Bernard Williams）看来，政治不能等同于道德，应当拒绝政治的道德主义倾向，政治的价值具有自身的独特性。笔者认为，威廉斯的出发点与列维纳斯可能是不同的，但最终所达到的对于政治与伦理关系的解读却有相似的地方。列维纳斯也强调，在政治与伦理之间存在着某种差异，我们应该通过将伦理与政治区分开来，为一种更具有现实意义的政治计量提供可能性条件。

政治现实主义的一个倾向是质疑政治事务中道德规范本身的有效性，即，认为在涉及政治事务时道德本身并不是一个毫无问题、不证自明的系统，政治事务不能依赖此种道德系统来作出价值判断。列维纳斯虽然并不采取这一进路，但他强调伦理学是第一哲学，而道德规范是在伦理学之后产生的，由此，政治事务上的决断似乎应当依赖于作为第一哲学的伦理学，而不是流行的道德规范。同时，政治现实主义强调政治本身的特殊性，对于列维纳斯而言，第三方带来的政治空间同样是极为特殊的。列维纳斯在巴勒斯坦人问题上的"犹疑"与"含混"就是对于政治空间之特殊性的承认。或许在列维纳斯看来，犹太人的历史和处境，犹太复国主义在当代的

---

① Batnitzky, *Leo Strauss and Emmanuel Levinas*, p. 155.

② Seán Hand, *The Levinas Reader*, p. 278.

③ Seán Hand, *The Levinas Reader*, p. 294.

发展，他们所面对的巴勒斯坦人的状况，本就是政治空间之中的特殊事件，是处于神圣伦理光照之中的特殊事件。

无论列维纳斯著述中的整个政治图景引发多少争议，尽管由于他对犹太复国主义和贝鲁特大屠杀的态度被一些人批评为完全违背了作为一位"为他者的哲学家"应有的主张，但列维纳斯始终坚持，他的政治思想并没有脱离或者否定他的哲学立场：伦理学乃是第一哲学。这里存在着一个问题，列维纳斯的政治思想给出的不是一种"道德政治学"吗？笔者的看法是，不同于传统意义上的道德政治学，列维纳斯所给出的是某种"伦理—政治学"，这是一种可以与政治现实主义相互调和的"伦理—政治学"。在威廉斯看来，认为道德先在于政治就可以被视作"政治道德主义"（political moralism），这种政治道德主义提出，政治事务应当以某种道德的方式进行思考，不仅要使用道德术语，而且要使用"属于政治理论自身的道德术语"进行思考。政治乃是道德在政治事务上的应用。在列维纳斯的伦理—政治学中，政治绝对不是伦理原则的简单应用，因为列维纳斯的伦理原则只有一个，那就是强调为他人的责任，强调自我对他人的人质身份所引发的伦理担当；而政治意味着计量与智慧，意味着第三方进入之后的正义问题，因而，政治可以被看作现实世界之中伦理目标的具体实现，却很难被看作伦理原则的具体应用。

对于政治现实主义者而言，权力获得以及如何正当地使用权力是政治的首要问题，政治中的敌人应该被置于权力框架之下来加以考察。威廉斯认为：

> 政治的差异是政治的本质，政治的差异不是一种理智关系或者解释上的不一致，而是政治上对立双方之间的差异。对立方这个说法可以涵盖很多东西。但它们都带来一个问题，即，我们如何理解我们的对手。[①]

联系列维纳斯对于敌人问题的说明，我们可以确定的是，列维纳斯的政治思想认同某种意义上的"政治差异"，第三方的进入带来的就是这种"差异"，这种将我们从担负责任的伦理一贯性之中拉拽出来的差异，也是在这种差异中，我们遇到了"对手"和"敌人"，窥见了政治的现实样貌。

---

① Bernard Williams, *In the Beginning Was the Deed*, Princeton: Princeton University Press, 2007, p. 78.

对政治现实主义的一种反对意见认为，政治终究是要考虑善恶的，不考虑善恶的政治现实主义试图将政治与伦理完全割裂开来，这是违背人类直觉的。但威廉斯认为："从柏拉图那里继承下来的好人的概念产生了好人根本上如何才能有所作为的问题，马基雅维利的现实世界的概念则提出了任何人面对这个世界如何才能有所作为的问题。"[①]因此，指向善恶的政治考量可能只是对某种意义上的"好人"才有效，而对于"任何人"来说，在"这个世界如何才能有所作为"并不是或者至少不首先是一个善恶的问题。其中根本的原因是，某种好人的概念，某种善恶的观点将与我们在世界之中的"有所作为"发生冲突，而对于"任何人"来说，他们往往会选择放弃"好人"的概念。对此，列维纳斯的政治思想或许可以给出一种新的方案：我们可以在不使用好人概念、善恶观念的基础上实践某种现实主义的政治抉择，与此同时，我们可以不让我们的政治抉择陷入黑暗和邪恶之中，我们以某种方式维持政治抉择对人类最珍视的价值之守护，不让政治抉择成为人们残害他人、施加暴力的借口，不让政治现实主义滑入彻底的价值虚无主义和价值相对主义之中。此外，列维纳斯的伦理政治还可以提供对于人类善的最终守护：在政治现实主义中，通过不断的淘汰与选择，通过行动与效果，政治家可能会无意识地接近某种"善"。

（本文节选于臧峰宇主编：《哲学家》，北京：人民出版社，2021 年，第 178-195 页）

---

① 伯纳德·威廉斯：《道德运气》，徐向东译，上海：上海译文出版社，2007 年，第 96 页。

罗尔斯与社群主义：虚构的交锋？

曹　钦

在 20 世纪 80 到 90 年代，英语政治哲学界的一大热点就是社群主义（communitarianism）。如果我们对与此有关的文献进行检视，将会频繁地读到约翰·罗尔斯的名字。考虑到罗尔斯在当代政治哲学中的核心地位，这一现象本身并不令人惊奇。不过，他与社群主义者之间的关系并非显而易见。流行的说法是：社群主义的批判对象是自由主义，包括罗尔斯的自由主义。另外，还有一种看法认为，正是因为受到了社群主义批评的影响，罗尔斯才从《正义论》中的立场转向了《政治自由主义》中的立场。[①] 本

---

① 按照巴利的说法，这是对罗尔斯思想转变的一种"流行解释"（尽管他本人并不赞成），Brian Barry, "John Rawls and the Search for Stability", *Ethics*, vol. 105, no. 4 (July 1995), p. 905；亦见 Samuel Freeman, *Justice and the Social Contract: Essays on Rawlsian Political Philosophy*, Oxford: Oxford University Press, 2007, p.3, p.6, pp.175-177。具体的例子见：Paul Kelly, "Justifying Justice: Contractarianism, Communitaria- nism and the Foundations of Contemporary Liberalism", David Boucher, Paul Kelly, eds., *The Social Contract from Hobbes to Rawls*, London: Routledge, 1994, p. 227; Stephen Mulhall, Adam Swift, "Liberalisms and Communitarianisms: Whose Misconception?", *Political Studies*, vol. 41, no. 4 (December 1993), p. 655;Robert Thigpen, Lyle Downing, "Liberal and Communitarian Approaches to Justification," *The Review of Politics*, vol. 51,no. 4 (Autumn 1989), p. 543;Sibyl Schwarzenbach, "Rawls, Hegel, and Communitarianism", *Political Theory*, vol. 19,no. 4 (November 1991), p. 540; Nalini Rajan, "From Imperatives of Justice to Those of Peace", *Economic and Political Weekly*, vol. 35, no. 17 (April 2000), p. 1449; Daniel Bell, "Communitarianism," *Stanford Encyclopedia of Philosophy*, http://plato.stanford.edu/entries/communitarian nism/, 2013-01-07；Andrew Mason, "Communitarianism and Its Legacy", in Noel O'Sullivan, eds., *Political Theory in Transition*, London: Routledge, 2000, p. 23；Andrew Vincent, *The Nature of Political Theory*, Oxford: Oxford University Press, 2004, p. 162；A. 阿维尼里、A. 德夏里特：《社群主义与个人主义》，载俞可平著：《社群主义》，北京：中国社会科学出版社，1998 年，第 135 页；扬：《政治理论：综述》，载古丁等编：《政治科学新手册》（下册），北京：生活·读书·新知三联书店，2006 年，第 702 页。金里卡似乎也持有这种观点，因为他把罗尔斯的政治自由主义视为对"社群主义群体"进行包容的尝试。见金里卡：《当代政治哲学》，刘莘译，上海：三联书店，2004 年，第 421、437、441、447 页。在国内学术界，亦有大量的研究者表达过这种看法，在此无法一一列举。

文将从考察罗尔斯与社群主义者著作的文本入手，说明两者之间的联系远比人们通常所想象的要更为松散。

一、虚构的交锋？

与其他"主义"相比，社群主义的内涵更为模糊，因为名气最大的几位"社群主义者"都不用这一名称来称呼自己。①"'社群主义者'基本上是一个被赋予的标签，而不是一个自觉、自愿的理论群体"。②一般认为，社群主义思潮的四位主要代表人物是麦金太尔、查尔斯·泰勒、桑德尔和沃尔泽③。这一思潮起源于 20 世纪 80 年代。在 1982 年发表的《自由主义与正义的局限》中，桑德尔使用了"社群主义"一词的形容词形式

---

① 丹尼尔·贝尔：《社群主义及其批评者》，李琨译，北京：生活·读书·新知三联书店，2002年，第 5 页，第 22-23 页；Stephen Mulhall, Adam Swift, "Rawls and Communitarianism", in Samuel Freeman, eds., *The Cambridge Companion to Rawls*, Cambridge: Cambridge University Press, 2003, pp. 485-486, no. 7。

② 谭安奎：《公民间关系、慎议政治与当代自由主义的国家观》，《政治思想史》2012 年第 4 期，第 104 页。

③ 这种看法的典型例子是史蒂芬·谬哈尔、亚当·斯威夫特：《自由主义者与社群主义者》，孙晓春译，长春：吉林人民出版社，2011 年，第 1-4 章。亦见顾肃：《自由主义基本理念》，北京：中央编译出版社，2003 年，第 11 章 4-8 节；丹尼尔·贝尔：《社群主义及其批评者》，李琨译，北京：生活·读书·新知三联书店，2002 年，第 22-23 页；桑德尔：《论共和主义与自由主义：桑德尔访谈录》，载应奇、刘训练编：《公民共和主义》，北京：东方出版社，2006 年，第 356 页；朱慧玲：《共同体主义、共和主义以及自由主义的区别——桑德尔访谈录》，载李建华编：《伦理学与公共事务》（第 6 卷），北京：北京大学出版社，2011 年，第 222-223 页；亚当·斯威夫特：《政治哲学导论》，萧韶译，南京：江苏人民出版社，2006 年，第 146-147 页；Simon Caney, "Liberalism and Communitarians: A Misconceived Debate", *Political Studies*, vol. 40, no. 2 (June 1992), p. 273, n. 1；John Christman, *Social and Political Philosophy: A Contemporary Introduction*, London: Routledge, 2002, p.130；Will Kymlicka, "Community and Multiculturalism", Robert Goodin et al., eds., *A Companion to Contemporary Political Philosophy*, Oxford: Blackwell, 2007, p. 463；Kelly, "Justifying 'Justice'", p. 243, n. 2；Mason, "Communitarianism and Its Legacy", p. 19；Margaret Moore, "Liberalism, Communitarianism, and the Politics of Identity," Thomas Christiano, John Christman, eds., *Contemporary Debates in Political Philosophy*, Oxford: Wiley-Blackwell, 2009, p. 323；Vincent, *The Nature of Political Theory*, p. 155。泰勒也把除自己外的三人列入了"社群主义"的阵营中，见查尔斯·泰勒：《答非所问：自由主义—社群主义之争》，载应奇、刘训练编：《公民共和主义》，北京：东方出版社，2006 年，第 370 页。在其他涉及社群主义的著作中，虽然不同作者对"社群主义者"的界定可能会有出入，但这四个人上榜的次数明显要远远超过其他学者。

communitarian（其含义既包括"社群主义的"，也包括"社群主义者"和"社群主义者的"），并将其树立为"个人主义的"（individualistic）的对立面。①1985 年，古特曼发表了一篇题为"自由主义的社群主义批评者"（*Communitarian Critics of Liberalism*）的书评。在被评论的对象中，就包括了上述四人。此后，"社群主义"一词被广泛地用来作为对一类特定理论的统称。在 20 世纪 80 年代中后期和 90 年代初的学术期刊上，出现了许多对"自由主义"与"社群主义"之争进行讨论的文章。但进入 20 世纪 90 年代后，这一热潮迅速地冷却了下来。事实上，在有的学者看来，泰勒在 1989 年发表的《自我的根源》一书和《答非所问》一文，"实际上已经宣告了社群主义运动的'终结'"②。至少，在目前的英语学界，已经很少有人再就这一话题进行深入的讨论了。

在 20 世纪 80 年代初，上述四名学者出版了几本著作，结果激发了关于社群主义的大讨论。这些著作包括麦金太尔的《德性之后》（1981 年出版，1984 年第 2 版），桑德尔的《自由主义与正义的局限》（1982 年出版），沃尔泽的《正义诸领域》（1983 年出版）以及泰勒的两卷本《哲学文集》（1985 年出版）中的一些论文。③不过，尽管都被冠以"社群主义者"之名，他们的批评对象实际上并不相同。通过一种以史带论的风格，麦金太尔攻击了启蒙运动以来的几乎所有道德理论。沃尔泽批判的则是各种带有"普遍主义"倾向的理论。值得注意的是，两人事实上都并没有把罗尔斯当作主要批评对象。《德性之后》中只有寥寥几处提到过罗尔斯，且只在第 17 章中对其观点稍稍进行了具体的分析。相比之下，麦金太尔明显花了更多的力气去攻击休谟、狄德罗、康德和克尔恺郭尔。沃尔泽与泰勒的情况也与此类似。与《德性之后》一样，《正义诸领域》和《哲学文集》中提到罗尔斯的次数非常有限。而在泰勒对个人主义进行批判的代表作《原子主义》（*Atomism*，发表于 1979 年）一文中，罗尔斯的名字甚至一次也没有出现过。事实上，泰勒在另一篇文章中反而明确地说过："罗尔斯本人

① Michael Sandel, *Liberalism and the Limits of Justice*, Cambridge: Cambridge University Press, 1998, pp. 60-61；亦见 pp. 172-173。桑德尔后来曾否认他用过 communitarian 这一术语，但他显然忘记了自己之前著作里对该词的使用，见 Leif Wenar, Chong-Min Hong, "Republicanism and Liberalism", *Harvard Review of Philosophy*, vol. 6 no. 1 (Spring 1996), pp. 66-67。

② 应奇：《"政治科学"之"家园"》，《政治思想史》2011 年第 2 期，第 191 页。

③ Richard Dagger, "Individualism and the Claims of Community," in Thomas Christiano, John Christman, eds., *Contemporary Debates in Political Philosophy*, Oxford: Wiley-Blackwell, 2009, p. 304.

绝对没有受限于原子主义的视角。"①虽然麦金太尔、沃尔泽和泰勒的理论都可以被用来批判罗尔斯，但它们同样也能被用来批判其他许多思想家。对其著作的简单浏览就可以使人明白，他们从未把罗尔斯当作重点研究对象。在阅读他们的作品时，对当代政治哲学比较熟悉的人很容易联想到罗尔斯和自由主义，但这恐怕主要是源于后两者在哲学界的强势地位。

与其他三人形成鲜明对比的是，桑德尔明确把罗尔斯定为了自己的首要批判对象。《自由主义与正义的局限》的大部分内容看起来就像是对《正义论》的批判性注解。尽管如此，这部脱胎于博士论文的著作并不具有代表性。我们不能仅凭这一个例子就对"社群主义者"这个群体的特征进行概括。虽然社群主义者们都在某些方面与罗尔斯存在分歧，且这些分歧都具有相似的哲学根源，但不能因此就说他们把罗尔斯当作了自己的主要靶子。在阅读他人的作品时，我们往往会倾向于根据自己的知识结构来理解他们的定位（如"垄断资本主义的辩护士"或"罗尔斯的批判者"）。然而，这种定位却未必符合作者的本意。从目前来看，并没有令人信服的证据能够表明，社群主义者们（除桑德尔外）的主要批判目标是罗尔斯。泰勒、麦金太尔和沃尔泽的抱负，远不止是对罗尔斯乃至自由主义进行批判。他们关心的是启蒙运动以来人类精神世界发展的大趋势，而非特定的思想家或思想流派。将他们理解为罗尔斯和自由主义的批判者，不仅是对他们的误读，更是对其哲学地位的矮化。②

从相反的角度来看，我们同样有理由怀疑，社群主义者的著作是否真的曾给罗尔斯留下过什么深刻印象。学界公认的看法是，罗尔斯是一位虚心的、乐于听取不同意见的学者。对于自己从中受惠的思想，他是不吝于表达谢意的。用帕莱克的话来说，"在他（罗尔斯）的两部主要著作中，他所有感谢的人几乎比战后所有加在一起的政治哲学家所感谢的人还要

---

① Charles Taylor, *Philosophical Papers II : Philosophy and the Human Sciences*, Cambridge: Cambridge University Press, 1985, p. 274, n. 9. 贝淡宁也承认，《正义论》的第三部分表明，罗尔斯的理论不能被认为是"原子主义"式的，见 Daniel Bell, "Communitarianism"。

② 沃尔泽注意到了一个有趣的现象：有些社群主义者最喜欢批判霍布斯和萨特，然而这两人却都不是自由主义者。他的猜想是，"这两位根本就不是一般意义上的自由主义者的哲学家却最好不过地揭示了自由主义的本质"。参见迈克尔·沃尔泽：《社群主义对自由主义的批判》，载应奇、刘训练编：《共和的黄昏》，长春：吉林出版集团，2007 年，第 196 页，注释 2。但还有一种解释是：许多社群主义者（包括沃尔泽自己）所关注的对象其实并不局限于自由主义。

多"①。正是通过这一线索，我们能够看出社群主义者对罗尔斯来说有多么不重要。在《正义论》《政治自由主义》和发表于两者之间的论文的致谢名单上，我们看不到那四位社群主义者的名字。考虑到沃尔泽和桑德尔都长期与罗尔斯在同一所大学工作②，他们两人在那些名单上的缺席就更能说明问题。

在其作品的正文中，罗尔斯也没有表现出对于社群主义者的特别兴趣。他从未提到过麦金太尔的名字。泰勒曾被提到过一次，但罗尔斯只是引用他的论著来说明"公民人文主义"的理论，而非对其社群主义观点的回应。③桑德尔和沃尔泽虽然没有完全遭到忽视，却也未被给予多少关注。在与本文主题有关的作品中，罗尔斯曾两次提到桑德尔④，并注意到了后者对自己的批评⑤，但两次都只是在脚注里顺便提及，没有作出任何深入的回应。沃尔泽被提及的次数略多，但也只有三次。而且，与桑德尔一样，他也只在脚注中出现过。在《政治自由主义》的平装本导论里，罗尔斯在分析哲学讨论的作用时提到了他，并对其观点表示赞同。⑥不过，这里所涉及的观点并未直接涉及社群主义与罗尔斯的理论分歧。在该书第一章中，罗尔斯引用了自己的两名学生（约书亚·柯亨和托马斯·斯坎伦）对沃尔泽的

---

① 比库·帕莱克：《政治理论：政治哲学的传统》，载罗伯特·古丁等编：《政治科学新手册》（下册），北京：生活·读书·新知三联书店，2006年，第728-729页。

② 沃尔泽自1966年起即在哈佛工作（罗尔斯在《正义论》中还引用过他的著作）。按照桑德尔的自述，他1980年开始在哈佛工作后个久，就与罗尔斯有了直接接触，见"Michael Sandel-The Art of Theory Interview"，http://www.artoftheory.com/12-questions-with-michael-sandel/，2012-11-16。

③ John Rawls, "The Priority of Right and Ideas of the Good", *Philosophy and Public Affairs*, vol. 17, no. 4 (Autumn 1988), p. 273, n. 30. 亦见约翰·罗尔斯：《政治自由主义》（增订版），万俊人译，南京：译林出版社，2000年，第190页，注释38。

④ 此外，他在1997年的《公共理性观念再探》中也在两处注释里捎带提及了桑德尔，但那篇文章发表的时间太晚，与我们这里所讨论的问题——罗尔斯思想的转变是否为了回应社群主义——已经没有关系了。

⑤ John Rawls, "Justice as Fairness: Political not Metaphysical", *Philosophy and Public Affairs*, vol. 14, no. 3 (Summer 1985), p. 239, n. 21；约翰·罗尔斯：《政治自由主义》（增订版），第24页，注释29。在1983年发表的一篇书评里，Mark Sagoff宣称说，在一篇名为"政治哲学：政治的而非形而上的"的手稿，罗尔斯对桑德尔和沃尔泽作出了回应（Mark Sagoff, "The Limits of Justice," *The Yale Law Journal*, vol. 92, no. 6 (May 1983), p. 1079, n. 74)。笔者无法得知该手稿与罗尔斯1985年发表的文章之间是何关系，但就后一篇文章本身来说，确实很难让人发现有什么专门针对桑德尔和沃尔泽所作的内容。

⑥ 约翰·罗尔斯：《政治自由主义》（增订版），"平装本导论"，第44页，注释38。

评论①，而这两处引用都是对沃尔泽的反驳。在柯亨和斯坎伦（以及罗尔斯）看来，在政治理论的研究中使用抽象的概念和方法，并没有什么不对的，因此沃尔泽的社群主义批判并没有说服力（而且，他所使用的方法也不是真的那么独特）。这更像是罗尔斯对自己早年理论特色的坚持，而非受到沃尔泽批评影响后的妥协。

以上观察是同罗尔斯的另一名学生萨缪尔·弗里曼的个人经验相吻合的。根据他的回忆，与流行意见相反，"罗尔斯本人认为，对于那些最终引向政治自由主义的问题来说，社群主义的理念与批评与之毫不相干"②。而且，"罗尔斯对社群主义感到莫名其妙，因为对他来说，这个名词被用来指称了多种哲学与政治立场：托马斯主义、黑格尔主义、文化相对主义、反自由主义、社会民主主义等。他认为它最多不过是某种完善论（perfectionism）——它视人类善为对一定的共享目的的追求"③。考虑到《正义论》中对完善论的拒斥，结合弗里曼的上述说法，罗尔斯似乎没有理由对社群主义产生什么特别的兴趣。

总之，如果我们回到原始文本，就会发现，我们很难证明社群主义者（桑德尔除外）和罗尔斯对彼此有多么重视。他们的理论之间所形成的"对话"，几乎都是其他人进行刻意拣选后组装而成的。我们当然可以用他们的论述来互相参照，以帮助自己进行思考。但在叙述他们之间的关系时，我们应该记住，所谓的"批判"与"回应"，大部分只是"本可能发生的"批判与回应，而非实际发生的批判与回应。在本文接下来的部分中，我们将会通过对罗尔斯观点的具体分析来进一步证明这一点。

二、社群主义与"早期"罗尔斯

罗尔斯晚年思想最明显的改变之一，是放弃了为"整全"（comprehen-

---

① 约翰·罗尔斯：《政治自由主义》（增订版），第 40 页，注释 47（以及第 41 页），第 42 页，注释 49。

② Samuel Freeman, *Justice and the Social Contract*, p. 6.

③ Samuel Freeman, *Justice and the Social Contract*, p. 19, n. 6.

sive）性质的自由主义辩护的努力，转而提倡一种"政治"的自由主义。①
在 1985 年发表的《作为公平的正义：政治的而非形而上的》一文中，"政治的"这一形容词开始被赋予了核心地位。1993 年出版的《政治自由主义》则使得学术界广泛地了解了罗尔斯的这一转变。流行的说法是，后期罗尔斯从《正义论》中的"普遍主义"转向了更具"特殊主义"色彩的理论。正是由于这种"特殊主义"因素的浮现，才使得许多人认定，这一转变是对社群主义批判的反应。然而，这一转变并不是在 1993 年或 1985 年突如其来的，而是在 1980 年的《杜威讲座》中就已初步成型。②在该讲座中，罗尔斯否认了自己在追寻那种独立于人们自我认知的"道德真理"。③他明确地宣布说："我们并不是在试图找到如下这样一种正义观：它适合于所有的社会，而不论其特定的社会或历史境况"。④相反，为正义观奠基的是"公共文化"⑤、常识和历史传统⑥，是已经稳定地存在于特定社会之中的东西。这样的理念与《政治自由主义》的精神是完全一致的。也就是说，早在社群主义引起人们的注意之前，罗尔斯就已经开始了"特殊主义"的转向。

同时，在罗尔斯早期的著作里，已经存在丰富的理论资源来回应某些社群主义式的批评。正如前面所说，在社群主义者中，桑德尔是唯一对罗尔斯进行了深入批判的人。因此，假如社群主义真的影响到了罗尔斯后期理论的观点，这种影响就应该充分体现在他对桑德尔的反应里。然而，在评论桑德尔对他的批评时，罗尔斯有两个表述值得我们加以注意。首先，在《作为公平的正义：政治的而非形而上的》一文中，他在简述桑德尔的看法时，所使用的表达是"我认为桑德尔错误地假定了……"（I think Michael Sandel mistaken in supposing that...）。随后，他又说："关键之点……

---

① 但他的思想是否真的有根本性的转变，是值得怀疑的。直到 1987 年，在为《正义论》法文译本所作的序中，罗尔斯仍然宣称："尽管有许多对那部著作（《正义论》）的批判性讨论，我仍然接受其主要的规划，并捍卫其核心原则。"见 John Rawls, *Collected Paper*, Samuel Freeman, eds., Cambridge, Mass.: Harvard University Press, 1999, p. 415。

② 罗尔斯自己的陈述也与此吻合："《正义论》第三部分关于秩序良好社会的稳定性解释也不现实，必须重新解释。这是我自一九八〇年以来发表的论文所论及的问题。"［约翰·罗尔斯：《政治自由主义》（增订版），导论第 4 页］

③ John Rawls, "Kantian Constructivism in Moral Theory", *The Journal of Philosophy*, vol. 77, no. 9 (September 1980), p. 519.

④ John Rawls, "Kantian Constructivism in Moral Theory", p. 518.

⑤ John Rawls, "Kantian Constructivism in Moral Theory", pp. 517，518.

⑥ John Rawls, "Kantian Constructivism in Moral Theory", p. 518.

并不在于《正义论》中的某些特定段落是否提请人们作出这种诠释①（我对此表示怀疑）"（"…The essential point…is not whether certain passages in *Theory* call for such an interpretation [I doubt that they do]…"）②。由此可见，罗尔斯直接否认了桑德尔对《正义论》批判的有效性。既然如此，他似乎就没必要为了回应这种批判而修改自己的观点。

其次，当他在《政治自由主义》中以相似方式提及桑德尔时，罗尔斯引用了金里卡的《自由主义、社群与文化》一书，并认为该书第四章对桑德尔的回答"总体上令人满意"③。然而，金里卡把自己的理论定性为"整全"的自由主义，并明确表示了对罗尔斯式"政治"自由主义的不赞同。④既然罗尔斯认为金里卡的"整全"自由主义足以反驳桑德尔的批判，他似乎就没有必要为了回应后者而特地去发展出一套新的"政治"自由主义。因此，把他20世纪80年代开始的"政治"转向归结为对桑德尔批评的反应，就显得缺乏证据。如果对罗尔斯展开最直接批判的桑德尔都不能促使他改变自己的立场，那么，其他社群主义者促成这一改变的可能性，就更是非常微小了。

当我们把目光聚焦在罗尔斯的具体论证上时，对这一点就能够看得更清楚。按照缪哈尔和斯威夫特的说法，社群主义对罗尔斯的批评可以归结为四类：（1）人的概念（conception of the person）；（2）反社会的个人主义（asocial individualism）；（3）普遍主义（universalism）；（4）中立性（neutrality）。⑤在中立性问题上，罗尔斯早期与后期的理论之间并没有什么根本性的差异。而我们在上面已经见到，早在1980年，他便已经对自己的普遍主义立场作出了修正。因此，在这两个方面，没有证据说明社群主义的批评对他产生了影响。对于另外两个问题，在罗尔斯20世纪70年代到80年代早期的作品中。我们都可以找到能用于回应的理论资源，所以也没有理由认为社群主义者会使他改变想法。

一般认为，桑德尔社群主义批评的核心是：自由主义者（包括罗尔斯）

---

① 指桑德尔在《自由主义与正义的局限》中所作的诠释。

② John Rawls, "Justice as Fairness: Political not Metaphysical", p. 239, n. 21.

③ 约翰·罗尔斯：《政治自由主义》（增订版），第24页，注释29。

④ Will Kymlicka, "Two Models of Pluralism and Tolerance", *Analyse & Kritik*, vol. 14, no. 1 (May 1992), p. 13.

⑤ Mulhall, and Swift, "Rawls and Communitarianism", pp. 464-475. 亦见 Mason, "Communitarianism and Its Legacy", pp. 20-22.

在人的概念方面有着一种错误的看法。但在 1975 年发表的《道德理论的独立性》一文中，罗尔斯已经就有关身份认同方面的问题阐发了自己的观点，从而"预先"反驳了那种批评。①在他看来，"道德理论②的大部分内容是独立于哲学的其他部分的"③。例如，道德理论不依赖于对个人身份/同一性（personal identity）问题的解答。④当然，罗尔斯在该文中处理的是"形而上"意义上的个人同一性问题，而非社群主义者所研究的"心理"意义上的个人身份问题。⑤不过，他的论证同样可以用来回应社群主义式的批判。在罗尔斯看来，与个人身份/同一性有关的问题并不必然要求我们接受某种特定的道德观。决定某种道德观之合理性的，是其原则激励我们所为之奋斗的社会和所努力成为的人。⑥例如，在对比功利主义与康德式观点时，罗尔斯指出："人们可以想象信奉享乐主义和个人主义的人。他们的生活缺乏康德式观点所需要的联结性和长期目标感。但即使这在一定条件下可能发生，这一事实也没有说明'从道德观点来看什么才是可欲的'。"⑦同样，即使罗尔斯和桑德尔所描述的人类形象确实有所差别，这一事实也不能说明罗尔斯所追求的道德理想是错误的。⑧

可见，对于社群主义者在"人的概念"问题上的批评，罗尔斯在"政治转向"之前所发表的论述足以进行回应。因此，很难理解为什么他后来

---

① 有一些学者注意到了这篇文章的相关意义，但未作出更具体的论述，见 Samuel Freeman, *Justice and the Social Contract*, p. 176, n. 8；伯内斯：《自由主义/社群主义之争与交往伦理学》，载应奇、刘训练编：《共和的黄昏：自由主义、社群主义和共和主义》，长春：吉林山版集团，2007 年，第 222 页，注释 3；库卡萨斯、佩迪特著：《罗尔斯》，姚建宗、高申春译，哈尔滨：黑龙江人民出版社，2002 年，第 151 页。

② 罗尔斯区分了"道德理论"（Moral theory）与"道德哲学"（Moral philosophy），见 John Rawls, "The Independence of Moral Theory", *Proceedings and Addresses of the American Philosophical Association*, vol. 48 (December 1974), p. 5。

③ John Rawls, "The Independence of Moral Theory", p. 5.

④ John Rawls, "The Independence of Moral Theory", pp. 12-17.

⑤ "形而上"意义上的个人同一性问题研究的是"什么使得处于两个不同时间点上的人成为同一个人？"，"心理"意义上的个人身份问题则涉及"人们的品格与自我理解"，见 Simon Caney, "Liberalism and Communitarians: A Misconceived Debate", pp. 274-275。

⑥ John Rawls, "The Independence of Moral Theory", p. 15.

⑦ John Rawls, "The Independence of Moral Theory", p. 20.

⑧ 当然，罗尔斯也承认，相关道德理论的可行性要由心理学和社会理论来决定，见 John Rawls, "The Independence of Moral Theory", p. 15。但他并不认为自己的理论在这方面存在缺陷。见下文对"反社会的个人主义"的讨论。

在相关看法上的转变（如果确实有所转变的话）是由于受到了社群主义的批判。这一点在"反社会的个人主义"问题上体现得更为明显，因为早在社群主义者们引起学术界关注之前，就已经存在很多类似的批评了。在《正义论》发表后不久，罗尔斯就开始不断地澄清自己在这一问题上的立场。在1972年发表的一篇答复文章中，他就指出，他的理论"并不认为人们是自足的，也不认为社会生活仅仅是满足个人目的的手段。人们更为具体的欲望和偏好不应被认为是给定的，而是……由社会制度和文化所塑造的"①。这一点在他后来的作品中还多次得到了强调。例如，他曾说："原初状态并未预设抽象的个人主义原则……个人的利益和目标取决于现存的制度和它们所满足的正义原则。"②"没有理由认为，一个良序社会会首先鼓励个人主义的价值……通常来说，我们会期望人们属于一个或多个社团（associations），并在此意义上至少拥有某些集体目标"。③当人们选择他们的人生理想时，这些理想也部分是从其社会的文化中获得的。④"社会的制度行事影响着社会的成员，并在很大程度上决定着他们想要成为的那个人，以及他们所是的那个人。"⑤在谈到人们发展、修正和追求善观念的道德能力时，罗尔斯也明确表示说，这些能力是在社会中得到实现的。⑥如果他确实注意到了社群主义对其"反社会的个人主义"的批评，上述这些主张也足以作出应答了。

三、结论

本文意在否定（或至少是淡化）罗尔斯与社群主义理论之间的联系。如果前面的所有内容都未能说服读者的话，也许罗尔斯本人的直接表态可

---

① John Rawls, "Reply to Lyons and Teitelman", *The Journal of Philosophy*, vol. 69, no. 18 (October 1972), p. 557.

② John Rawls, "Fairness to Goodness", *The Philosophical Review*, vol. 84, no. 4 (October 1975), pp. 546-547.

③ John Rawls, "Fairness to Goodness", p. 550.

④ John Rawls, "Kantian Constructivism in Moral Theory", pp. 568-569.

⑤ 约翰·罗尔斯：《政治自由主义》（增订版），第249页。这句话所属的那一章，是他1978年所发表的一篇文章的重印。

⑥ John Rawls, "Kantian Constructivism in Moral Theory", p. 547.

以达到这一目的。尽管社群主义一度是个非常流行的话题，罗尔斯本人对此却未进行过任何实质性的讨论。[①]他仅仅在《政治自由主义》中略微对此有所提及。他在该书初版的导论中解释说，为了应对理性多元论的事实，他改变了《正义论》中关于稳定性问题的论述，而这一改变又使他需要作出其他一些理论上的改变。[②]他随后表示：

> 有时候，我之后发表的论文中的这些改变，被说成是对社群主义者和其他人所作批评的回应。我不相信这么说是有根据的。当然，我这么相信是否正确，要取决于如下这一点：一种分析性的视角——这一视角涉及那些改变如何适应于对稳定性的修正后的说明，能否令人满意地解释那些改变。这肯定不是由我说了算的。[③]

从这段话的后半部分看，罗尔斯似乎承认，假如他所作出的改变与对稳定性的新说明不能很好地调和，其他人就可以宣称说：那些改变的真正目的，是回应社群主义者等人的批评。但这段话的前半部分明确地指出，他本人在主观上并没有回应社群主义的意图。罗尔斯的意思大概是，如果我们面临两种解释："罗尔斯的理论改变是为了解决稳定性问题"和"罗尔斯的理论改变是为了回应社群主义"，那么，我们可以通过评估两者的合理程度，来对其可信性作出判断。假如罗尔斯所作出的改变并未很好地解决稳定性问题，以至于让人感觉前一种解释不如后一种令人信服，则旁观者就有理由采取后一种解释。

看起来，罗尔斯是谦逊地放弃了对自己作品的解释权，承认读者可能比作者更好地掌握了作者本人的意图。不过，以同样的谦逊态度，他也声明道：在解释经典思想家的著作时，"我不会说（至少不会有意地说）那些在我看来是他们应该说的东西，而只会说他们真正说过的东西"[④]。如果我们承认这是一种正确的阅读方法，则罗尔斯的学术地位似乎也要求我们用这种方法去理解他自己的著作。这样的话，除非有强有力的反对理由，

---

① 不过，一个有趣的事实是：早在学界开始广泛讨论"社群主义"之前，甚至也在桑德尔使用 communitarian 一词之前，罗尔斯本人就曾经用过这个词。见 John Rawls, "Fairness to Goodness," pp. 540, 541。

② 约翰·罗尔斯：《政治自由主义》（增订版），导论第 4-5 页。

③ John Rawls, *Political Liberalism*, New York: Columbia University Press, 1996, p. xvii, n. 6.

④ 萨缪尔·弗里曼：《编者的话》，载罗尔斯：《政治哲学史讲义》，杨通进等译，北京：中国社会科学出版社，2011 年，第 5 页。

我们应该接受罗尔斯本人的说法，承认他并不曾把社群主义当作自己的论战对象。

至此，本文已经尽了最大的努力去证明如下观点：对于社群主义者与罗尔斯之间的关系，流行的看法是没有依据的。社群主义者们（除桑德尔外）并没有把罗尔斯看成是他们批判的主要目标，而罗尔斯也没有受到他们的影响。也许，这样的工作会被认为没有什么重要的意义。如果我们能够透过自己的眼睛对前人的理论提出一种解释，而这种解释能够帮助我们获得一些有用的见解，那么，为什么非要去刻意还原前人自己的主观想法呢？但是，即使我们不把真实性本身看作值得追求的目标，也应当认识到，如果前人确实有着不同于我们的视角，则当我们忽略他们的视角时，就总是难免会遗漏一些东西，而这些东西本来可能也是对我们有用的。

[本文原载于《同济大学学报》（社会科学版）2017 年第 5 期]

威廉斯与元伦理学

魏犇群

伯纳德·威廉斯（Bernard Williams）是当代最具原创性的道德哲学家之一。他曾坦言，自己深受赖尔（Gilbert Ryle）的影响，只关注具体的哲学问题和主张而不是各种哲学的"主义"（isms）。对于自己的哲学工作，威廉斯曾说："我相信，并且仍然非常希望，我没有一个'主义'（的标签）。"①在规范伦理学领域，威廉斯既反对功利主义，又反对康德主义，甚至将所有的伦理理论都视为对复杂伦理经验的曲解。在元伦理学领域，情况似乎也是如此。在梳理了当代元伦理学的主要问题和立场之后，马克·詹金斯（Mark P. Jenkins）评论道："无论我们如何划定（道德）实在论和认知主义之间，或者伦理客观性和伦理知识之间的疆域，把威廉斯定位于其中都是一件困难的事。"②然而，众所周知，威廉斯十分关注元伦理学的议题，尤其对于伦理③客观性问题有诸多独到的见解。④那么，究竟如何理解和定位威廉斯的元伦理学立场呢？

---

① Bernard Williams, "Replies", in J. Altham, R. Harrison, eds., *World, Mind, and Ethics: Essays on the Ethical Philosophy of Bernard Williams*, Cambridge, Mass.: Cambridge University Press, 1995, p. 186.

② Mark P. Jenkins, *Bernard Williams*, London: Routledge Press, 2006, p. 122. 当然，这并不意味着威廉斯对于相关问题没有系统的或者一致的看法。恰恰相反，威廉斯对于伦理学的诸多主张之间有很强的融贯性，他的核心看法甚至从出道以来直到去世就没有变过。

③ 在《伦理学与哲学的限度》以及此后的著作中，威廉斯对于"伦理"和"道德"这两个概念有其特殊的用法，后者专指聚焦于义务等观念的"奇特建制"（peculiar institution），前者则更为宽泛，包含几乎所有影响人应该如何生活的考虑。为了避免牵涉其他议题，本文对于"伦理"和"道德"的使用没有遵循威廉斯的用法。在本文中，两者可以相互替换。

④ Cf. Bernard Williams, *Morality: An Introduction to Ethics*, Cambridge, Mass.: Cambridge University Press, 1972, chapter 2-4; *Ethics and the Limits of Philosophy*, Cambridge, Mass.: Harvard University Press, 1985, chapter 8; *Making Sense of Humanity*, Cambridge, Mass.: Cambridge University Press, 1995, chapter 14、17; "Truth in Ethics", in B. Hooker, ed., *Truth in Ethics*, Cambridge, Mass.: Blackwell, 1996, pp, 19-34.

本文通过阐释威廉斯的三个重要观念（科学与伦理学的区分、"关于世界的绝对概念"、厚的伦理概念）及其内在联系，试图澄清威廉斯对于伦理客观性的基本看法及论证，继而将威廉斯的主张与元伦理学版图中的主要立场（包括认知主义、道德实在论、错误理论、主观主义和相对主义）作一番比较。但本文的结论是消极性的，即威廉斯的元伦理学主张并不能完全符合某种主流的"主义"。

一、真正的区分：科学与伦理学

在为《布莱克威尔哲学指南》所写的序言里，威廉斯表达了对于元伦理学的整体看法。[①]根据他的理解，元伦理学所讨论的主要是伦理客观性问题，而伦理客观性问题又可以分为两类：第一类关注伦理共识的可能性；第二类则关注道德判断的语义学地位（semantic status），比如，道德判断是否描述事实，以及是否可以为真，进而探讨关于道德事实或者道德属性的形而上学问题。威廉斯认为，伦理客观性问题最好通过第一类问题来理解。具体来说，威廉斯追随皮尔士（Charles S. Peirce）的思路[②]，主张通过探讨"意见的会同"（convergence of opinion）来刻画客观性。但在他看来，当讨论伦理客观性的时候，最重要的区分并不是事实与价值，也不是"是"与"应该"，而是科学与伦理学（或者科学探索与伦理探索）。

对此，有人可能会质疑，由"意见的会同"并不能直接推论出客观性，客观性的基本含义是"独立于心灵"（mind-independence）。首先，人们对独立于心灵的事实不一定能够达成"意见的会同"；其次，即便"意见的会同"得以达成，也不一定是因为确认到某些独立于心灵的事实；最后，如果把是否达成"意见的会同"作为客观性的标志，也就是说，某个研究领域是否具有客观性，取决于能否对其研究对象达成非强迫的共识，那么，伦理学与科学在客观性上似乎并没有本质的区别。实际上，越来越多的哲

---

① Cf. Bernard Williams, "Contemporary Philosophy: A Second Look", in N. Bunnin, E. P. Tsui-James, eds., *The Blackwell Companion to Philosophy*, Cambridge, Mass.: Blackwell, 2003, pp. 23-34.

② 胡克威（Christopher Hookway）深入讨论了威廉斯和皮尔士的相似之处。参见 Christopher Hookway, "Fallibilism and Objectivity: Science and Ethics", in *World, Mind, and Ethics: Essays on the Ethical Philosophy of Bernard Williams*, pp. 46-67。

学家开始怀疑，无法解决的分歧是否真的在伦理实践中广泛存在，而在科学研究中很少看到这种情况。一方面，人们逐渐意识到，用理性手段解决所有的科学分歧，至多只是一种理想；^①另一方面，人类在伦理价值方面的共识实际上比看起来更广泛，也更深刻。^②

然而，在威廉斯看来，确认客观性的关键并不在于是否能够达成"意见的会同"^③，而在于对于意见会同的解释。科学与伦理学在客观性方面的区别并不在于在各自的领域中我们能否最终会同于一套信念，而在于即使（在某种理想的情况下）我们的伦理信念和科学信念都达成了会同，对于这两种会同的最好解释仍然是不同的，而这才是科学与伦理学之间真正的区别。对于这一区别，威廉斯断言："科学大体上有机会成为它所看起来的样子，亦即成为关于世界真相的系统理论说明，伦理思想则没有机会成为任何它所看起来的样子。"^④那么，什么是伦理思想"所看起来的样子"呢？

让我们稍微反省一下我们的道德经验。当我们面对类似南京大屠杀这样的极端罪恶时，我们确信，恶是真实存在的。如果某个人在了解了南京大屠杀的细节之后，认为日本士兵屠戮妇婴的行为完全可以接受，那么，他肯定是错了。他应该纠正错误，接受我们的看法。我们之所以相信"南京大屠杀是罪恶的"，是因为南京大屠杀确实是罪恶的，这是一个事实，并不依赖于任何人对它的看法。因此，在我们的日常理解中，道德判断与科学判断很类似，两者似乎都在描述客观的事实；在理想的情况下，我们的伦理探索应该像科学探索一样会同于对于客观事实的描述。换言之，在伦

---

① 一个重要的原因是，某一时代的科学共同体是否接受某套科学理论并不完全取决于对物理世界的认知，还会受到特定的概念框架、研究习惯、观察方式乃至科学家个人癖好的影响。参见 Thomas Kuhn, *The Structure of Scientific Revolutions*, Chicago: University of Chicago Press, 1962。

② 经过仔细考察，我们会发现，很多伦理分歧的发生恰恰以更深层的伦理共识为基础。人类社会存在诸多根本性的价值，人生命的价值似乎便是其中之一。因为在任何文化中，杀人都需要某种辩护。但有的文化诉诸好的后果，有的诉诸神灵的意志，有的则否认被杀者的人类身份。这些不同的辩护方式表现为不同文化之间的伦理分歧。但这样的伦理分歧之所以会产生，往往是因为同一种根本价值要在不同的社会环境中应用，而不是因为分歧的各方持有不同的根本价值。雷切尔斯（James Rachels）讨论过的爱斯基摩人的例子也印证了这一点。参见 James Rachels, "The Challenges of Culture Relativism", in *The Elements of Moral Philosophy*, New York: Random House, 1999, pp. 20-36。

③ 威廉斯明确地说："两者（科学和伦理学）的区别并不涉及会同是否真的发生，我的论证与此无关，（认识到）这一点很重要。"（Bernard Williams, *Ethics and the Limits of Philosophy*, p. 136）

④ Bernard Williams, *Ethics and the Limits of Philosophy*, p. 135.

理实践中，我们似乎也追求这样的会同：如果我们对某个道德判断 p 达成共识，那么，我们的共识最终由 p 所要描述的（道德）事实所解释，或者说，p 所要描述的事实在解释我们对于 p 的共识时具有不可或缺的作用。

然而，在威廉斯看来，以上的理解对于科学研究是合适的，对于伦理探索则不然。在科学研究中，如果我们的意见有希望最终达成会同的话，那是因为我们有希望对于物理世界的真实面貌达成共识。而在伦理探索中，这种会同是不可能的。即使所有人都接受了同一套道德判断，对此的最好解释也不是那套判断反映了伦理世界的真相。如威廉斯所言：

> 在理想情况下，科学探究应该会同到一个答案，对于这种会同的最好解释蕴含了这样一个观点，即那个答案呈现了事物真实的样子。在伦理领域，至少在高度抽象的层次上，则不可能前后一贯地抱有这样的希望。……伦理观念很可能会最终发生会同，至少就人类而言是可能的。（科学与伦理学之间）区分的关键是，即使伦理会同发生了，我们也不能认为会同之所以会发生是因为它受到了事物真相的指引。科学中的会同如果发生的话，则可能这样解释。[1]

但这究竟为什么呢？假设我们的伦理概念有明确的使用标准，那么，只要我们正确地使用了某个伦理概念，我们似乎就可以说，它反映了事物的真相。比如，当"我"说某个人虐待儿童"很残忍"时，"我"似乎便道出了他虐童行为的真相，正如"我"说"天空是蓝色的"反映了关于天空颜色的真相一样。既如此，为什么又说我们的伦理判断无法反映世界真实的样子呢？为了解答这个问题，我们需要讨论威廉斯提出的"关于世界的绝对概念"（the absolute conception of the world）。

二、"关于世界的绝对概念"

威廉斯所理解的"世界真实的样子"（the world as it really is）与"世界所呈现给我们的样子"（the world as it seems to us）相对，两者分别代表

---

[1] Bernard Williams, *Ethics and the Limits of Philosophy*, p. 136.

两种对于世界的表征（representation），其不同之处在于两者所使用的概念。"世界所呈现给我们的样子"是基于我们的特殊视角而对世界的表征，这种表征所使用的是该视角所特有的概念，那些概念"反映的只是局域性的关切、品味或者感官特点"①。与"世界真实的样子"相联系的表征所使用的概念则"并非为我们所特有，也不仅仅与我们的经验相关"②，因此，这样的概念对世界的表征可以"最大限度地独立于我们的视角及其独特之处"③。如此理解，"世界真实的样子"与"世界所呈现给我们的样子"之间的区分实际上类似于"第一性的质"（primary quality）与"第二性的质"（secondary quality）之间的区分。④

在威廉斯看来，可以描述"世界真实的样子"或者第一性的质的概念拥有巨大的解释效力：它们不仅可以解释物理世界中的事件，还可以解释我们的特殊视角对物理世界的表征，也就是第二性的质如何会产生（或者世界为什么会呈现为"它所呈现给我们的样子"），进而还可以解释它们自身如何得以产生。这些极度中立而又拥有巨大解释力的概念所构成的对世界的表征，被威廉斯称为"关于世界的绝对概念"，有时也被称为"关于现实的绝对概念"（the absolute conception of reality）⑤。而完成这一表征是科学探索的终极目标。因此，根据威廉斯的理解，所谓"世界真实的样子"就是"关于世界的绝对概念"所呈现的样子。我们的伦理判断之所以无法反映世界真实的样子，是因为在威廉斯看来，"关于世界的绝对概念"在伦理学中不可理解，因而也不可能存在。伦理学所表征的世界永远是"世界所呈现给我们的样子"。因此，科学与伦理学之间的区别可以重新表述为：科学研究（至少在理想上）蕴含着从第二性的质到第一性的质的转换，而伦理学研究只关乎第二性的质，原则上无法摆脱人类自身的

---

① Bernard Williams, *Descartes: The Project of Pure Inquiry*, New York: Penguin, 1978, p. 245.

② Bernard Williams, *Descartes: The Project of Pure Inquiry*, p. 244.

③ Bernard Williams, *Ethics and the Limits of Philosophy*, p. 139.

④ 事实上，威廉斯正是在讨论笛卡尔哲学中第一性的质与第二性的质之间的区分时，正式提出"关于世界（实在）的绝对概念"的。参见 Bernard Williams, *Descartes: The Project of Pure Inquiry*, pp. 237-245。

⑤ 如威廉斯所言："绝对概念的实质在于这样一个想法：它可以不空洞地解释它自身以及关于世界的各种基于特殊视角的观点是如何可能的。而现代科学的一个重要特征便在于，它可以认识到世界拥有诸多属性，同时也可以解释像我们这样起源、拥有我们这样特点的生物如何能够理解这样一个拥有如此这般属性的世界。"（Bernard Williams, *Ethics and the Limits of Philosophy*, pp. 139-140）

视角。

这里笔者用一个例子来阐明威廉斯的想法。我们使用红、黄、蓝、绿等颜色概念，是因为我们特殊的视觉构造让我们能够看到颜色。这意味着颜色概念依赖我们的特殊视角。假设有一种外星智慧生物，它们无法看到颜色，因而没有颜色的概念。但它们拥有另外一套嗅觉概念来表征我们人类使用颜色概念所要表征的世界特征，亦即它们可以根据物体的气味来准确地分辨我们视之为颜色的特征。例如，在我们看起来是红色的物体，它们闻起来有一股烤肉的味道；而在我们看起来是绿色的物体，它们闻起来有一种酸酸的味道；等等。

根据威廉斯的看法，我们的颜色概念和外星生物的嗅觉概念即使都被正确地使用，也不能断定它们反映了世界（相关特征的）真实的样子，因为它们都依赖我们人类和外星生物的特殊视角。问题的关键在于，这些特殊的概念能否在不那么依赖特殊视角的概念系统（或者说，更接近"关于世界的绝对概念"的概念系统）中得到表达，或者能否被不那么依赖特殊视角的概念所解释。而这正是科学研究的任务。科学已经揭示，我们能够看到颜色，是因为某一范围波长（wavelength）的光由物体表面反射进我们的眼睛，某些专门的视网膜细胞被反射的光所激发，于是向大脑的视觉皮质传送信号，大脑则送出颜色的视觉作为回应。因此，我们对于颜色概念的使用可以被使用波长概念（以及物体表面质地的概念和神经信号的概念，等等）的物理理论所解释，或者说，物理理论用波长的概念呈现了我们的颜色概念所试图表征的那部分世界特征。[1]而波长概念并不依赖（或者不那么依赖）我们特殊的视觉构造[2]，在这个意义上，波长概念更接近"关于世界的绝对概念"。

不仅如此，使用波长概念的理论在解释了我们对于颜色概念的使用的同时，还为我们的特殊视角提供了辩护，因为它表明，我们在特殊视角中所感知到的颜色实际上（以某种方式）反映了波长概念所表征的物理现实，而波长概念并不明显地依赖我们的特殊视角，因此可能被其他和我们非常

---

① 科学进步的一个重要方面便是带来概念工具的改进。比如，18 世纪关于燃烧的科学理论一开始使用"燃素"（phlogiston）的概念，但在定量实验的帮助下，燃素概念逐渐被抛弃，取而代之的是氧气概念。这是一种进步，因为使用氧气概念的燃烧理论在解释上具有更大的效力。

② 我们只能通过实验仪器了解波长的信息，而无法直接看到波长。

不同的智慧生物共享。所以，威廉斯才说，在科学研究中，"给出了解释便是给出了辩护"[①]。如果使用波长概念的理论也可以解释外星生物的嗅觉概念，那么，它们对于嗅觉概念的使用同样也可以得到辩护。让我们再进一步假设，那群外星智慧生物是合格的科学研究者，也掌握了波长概念，那么，我们就有希望超越各自的特殊视角，对于各自的特殊概念所反映的物理现实达成"意见的会同"。如威廉斯所言："是对基于特殊视角的感知的解释，使得我们在反思它们时可以将它们与其他人以及其他生物的感知联系到一起。"[②]而且，要解释我们和它们所可能达成的意见会同，必须诉诸波长概念，或者其他更接近绝对概念的概念，亦即诉诸"世界真实的样子"。

但问题在于，伦理学中的意见会同是否也可以用这种方式来解释？威廉斯的答案是否定的，他认为根本不存在"关于伦理世界的绝对概念"，因为在他看来，没有任何伦理概念可以同时满足以下两个条件：（1）最大程度上独立于各个特殊视角对于伦理世界的表征；（2）解释并同时为基于特殊视角的伦理表征提供辩护。换句话说，在威廉斯看来，没有任何伦理概念可以像波长概念超越我们的颜色概念那样超越"厚的伦理概念"（Thick ethical concept）。

三、厚的伦理概念

根据威廉斯的界定，伦理概念可被区分为两类：一类是厚概念，包括"勇敢""诚实""残忍""背叛""贞洁"等，另一类则可被称为"薄

---

① Bernard Williams, *Ethics and the Limits of Philosophy*, p. 149.

② Bernard Williams, *Ethics and the Limits of Philosophy*, p. 150. 内格尔（Thomas Nagel）也持有类似的看法，如其所言："（科学）理论和（科学）解释所使用的概念并不被我们人类的感知视角束缚，在它们的帮助下，我们对于物理世界的理解得到了极大地扩展。我们的感官所提供的证据是我们理解世界的起点，但这种理解的超脱（detached）之处在于，即使我们丧失了现有的感觉，我们仍然可以拥有它，只要我们保持理性，并且可以理解关于物理世界的客观概念所拥有的数学的以及（其他的）形式属性。在某种意义上，我们甚至可以和在感知方式上非常不同于我们的生物分享对于物理学的理解，只要它们也是理性的，也懂数学。"（Thomas Nagel, *The View from Nowhere*, Oxford: Oxford University Press, 1986, p. 14）

概念"（thin concept）^①，比如"好""坏""对""错""应当"等。威廉斯认为，这两类伦理概念的区别是：厚概念的使用既"接受世界的指导"（world-guided），又能"指导行动"（action-guiding）；而薄概念的使用仅仅"指导行动"。这是什么意思呢？

　　假如你问"我""我的母亲是一个什么样的人"，而"我"的回答是"她是个好人"。虽然"我"回答了你的问题，但"我"的回答除了对"我"母亲的人格作出了正面评价之外，并没有具体地告诉你她的特质。因为成为一个好人的方式多种多样，拥有相当不同特质的人都可以是好人。而假如"我"说"我的母亲是一个诚实的人"，那么，你除了知道"我"认可"我"母亲的人格之外，还可以了解到她的一个具体特质。基于我们社会对于"诚实"这一概念的使用习惯，你会得到如下的事实信息："在大多数时候我的母亲都会讲真话，即使那样做会给她带来不便"，"她一般不会隐瞒自己的想法或者掩饰自己的情感"，"你如果请求她帮你骗人，她很可能会拒绝你"，等等。

　　我们会发现，类似"诚实"这样的厚的伦理概念拥有描述（descriptive）的内容，它们被用来描述特定的事实，并且它们的使用为那些事实所限定。你无法说一个谎话连篇的人很"诚实"，就像你无法把红色的东西说成绿色的。同时，厚概念又拥有评价的（evaluative）内容。当我们说一个人诚实的时候，我们不仅是在描述她的性格或者行为习惯，我们还是在正面地肯定或者赞扬她。在威廉斯看来，这意味着厚概念与行动的理由密切相关。如他所言，"它们（厚概念）典型地与行动的理由相联系。如果某个厚概念适用于某个情境，这经常会给人提供行动的理由……"^②。当我们说某人的某个行为很诚实或者很勇敢的时候，我们通常认为，她有理由那么做；并且，如果我们处于她的情境，我们也有理由那么做。

　　因此，厚的伦理概念既拥有评价的内容，又描述特定的事实，其使用既被世界中的事实决定，又能为行动者提供行动的理由。并且，在威廉斯

① 值得注意的是，威廉斯在《伦理学与哲学的限度》中并没有直接使用"薄概念"这个词，而是用诸如"最笼统最抽象的伦理概念"这样的表达来指称那些概念。但笔者并不认为威廉斯有什么特别的理由拒绝使用"薄概念"这个词，而且，之后的学者也已经习惯于使用"薄概念"来与"厚概念"相对。

② Bernard Williams, *Ethics and the Limits of Philosophy*, p. 140.

看来，厚概念中的描述内容和评价内容是相互渗透、不可分离的，亦即评价内容并非独立地附着在描述内容之上，描述内容也无法独立于评价内容而完全显现。如果一个人无法领会某个厚概念中的评价内容，那么，他既无法准确无误地使用那个厚概念去描述世界，也无法找到另外的纯粹描述性的概念来涵盖那个厚概念所有的描述内容。[①]比如，尽管我们的颜色视觉背后有一系列的物理事实（物体表面质地、波长、视觉神经结构，等等）作为基础，或者说，我们的颜色视觉随附于（supervene on）物理事实，但是，一个因为视觉障碍而从来没有见过红色的人，不会理解为什么这么多繁杂的物理事实会集合在一起构成了红色的视觉。因为除了集合在一起产生了红色的视觉之外，那些物理事实之间并没有显著的联系。同样，根据威廉斯的看法，一个"残忍"的行为会有无限多的经验表现，比如，虐待一只狗是残忍的，但有时善待一只狗对另外一个人也可能是残忍的[②]；撒谎可以是残忍的，但有时告诉一个人真相也是残忍的。这些繁杂的经验事实都实现（realize）了"残忍"这一伦理属性，但只有充分领会了"残忍"概念里的评价内容，才能把这么多在经验上非常不同的残忍行为贯穿起来，因为这些非常不同的行为之间的唯一共同点就在于让我们感到或者认为残忍。[③]

由于厚概念中同时包含描述的内容和评价的内容，并且两者相互渗透、密不可分，所以威廉斯才说，厚概念的使用既"接受世界的指导"，同时又"指导行动"。那么，为什么威廉斯认为诸如"好""对"和"应当"这样的薄概念只能指导行动呢？在任何一个稳定的社会里，人们往往对什么是对的、错的，什么应当做或不应当做拥有相当程度的共识。也就是说，如果他们使用薄的伦理概念，那些概念也都可以应用于比较稳定的

---

① 在这个意义上，厚概念表达了事实与价值的融合，其存在构成了对道德非认知主义的一个反驳。参见 Bernard Williams, *Ethics and the Limits of Philosophy*, pp. 141-142。麦克道威尔（John McDowell）也认为，离开了厚概念所蕴含的评价内容，其所蕴含的描述内容就无法得到解释。参见 John McDowell, "Non-Cognitivism and Rule-Following", in *Mind, Value, and Reality*, Cambridge, Mass.: Harvard University Press, 1998, pp. 198-218。

② 比如，那只狗曾经撕咬过另外那个人。

③ 这一点值得商榷。因为各种各样的残忍行为似乎都有一个经验上的共同点，即无端地施加痛苦。如果一个人理解什么是"无端地施加痛苦"，那么他完全可能准确地识别出残忍的行为，而同时并不分享"残忍"概念里的评价内容，即不认可或者反对。当然，威廉斯可能说，在这种情况下，他并不是真的在使用"残忍"这个概念，而是像人类学家那样，只是在描述一个社会的约定或者习俗。换言之，如果他没有分享"残忍"概念里的评价内容，"残忍"就不是他的厚概念。

经验对象上面。因此，薄概念似乎也在描述事实，似乎也可以说它们的使用"接受世界的指导"①。

但这其实是个误解。我们说薄概念没有描述内容或者不被世界指导，并不是说它们不能应用于稳定的经验对象上面，而是说它们所应用于其上的诸多经验对象没有共同的或者特定的经验特征。比如，一个好父亲和一个好将军都是"好"，但两者所蕴含的经验内容迥异。残忍的行为与懦弱的行为都是"错"的或者"不应该"的，但两者错误或者不应该的方式和原因也很不同。②相比之下，厚概念所应用的对象则拥有特定的经验内容。比如，说一个父亲或者一个将军"勇敢"，都是在说他们不怕危险和困难。正因如此，威廉斯才把薄概念说成是"最笼统、最抽象的伦理概念"③。

此外，威廉斯还强调，厚概念的使用依赖其所属的特殊文化。不同的文化往往使用不同的厚概念，相同的行为或做法在不同的文化中会被不同的厚概念描述或评价。比如，未婚先孕在天主教文化中是"有罪的"（sinful），在古代中国是"不孝的"，而在自由主义的当代社会则属于女性的"人权"（human right）。事实上，一种文化所特有的厚概念系统体现了该文化的伦理观的独特性，以至于除非我们了解了其厚概念的用法，否则我们根本无法理解某种异域文化的伦理观念。在威廉斯所构想的图景里，人们最开始使用的伦理概念是厚概念，而薄概念是通过反思从厚概念中抽象出来的。在同质化程度很高而缺乏普遍反思的传统社会④中，厚概念不仅帮助人们把握和理解周遭事物的经验特征，还指导着人们的行为和态度，维系着社会的稳定。由于环境的变化（尤其是遭遇异域文化的冲击），人们开始反思自己的伦理信念。他们发现，很多应用于不同对象上的厚概念都拥有类似的正面或者负面评价和指导行动的功能，于是把这种

---

① 正因为此，塞缪尔·谢弗勒（Samuel Scheffler）才认为厚概念和薄概念并非两类伦理概念，两者只是程度的区别。参见 Samuel Scheffler, "Morality Through Thick and Thin: A Critical Notice of *Ethics and the Limits of Philosophy*", *Philosophical Review*, 96, 1987, pp. 411-434。

② 这一点似乎也可以解释摩尔（G. E. Moore）的"开放问题论证"（open question argument）所要建立的论点。亦即"好""坏""对""错"等道德概念之所以无法被定义，是因为它们所应用的对象缺乏特定的或者共同的经验特征。（参见 G. E. Moore, *Principia Ethica*, Cambridge, Mass.: Cambridge University Press, 1903, pp. 5-21）但是，"开放问题论证"似乎无法适用于厚概念。

③ Bernard Williams, *Ethics and the Limits of Philosophy*, p. 152.

④ 威廉斯将这样的社会称为"超级传统社会"（Hypertraditional society）。

评价的或者规范的内容抽象出来，并用"好""坏""对""错"概念来笼统地表示。①所以，薄概念的使用不接受世界的指导，因为它们原本就是抽象掉描述内容的产物，即使被应用于经验对象上，也并不是真的在描述。②

如果说各种文化所使用的厚概念系统构成了该文化基于其特殊视角对伦理世界的表征的话，那么，薄概念则最有可能成为"关于伦理世界的绝对概念"③。原因就在于，薄概念可以（抽象地）传达厚概念所蕴含的评价或者规范内容，从而帮助聚焦不同文化之间的伦理分歧。在威廉斯看来，不同文化之间的伦理分歧首先表现为它们各自用不同的厚概念来指称相同的行为或者事态。例如，对女性实施割礼对于我们来说是非常"野蛮"的行为，但对于索马里的土著居民来说，没有被实施割礼的成年女性是"堕落的"（或者"淫荡的"）。虽然在描述割礼时，我们正确地使用了我们的厚概念（即"野蛮"），索马里土著也正确地使用了他们的厚概念（即"堕落"），但我们和他们之间的分歧显而易见：一个认为对女性实施割礼是"错的"，一个则认为不是"错的"。因此，薄概念似乎可以独立于特殊文化的视角来传达其对于伦理世界的表征。但如上所述，要成为"关于伦理世界的绝对概念"，薄概念还需要满足另一个条件，即解释并同时为基于特殊视角的伦理表征提供辩护。也就是说，要成为"关于伦理世界的绝对概念"，伦理学家需要像科学家那样用薄概念建构出一套伦理理论，此理论既可以解释（至少某些）厚概念的使用，又可以为它们提供辩护。那套理论应该可以表明，如果我们最终对使用某套厚概念达成意见会同，乃是因为它们反映了独立于各种文化而存在（关于好坏、对错）的伦理事实。而威廉斯认为，这是不可能的，因为对于厚概念的最好解释只能是诉诸社会、历史或者心理事实的"社会解释"（social explanation）。

---

① 在威廉斯看来，厚概念所蕴含的评价或者规范内容要远比薄概念丰富，因为那些内容与厚概念特定的描述内容融合在一起而不可分离。

② 笔者在这里只是想澄清威廉斯对于厚概念和薄概念的区分，而不是为之辩护。与威廉斯不同的意见，参见 Christine Tappolet, "Through Thick and Thin: *Good* and Its Determinates", *Dialectica*, 58, 2004, pp. 207-221; Timothy Chappell, "There Are No Thin Concepts", in Simon Kirchin, eds., *Thick Concepts*, Oxford: Oxford University Press, 2013, pp. 182-196。

③ 这也许正是伦理学家在建构伦理理论时几乎不约而同都使用薄概念的原因。

　　例如，在中国明清时代，徽州地区使用"贞节"（以及"节妇""守贞"
"坚贞不二"等）概念来评价女性的伦理操守，并对"贞节"的使用拥有普
遍的共识。如何解释当时徽州人对"贞节"这一厚概念所达成的伦理会同
呢？有一种可信的解释认为，徽州地处高山深谷，农业极不发达，男人们
为了生活不得不背井离乡从事商贸活动。当时，年满十二三岁的男子就要
完婚，然后离家外出经商。旧时交通、通信皆不便利，再加上商贸活动本
身的艰难，外出经商的徽州男人往往要在十几年甚至几十年后才有机会返
乡省亲。在这期间，维持生计、抚养子女、侍奉公婆的重任便落在已婚的
徽州妇女身上，因此极其需要她们甘于寂寞、奉献家庭。为了保证后代延
续及社会稳定，当时各个家族都对妇女的性操守作出了严格规定，如有违
背，轻则鞭笞，重则驱逐出族，永不归宗。徽州人在这种风气下耳濡目染
长大，经年日久，便形成了对于"贞节"这一伦理价值的共识。由此可知，
徽州人对于贞节的意见会同很大程度上是当时徽州社会的特殊事实所造就
的，而不是因为徽州人用自己的方式发现了相关的客观伦理事实。换言之，
不是因为"贞节"本来就是"对的"。

　　在威廉斯看来，对于所有使用厚概念的伦理判断都应该如此解释，亦
即用一种"非客观主义的"（nonobjectivist）模式来解释："我们应该把他
们的判断视为其生活方式的一部分，是他们所生活于其中的文化产物（虽
然那一产物不是他们有意识地建造的）。"①即使我们所有人都使用同一套
厚概念，那也是因为我们在各种社会历史因素的作用下生活在某一种特定
的文化或者"社会世界"（social world）之中。归根到底，伦理概念是要帮
助我们"在某一个社会世界，而不仅仅是物理世界中应对自如，这里的关
键之处在于某一个或者另一个社会世界，因为可以肯定的是，人类不可能
不生活在一种文化中，有很多不同的文化供人类生活于其中，而这些文化
使用不同的本地（伦理）概念"②。

　　由于这种社会解释所诉诸的是社会历史或者社会心理因素，而不是规
范因素（比如道德原则或者理由），因此它没有规范辩护的效力。因为起因

---

　　① Bernard Williams, *Ethics and the Limits of Philosophy*, p. 147. 约翰·麦基（John L. Mackie）在其
著名的"相对性论证"（argument from relativity）中也提出了类似看法。参见 John L. Mackie, *Ethics:
Inventing Right and Wrong*, Harmondsworth: Penguin, 1977, pp. 36-38。

　　② Bernard Williams, *Ethics and the Limits of Philosophy*, p. 150.

（cause）不同于理由（reason），混淆两者就犯了"起源谬误"（genetic fallacy）。正如指出奴隶制度的出现有其社会历史或者经济的原因并不能为奴隶制辩护。但在"贞节"的例子中，当徽州人认识到他们的贞节观念实际上源于一系列特殊且偶然的事实之后，他们有可能对贞节的价值产生怀疑。他们会反思：为什么传宗接代比女性的婚恋自由更重要？为什么不考虑迁出徽州？为什么不可以改变现有的生活方式？进而，如果条件允许，他们可能抛弃与贞节相关的概念，停止使用它们来指导自己的伦理生活。而这意味着，原本使用"贞节"概念所进行的判断可能不再为真，不再成为他们的知识。在这个意义上，威廉斯才说："在伦理学中，反思可以摧毁知识。"①

四、如何定位威廉斯

以上便是威廉斯对于伦理客观性的基本看法及论证，但如何在当代元伦理学的版图中定位其立场呢？接下来，我们就来对比一下威廉斯的主张和元伦理学中的几种主要立场之间有何异同。

1. 认知主义

道德判断是否表达对于事实的信念，因而是否有真假可言？如果威廉斯认为有，那么，他就是一个认知主义者（cognitivist）；如果没有，他便是一个非认知主义者（non-cognitivist）。

如上所述，对于威廉斯而言，厚概念和薄概念是极为重要的区分，我们有理由把使用厚概念的伦理判断和使用薄概念的伦理判断分开考察。根据威廉斯的看法，厚概念具有特定的描述内容，其使用由关于世界的经验事实所决定。因此，"此类概念可能被正确或者错误地应用，习得了某个此类概念的人们对于它是否适用于某个新的情况可以达成共识"②。威廉斯明确表示，在缺乏反思的传统社会中，使用厚概念的伦理判断可以满足命题知识（propositional knowledge）的三个条件：（1）其使用者相信这些判断；（2）这些判断为真；（3）前两个条件之间的联系并非偶然，也就是说，

---

① Bernard Williams, *Ethics and the Limits of Philosophy*, p. 148.

② Bernard Williams, *Ethics and the Limits of Philosophy*, p. 141.

使用厚概念的伦理信念"追踪真理"（track the truth）[①]。因此，就使用厚概念的伦理判断而言，威廉斯是一个认知主义者。他相信那些判断旨在描述外在的经验事实，有真假可言。只不过，威廉斯认为这一语义学问题对于伦理客观性的讨论并不是很重要[②]，关键的区分在科学与伦理学之间。

相比之下，威廉斯认为，薄概念是从厚概念中抽象掉描述内容的产物。虽然薄概念也应用于经验事物之上，但它们并不描述事物的任何经验特征，它们的功能只是抽象地表达认可或者不认可的评价态度。使用薄概念的伦理判断并不依赖对特定事实的信念来解释，而只需通过它所要表达的评价态度来解释，所以并没有真正的真假可言。[③]因此，就使用薄概念的伦理判断而言，威廉斯是一个非认知主义者。

我们似乎可以说，威廉斯持有一种"半认知主义"（semi-cognitivism）的道德语义学，因为他对于使用厚概念的伦理判断的意义持一种认知主义的看法，对于使用薄概念的伦理判断的意义则持一种非认知主义的看法。

2. 道德实在论

接下来，我们想知道，威廉斯是不是一个道德实在论者（moral realist）。一般来讲，道德实在论在道德认知主义的基础上增加了一个形而上学主张，即道德判断所要反映的道德事实独立于我们（个体或者集体）的道德信念而客观存在。如谢弗兰道（Russ Shafer-Landau）所言，"在最基本的层面，所有的道德实在论者都认可这一想法，即存在道德事实，当人们作出关于何为对、何为错的判断时，他们正试图如实地描述道德事实"[④]；并且，"当道德判断为真时，它们的真值独立于任何人类（无论

[①] Bernard Williams, *Ethics and the Limits of Philosophy*, pp. 142-143. 威廉斯在这里采纳了诺奇克（Robert Nozick）对于命题知识的界定。但在后来的著作中，威廉斯对知识的看法有所改变，更认同克雷格（Edward Craig）的观点。参见 Bernard Williams, "Who Needs Ethical Knowledge?", in *Making Sense of Humanity*, pp. 203-212; "Truth in Ethics", in B. Hooker, eds., *Truth in Ethics*, pp. 19-34。

[②] Cf. Bernard Williams, "Who Needs Ethical Knowledge?", in *Making Sense of Humanity*, pp. 203-212.

[③] 事实上，当代的表达主义者（Expressivist）通过对真理概念的最小主义（minimalist）诠释，同样也可以说我们的道德判断有真假可言。在他们看来，说"滥杀无辜是错的"这一判断为真，等同于说"滥杀无辜是错的"。（Cf. Allan Gibaard, *Thinking How to Live*, Cambridge, Mass.: Harvard University Press, 2003, p. x）但他们仍然不是认知主义者，因为最小主义的真理概念无法满足认知主义的要求。在认知主义者看来，道德判断的意义必须通过其所要描述的特定事实来解释。

[④] Russ Shafer-Landau, *Moral Realism: A Defence*, Oxford: Clarendon Press, 2003, p. 13.

他们来自哪里以及处在何种环境之下）对于它们的看法"①。那么，威廉斯是否认为存在客观的道德事实呢？

既然威廉斯所理解的薄概念并不描述任何特定的事实，我们就只需要考虑厚概念（或者使用厚概念的伦理判断）所描述的事实。如上所述，每种文化所使用的厚概念构成了该文化基于其特殊视角而对伦理世界的表征。因此，厚概念所描述的事实类似于第二性的质，比如颜色。由于颜色的事实独立于任何人类个体或者族群对于它的看法，因此关于颜色的事实是客观的。②但这是否意味着厚概念所描述的伦理事实也是客观的呢？在威廉斯看来，答案是否定的，因为颜色的事实与伦理事实之间有一个重要的差别。

要最终解释我们对于颜色的知觉，我们既需要关于外在世界的信息，又需要关于我们自身视觉以及脑神经结构的信息。类似地，要解释厚概念所对应的伦理事实，我们既需要外在世界的经验事实，又需要我们的评价态度。然而，关键问题在于，这两种情况所涉及的"世界"的意义是不一样的。在解释颜色的情况中，我们所需要的关于世界的信息是要用"关于世界的绝对概念"（比如波长）来刻画的，因此，这是由第一性的质所构成的世界。但是，解释伦理事实所涉及的"世界"既不是也不可能由"绝对概念"来刻画，因为在威廉斯看来，根本就不存在"关于伦理世界的绝对概念"。伦理世界永远是在特定的文化视角中所把握到的世界，本身就渗透着该文化的欲求、情感和理解。

如果我们借用主观主义（subjectivism）的说法，认为伦理事实是我们的评价态度被"投射"（projected）到世界上的产物，那么，威廉斯认为，我们的评价态度所要投射于其上的"世界"本身就被投射了我们的欲求、情感和理解，而不是纯粹的物理世界。因此，使得（厚的）伦理判断为真的事实实际上是关于文化或者"社会世界"的事实。这也是威廉斯认为"对于厚概念的最好解释只能是'社会解释'"的原因。简言之，厚概念所要描述的伦理事实（唯一存在的伦理事实）是由文化事实与我们的评价态度共同构成的，并且两者相互渗透、不可分离，正如厚概念中所蕴含的评价内容和描述内容无法分析为相互独立的两个部分

---

① Russ Shafer-Landau, *Moral Realism: A Defence*, p. 2.

② 但由于颜色的存在依赖于能够感知到颜色的视觉系统，因此其客观性不及第一性的质。

一样。

此外，伦理事实只能相对于某一种文化而存在。威廉斯认为，虽然我们必须生活在文化中，但没有哪一种文化是我们必须生活于其中的，因此，并不存在超越各种不同文化的伦理事实使得某个使用厚概念的伦理判断为真或者为假。而文化是人类活动的产物，本身就依赖于我们对它的理解、维护和创造。一方面，我们在使用某些厚概念进行伦理判断，或者持有某些特定的道德信念的同时便是在维护某种特定的文化，并使之繁衍、流传下去；另一方面，我们的伦理视角本来就是被这种文化塑造的，我们的道德信念本来就来自我们特殊的伦理视角。在这个意义上可以说，使得我们的伦理判断为真的伦理事实本身就依赖于我们的伦理视角。所以，即使伦理事实存在，它们也不会独立于我们（作为一个文化共同体）的伦理信念。而这意味着，威廉斯所理解的伦理事实并不具有道德实在论所要求的客观性。所以，他不是一个道德实在论者。

3. 错误理论

既然威廉斯认为不存在客观的道德事实，那么他的看法属于错误理论吗？错误理论由麦基提出，其基本论证可以表述如下①：

P1　道德判断表达关于客观道德价值的信念；

P2　世界上不存在客观的道德价值；

C　　所有的道德判断均为假。

其中，P1 是一个概念层面的（conceptual）主张，表达的是我们的日常概念对于道德判断的理解。在笔者看来，威廉斯不会无条件地接受 P1。因为威廉斯认为，虽然我们日常倾向于相信道德判断类似于科学判断，都旨在描述外在的事实，但这实际上是个错误。正因如此，他才说，"伦理思想没有机会成为任何它所看起来的样子"；或者，用他早期的话来说，"道德思想中似乎包含着一种欺骗，亦即它自己向我们呈现为某种它所不是的东西"②。换言之，我们对于道德的日常理解是有问题的。

P2 则是一个形而上学判断，表达的是关于何物真实存在的看法。麦基所理解的"世界"基本上是自然科学所揭示的世界，或者说"宇宙"，所以他才会很自然地认为"世界的基本结构"（the fabric of the world）中不可能

---

① Cf. John Mackie, *Ethics: Inventing Right and Wrong*, chapter 1.

② Bernard Williams, *Morality: An Introduction to Ethics*, p. 36.

存在能够发布"绝对命令"(categorical imperative)的道德价值。[①]因此，所有的道德判断都是假的。但不同于麦基，在威廉斯看来，即使伦理事实并不构成"世界的基本结构"的一部分，亦即不属于第一性的质，我们的伦理判断也不会因此而全部为假。因为，如上所述，使得（厚的）伦理判断为真的伦理事实本来就不是第一性的质，而是渗透了我们的欲求、情感以及理解的经验事实。尽管这意味着并不存在客观的道德价值，但并不意味着所有使用厚概念的伦理判断都为假。[②]因此，威廉斯的元伦理学立场也不属于错误理论。

4. 主观主义/相对主义

根据主观主义的看法，我们的道德判断只是在描述我们自己的意见、态度或者感受，因此，是关于心理状态的事实使得道德判断可真可假。比如，如果"我"不赞同或者反对撒谎，那么，"我"说"撒谎是错的"就是真的。这意味着，道德价值是我们的评价态度投射到外在世界中的产物，其并不存在于外在世界。如果把第一个"世界"理解为渗透着我们的欲求、态度和理解的"社会世界"，把第二个"世界"理解为由第一性的质所构成的世界，那么，威廉斯确实赞同主观主义的主张，亦即认为道德价值是我们的评价态度投射到"社会世界"中的产物，并不存在于科学所试图描述的物理世界。

但是，根据威廉斯的看法，我们投射到"社会世界"中的评价态度，本身就受到了文化的塑造或者影响，正如我们习得厚概念的过程本身就是接受某一特定文化的影响和塑造的过程。道德判断不是由个人的主观好恶所决定的，也不是在描述个人的评价态度，否则，道德分歧将变得不可理解，道德议题也将失去理性辩论的空间。[③]在威廉斯看来，道德外在于个体，属于个人所隶属的文化或者"社会世界"，因此，他不是一个个人主义式的（individualist）主观主义者。

这是否意味着威廉斯是一个文化相对主义者（culture relativist）？笔

---

① 著名的"奇特性论证"（Argument from queerness）就是为了证明这一点。参见 John Mackie, *Ethics: Inventing Right and Wrong*, pp. 38-40。

② Cf. Bernard Williams, "Ethics and the Fabric of the World", in *Making Sense of Humanity*, pp. 172-181.

③ Cf. Bernard Williams, *Morality: An Introduction to Ethics*, chapter 2.

者在另一篇论文中已经详细探讨了这个问题①，故此处仅简述之。威廉斯认为，文化相对主义有其适用的条件，其是否适用由两种文化之间的"距离"所决定。只有当两种文化之间处于"名义上的对抗"（notional confrontation），亦即在其中一种文化中生活的人们无法转投到另一种文化中生活时，相对主义才适用，否则便不适用。并且，在威廉斯看来，典型的相对主义是无用的，尤其在当代社会。因为一旦两个不同的道德系统在同一时空下相遇，这就意味着两者就已经或多或少地要分享共同的社会现实，而这时需要建构一种可以同时约束双方的新道德，而不是坚持双方各自都只适用自己的旧的道德标准。因此，威廉斯并不认为道德判断永远只是相对于某一个道德系统为真，由于不同文化间的交流碰撞，原则上可能存在普遍的道德（亦即伦理学达到会同）。可见，威廉斯不是一个典型的文化相对主义者。

五、结语

综合上面的讨论，我们似乎可以得出结论：威廉斯的元伦理学主张并不能完全符合某种现成的"主义"。在很多人看来，这个结论毫不稀奇，因为在威廉斯看来，几乎所有致力于整全地理解伦理生活的哲学（康德主义、功利主义、契约主义等）都是对我们真实伦理生活的曲解。②

然而，不难发现，威廉斯本人的道德哲学是一个融贯性很强的系统，其中的各个重要观念彼此之间都有内在的关联，并且，那些观念最终都指向了相同或者极其相似的结论。即使威廉斯本人有意识地在避免任何"主义"的标签，但他是否真的能成功，亦即他的那套"体系"是否真的不属于某种现成的"主义"，则是另一回事。而本文的工作所针对的便是这个问题。此外，虽然威廉斯不接受任何一种整全性的伦理学立场，但他并不反对诸如"认知主义""道德实在论""相对主义"这样的标签本身，他自己也会使用这些标签简便地标识出对于某个哲学问题的代表性立场。在

---

① 参见魏犇群：《威廉斯论道德相对主义》，《哲学分析》2017 年第 5 期。
② Cf. Bernard Williams, *Ethics and the Limits of Philosophy*, chapter 5-6.

这个意义上，这些标签的作用就如同路标一般。因此，本文借助上述各种标签来定位威廉斯的元伦理学，将有助于我们更加深入地理解他对于元伦理学问题的思考，让他的元伦理学立场更加清晰。

（本文原载于《哲学动态》2020 年第 5 期）